浙江省普通本科高校"十四五"重点立项建设教材

高等学校专业基础课系列教材

智能检测技术与传感器

（第二版）

罗志增　席旭刚　高云园　**编著**

课程简介

西安电子科技大学出版社

内 容 简 介

本书共 13 章，分为传感器检测的基本理论基础(包括第 1 章和第 2 章)、按物理原理分类的各种传感器的工作原理与应用(包括第 3～9 章)、智能检测传感系统(包括第 10～13 章)三大部分内容。本书的特色是在介绍传统传感器原理及应用的基础上，还介绍了多种生物特征识别传感器，如人体热释电、红外热成像、指纹识别和虹膜识别等传感器的原理及应用，并将智能传感器与物联网、智能化系统及智慧服务等领域的应用相结合，介绍了传感器在人工智能领域中的应用。

本书可作为高等学校自动化、机械设计制造及其自动化、智能科学与技术、测控技术与仪器、电气工程及其自动化、人工智能及其他电子信息类专业的本科教材，也可供相关领域的工程技术人员参考。

图书在版编目（CIP）数据

智能检测技术与传感器 / 罗志增，席旭刚，高云园编著. -- 2 版.

西安：西安电子科技大学出版社，2025. 9. -- ISBN 978-7-5606-7755-2

Ⅰ. TP274；TP212

中国国家版本馆 CIP 数据核字第 2025P1W633 号

策　　划　毛红兵
责任编辑　武翠琴
出版发行　西安电子科技大学出版社（西安市太白南路 2 号）
电　　话　(029) 88202421　88201467　　邮　　编　710071
网　　址　www. xduph. com　　　　　　电子邮箱　xdupfxb001@163.com
经　　销　新华书店
印刷单位　河北虎彩印刷有限公司
版　　次　2025 年 9 月第 2 版　　　　2025 年 9 月第 1 次印刷
开　　本　787 毫米×1092 毫米　1/16　　印　　张　12.5
字　　数　292 千字
定　　价　36.00 元
ISBN 978-7-5606-7755-2
XDUP 8056002-1

＊＊＊如有印装问题可调换＊＊＊

前　言

课程思政教案

传感器及其检测技术是现代科技发展不可或缺的关键技术。如果说这个时代是信息爆炸的时代(或数字经济的时代),那么传感器就是现代智能化的神经触角,是万物互联、数据交换的源头。如果说计算机是人类的大脑,那么传感器就是计算机的感觉器官。大脑需要通过各种感觉器官感知各种信息,而计算机要感知这个世界,就需要通过传感器获得原始信息并将其转换为电信号,从而为人类提供海量的信息,为无穷的各类应用创造条件。

目前,传感器及其相关技术已成为许多国家高新技术竞争的核心,工科专业开设"智能检测技术与传感器"课程,对培养掌握现代信息技术的工程技术人员具有十分重要的意义。

本书首先从测量概论入手,介绍测量、测量数据处理等方面的基本知识;然后从传感器的一般性理论基础着手,展开介绍各种类型传感器的工作原理、特性及应用;最后给出智能检测系统的组成及各种智能检测方法,介绍智能传感器及传感器在智能系统中的应用。

本书的特点是尽量用较小的篇幅系统地介绍智能检测技术和传感器的基本原理、方法及其应用,兼顾传统意义上的传感器、智能传感器及传感器在智能系统中的应用,其中"智能检测技术""智能集成传感器""生物特征识别传感器""传感器与智能系统"这四章体现了本书的特色。增加的数字集成化传感器在物联网、人工智能等领域的应用,使本书既可作为电子信息、电气自动化类专业的本科和高职教学实用教材,也可作为智能科学与技术、智能制造工程等新工科专业的教材,还可供相关领域的技术人员参考。

本书的绪论、第 1 章、第 3 章、第 4 章、第 5 章、第 12 章由罗志增编写,第 2 章、第 6 章、第 7 章、第 8 章由席旭刚编写,第 9 章、第 10 章、第 11 章、第 13 章由高云园编写。

由于编者水平有限,书中疏漏和不当之处在所难免,欢迎广大读者批评指正。

编　者
2025 年 2 月

课程思政

目　录

绪　论

1. 智能检测技术与传感器

"检测""测试"都是指检验与测定，即：使用某种方法测试并确定指定被测对象的相关量值，是探索未知世界的重要手段之一。检测包括了为确定被测对象的量值而进行的所有操作过程，具有探索、分析和研究的特征，是测量和检验的综合。

组成测量和检验的各个操作过程构成了测试系统。一个典型的测试系统由传感器、信号调理电路、显示记录仪器三部分组成，如图 0-1 所示。

图 0-1　测试系统组成

传感器将被测信号转换为适合系统后续处理的电信号。

信号调理电路对传感器输出的信号做进一步的加工和处理，完成信号间的转换，如放大、调制解调、滤波等；对于有些测试系统，尤其是智能检测系统，该部分还包括信息处理，其作用是借助微处理器或计算机完成信号的检测、判断、智能分析等处理功能。传统的测试系统并不包括信息处理部分，但随着电子技术、计算机技术的飞速发展，已经有越来越多的测试系统具备了信息处理的能力。

显示记录仪器将所测得的信号变为一种能为人所理解的形式，供人们观察和分析，或转换成应用场合所要求的方式，形成输出。

2. 测试的目的和意义

人类对客观世界的认识和改造活动总是以测试工作为基础。测试是人类认识自然、掌握自然规律的实践途径之一，是科学研究中获得感性材料、接收自然信息的途径，是形成、发展和检验自然科学理论的实践基础。

在工程技术中，许多复杂的工程问题至今还难以进行完善的理论分析和计算，因此必须依靠实验研究来解决这些现实问题。通过测试工作积累原始数据，是工程设计和研究中非常艰巨但又很重要的一项工作。

信息是关于事物及其运动、变化、规律的知识，包括消息、情报、数据、知识等；信号是带有信息的某种物理量。信号是表象，是信息表现的载体，信息则为本质。"智能检测技术与传感器"就是一门关于怎样获取信息及利用信息的学科。信息时代的三大重要支柱是信息的获取、信息的互联以及信息的利用。传感器技术、通信技术和计算机技术分别对应信息技术中的采集、传输和处理，构成了信息产业的三大支柱，可用图 0-2 简要地表达。

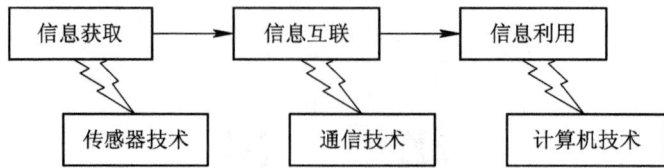

图 0-2　信息时代三大支柱及相互关系

采集信息时,获得原始信息最基本的器件是传感器,关键技术是传感器技术。因此,传感器及其相关的应用技术(传感器、与传感器相关的电子技术、智能信息处理)是信息领域的源头技术。

传感器技术是测量技术、半导体和集成电路技术、计算机技术、信息处理技术、微电子学、光学、声学、精密机械、仿生学和材料科学等众多学科相互交叉的综合性和高新技术密集型前沿技术之一,是现代新技术革命和信息社会的重要基础,与人工智能密切相关。目前,传感器及其应用技术已成为我国信息经济和数字经济支柱产业的重要组成部分。传感器应用普及率已被国际社会作为衡量一个国家智能化、数字化、网络化的重要标志。

如果说计算机是人类大脑的扩展,那么传感器就是人类五官的延伸。当集成电路、计算机技术飞速发展时,电脑的运算速度和信息处理能力得以成倍提高,人们才逐步认识到信息摄取装置——传感器若没有跟上信息技术的发展会导致“大脑发达、五官不灵”。世界上技术发达的国家对传感器技术的开发和应用都十分重视。美国在 20 世纪 80 年代就声称世界已进入传感器时代,在其确定的对于国家长期安全和经济繁荣至关重要的 22 项技术中,有 6 项与传感器和信息处理技术直接相关;对于保护美国武器系统质量优势至关重要的关键技术中,有 8 项为无源传感器;美国空军 21 世纪初列举出 15 项有助于提高 21 世纪空战能力的关键技术,传感器技术名列第二。日本则把传感器技术列为十大技术之首,将传感器技术列为国家重点发展的 6 大核心技术之一,与计算机、通信、激光、半导体、超导并列,日本工商界人士甚至声称“掌握了传感器技术就能够支配新时代”。德国视军用传感器为优先发展技术,英、法等国对传感器的开发投资则逐年提升。

正是由于世界各发达国家的普遍重视和投入开发,传感器发展得十分迅速,近十几年来其产量及市场需求年增长率均在 10% 以上,远高于世界经济的发展速度。目前世界上从事传感器研制生产的企业已增加到 5000 余家。美国、俄罗斯和欧洲其他国家从事传感器研究和生产的企业有 1000 余家,日本有 800 余家,我国有 1300 余家。尽管我国从事传感器研究生产的企业在数量上位居世界第一,但多数企业是低水平的重复,生产的产品仿制较多,没有自主知识产权,研发实力还不强。目前传感器的种类约有 2 万种,我国仅有 3000 多种,尚有大量的品种需要我们去研究和开发。

3. 检测的任务和内容

信息在对象中有时是外显的,有时是内蕴的,被研究对象的信息量是非常丰富的。检测或测试工作就是根据一定的目的和要求,获取有限的、观察者感兴趣的某些特定的信息。例如,研究一个简单的单自由度弹簧质量系统的微小自由振动,当我们感兴趣的是该系统的固有频率和阻尼比时,可以通过施加一定的激励并观察质量块的运动方式来研究,并不用去研究弹簧的微观表现;而当我们要研究的问题是弹簧疲劳时,有关弹簧材料性质和缺陷(如微裂纹)的信息就非常重要了。检测工作总是要用最简捷的方法获得与研究任务相联系的、最有用的、表征其目标特性的有关信息，而不是企图获得该事物的全部信息。

信号是信息的载体，信息总是通过某些物理量的形式表现出来，这些物理量就是信号。例如，上述振动系统可以通过质量块的位移-时间关系来描述，质量块位移的时间历程（信号）就包含了该系统固有频率和阻尼比的信息。从信息的获取、变换、加工、传输、显示和记录等方面来看，以电量形式表示的电信号最为方便。所以本书中所指的信号，如无特别说明，一般是指随时间变化的电信号。

信号中虽然携带着信息，但是信号中既含有我们所需的信息，也常常含有大量的我们不感兴趣的其他信息，后者统称为干扰。相应地，信号也有"有用"信号和"干扰"信号的提法，但这是相对的。在某种场合中我们认为的干扰信号，在另一种场合中却可能是有用的信号。例如，齿轮噪声对工作环境是一种"污染"，但是齿轮噪声是齿轮副传动缺陷的一种表现，因此可以用来评价齿轮副的运行状况并用作故障诊断。测试工作的一个任务就是要从复杂的信号中提取有用的信息。

如前所述，测试系统包含了传感器、信号调理和信息处理、显示记录等环节，这些环节保证了由获取信号到提供观测的最必要的信号流程功能，其目的是将观察者感兴趣的信息以明确的方式表示出来。"智能检测技术与传感器"课程就是一门研究测试系统中最基本的传感、信号变换、智能处理方法及其在智能系统中应用的课程。

传感器作为测试系统的第一环节，将被测系统或过程中需要观测的信息转化为人们所熟悉的各种信号，这是测试过程必须要实现的首要任务。通常，传感器将被测物理量转换成以电量为主要形式的电信号。例如，将机械位移转换为电阻、电容或电感等电参数的变化；将振动或声音转换成电压或电荷的变化。信号调理和信息处理部分的任务是对传感器输出的信号进行加工，包括信号转换、放大滤波和处理等。例如，将传感器得到的电阻抗、电容值转变为电压或电流信号，对电压或电流信号放大、滤除噪声等。为了用传感器输出的信号进一步推动显示、记录仪器和控制器，或者将此信号输入计算机进行数字分析和处理，需对传感器输出的信号做进一步变换。信号调理和信息处理的具体方法很多，例如：用电桥将电路参量（如电阻、电容、电感）转换为可供传输、处理、显示和记录的电压或电流信号；利用滤波电路抑制噪声，选出有用信号；对传感器及后续各环节中出现的一些误差做必要的补偿和校正；信号经模/数转换送入计算机，用计算机进行信息处理，经计算机处理后再实现信号的数/模转换；利用微电子和集成电路工艺将传感器微型化，以及与处理电路和智能算法一体化等。经过这样的加工使传感器输出的信号变为符合实际需要，便于传输、显示或记录以及可做进一步后续处理的信号，或者直接给出目标输出和控制信息。

测试系统的三个组成部分只是学术上的定义与划分，在实际工作中，它们所对应的具体装置或仪器的伸缩性是很大的。例如，信号变换部分有时可以是由很多仪器组合成的一个完成特定功能的复杂群体，有时却可能简单到仅有一个变换电路，甚至可能仅是一根导线。

测试系统是要测出被测对象中人们所需要的某些特征性参量信号，不管中间经过多少环节的变换，在这些过程中必须忠实地把所需信息通过其载体信号传输到输出端。整个过程要求既不失真，也不受干扰。这就要求系统本身既具有不失真地传输信号的能力，又具有在外界各种干扰情况下能提取和辨识信号中所包含的有用信息的能力。

智能检测技术在人类感官延伸的基础上，能获得比人的感官更客观、更正确的量值，具有更为宽广的量程，反应更为迅速。不仅如此，信号处理及其相关智能技术近年来的飞速发展还给测试系统赋予了更深的内涵。测试系统经过对所测结果的处理和分析，还能把最能反映研究对象本质特征的量提取出来并加以处理，这就不仅是单纯的感官的延伸了，而是具有了选择、加工、处理以及判断的能力，所以也可以认为是一种人类智能的延伸。

4. 传感器的发展

传感器的发展过程大体可分为如下三代：

第一代是结构型传感器，它利用结构参量变化来感受和转化信号。这类传感器是最具传统意义的传感器，被测量信息的变化最终都通过某种装置或结构转换为物理量的变化，并通过转换电路的形式得到电参量输出。

第二代是 20 世纪 70 年代发展起来的固体型传感器，这种传感器由半导体、电介质、磁性材料等固体元件构成，是利用材料的某些特性制成的，如利用热电效应、霍尔效应、光敏效应可分别制成热电偶传感器、霍尔传感器、光敏传感器。

第三代传感器是近年来刚刚发展起来的智能型传感器，是微型计算机技术与智能检测技术相结合的产物，使传感器具有一定的人工智能。

现代传感器大量应用了新的材料和新的加工工艺，尤其是集成电路加工工艺，使传感器技术越来越成熟，传感器种类越来越多。除了早期使用的半导体材料、陶瓷材料，光纤以及超导材料的研究成果为传感器的发展提供了物质基础。未来还会使用更新的材料，如纳米材料，将更加有利于传感器的小型化。

目前，随着 5G 高带宽、低时延网络通信技术的应用，人、物互联与万物互联将不断创造出全新的科技与业态，现代传感器也正从传统的分立式结构朝着集成化、智能化、数字化、系统化、免维护、多功能化与网络化方向发展；在技术指标方面，会更加注重微功耗、高精度、高可靠性、高信噪比和宽量程。

第 1 章　测量概论

测量概论
第 1 部分知识点

1.1　测量概述

随着现代科学技术的高速发展，不论科学研究还是生产实践，都离不开信息资源的开发、获取、传输和处理。因此，人们首先要获取信息，正确及时地掌握各种信息，即了解被测量的大小，获得测量数据。

传感技术所涉及的测量主要指电子测量，即需要通过传感器感知、获取信息，有时单一传感器不能满足测量要求，还需要将传感器与若干仪表组合在一起完成信号的检测，这样便形成了测量系统。但不论传感器、计算机及信息处理技术如何发展，测量误差一定存在而且贯穿于测量过程的始终，因此需要对测量误差进行正确的分析，确定测量误差对测量结果的影响。

本章主要学习和掌握测量的基本概念、测量误差及数据处理等方面的理论以及测量理论的工程应用方法。

1.1.1　测量的概念及测量结果组成

1. 测量的概念

以确定量值为目的而进行的实验过程称为测量。测量是人类认识客观世界、获取定量信息不可或缺的手段。测量的最基本形式是将待测量和同种性质的标准量进行比较，确定待测量对标准量的倍数，即

$$x = nu \tag{1-1}$$

或

$$n = \frac{x}{u} \tag{1-2}$$

式中：x 为被测量值；u 为标准量，即测量单位；n 为比值（纯数），含有测量误差。

2. 测量结果的组成

被测量的量值 x 称为测量结果，包括比值 n 和测量单位 u，是被测量的最佳估计值，而不是真值。所以测量结果中还应包含测量的可信程度，以评价测量结果的质量，这个可信程度用测量不确定度即测量误差表示。因此，测量结果由三部分组成，即

测量结果＝测量数据＋测量单位＋测量误差

测量结果可以表示为数值、曲线或图形等不同形式。

1.1.2　测量方法及其分类

获取被测量与标准量的比值的方法，称为测量方法。不同测量任务需要不同的测量方法。测量方法可以从以下不同的角度分类：

(1) 按获得测量值的方法分为直接测量、间接测量。

(2) 按测量的精度分为等精度测量、不等精度测量。

(3) 按测量过程中被测量是否变化分为动态测量、静态测量。

(4) 根据测量过程中敏感元件是否与被测介质接触分为接触测量、非接触测量等。

1. 直接测量与间接测量

1) 直接测量

无需经过函数关系的运算，直接通过测量仪表就能得到被测量的测量结果的测量方法，称为直接测量，即

$$y = x \tag{1-3}$$

式中：x 为被测量值；y 为直接测得的值。

直接测量又可分为直接比较和间接比较两种。

直接比较是指直接把被测物理量和标准量作比较的测量方法。例如，用米尺进行长度测量。直接比较的显著特点是被测物理量和标准量是同一种物理量。

间接比较是指把被测物理量通过仪器仪表，例如水银温度计、弹簧秤、弹簧管压力表等，变换为与之保持已知函数关系的另一种能为人类感官所直接接受的物理量。

无论是直接比较还是间接比较，测量过程都简单、迅速，是比较常用的方法。

2) 间接测量

间接测量是指在直接测量的基础上，根据已知的函数关系，计算出被测物理量大小的方法。被测量 y 是一个直接测量值 x 或几个直接测量值 $x_1, x_2, \cdots, x_n$ 的函数，即

$$y = f(x) \tag{1-4}$$

或

$$y = f(x_1, x_2, \cdots, x_n) \tag{1-5}$$

间接测量程序较多，花费时间较长，一般用在直接测量不方便或者缺乏直接测量手段的场合。例如，电功率的测量，先测量电压 U、电流 I，再求功率 $P = UI$。

2. 等精度测量与不等精度测量

1) 等精度测量

等精度测量是指在测量过程中，影响测量误差大小的全部测量条件始终不变，如同一测量者，用相同仪表与测量方法，在同样的环境条件下，对同一被测量进行的多次重复测量。

实际应用时，很难保证测量条件始终不变，只有近似的等精度测量。

2) 不等精度测量

不等精度测量是指在不同的测量条件下，如用不同精度的仪表或不同的测量方法，或以不同的测量次数，或在环境条件相差很大时，或由不同的测量者，对同一被测量进行的多次重复测量。

不等精度测量多用于科学研究中的对比测量。

1.1.3　测量误差分类

测量误差是指测量值与真实值之间的差值，反映测量质量的好坏。

任何测量过程都存在误差，而且贯穿于测量过程的始终。因此在测量时不仅需要知道测量值，还需要知道测量值的误差范围。只有通过正确的误差分析，明确哪些量对测量结果影响大，哪些影响小，才能抓住关键因素，减小误差对测量结果的影响，增加测量的可靠性。

不同场合对测量结果可靠性的要求不同。测量结果的准确程度应与测量的目的与要求相适应，要有合理的性价比。例如，在量值传递、经济核算、产品检验等场合应保证测量结果的准确度；当测量值用作控制信号时，要保证测量的稳定性和可靠性。

造成测量误差的主要原因在于，传感器本身性能不良，测量方法不完善，环境干扰等。

测量误差的分类如图 1-1 所示。

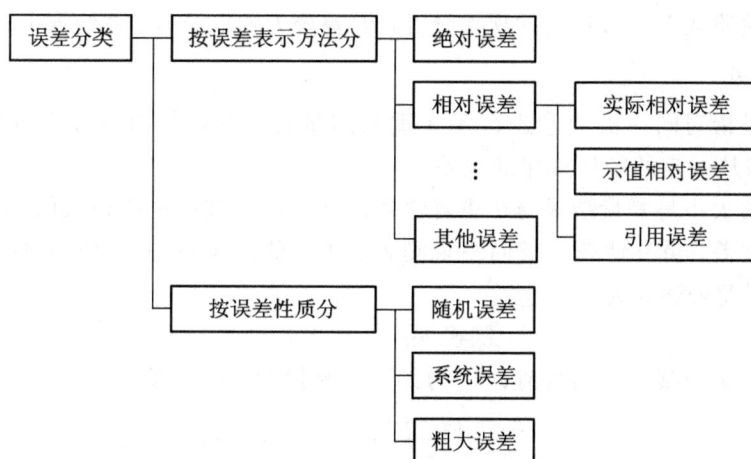

图 1-1　测量误差的分类

1. 按误差表示方法分类

误差的表示方法有很多，主要包括绝对误差、相对误差、基本误差、附加误差和容许误差等，其中相对误差又分为实际相对误差、示值相对误差和引用误差等。

1）绝对误差

绝对误差是示值与被测量真值之间的差值。可以表示为

$$\Delta = x - L \tag{1-6}$$

式中：Δ 为绝对误差；x 为测量值；L 为被测量真值。

值得注意的是，绝对误差只能反映测量值的偏差，并不能真实反映测量结果的优劣。

2）相对误差

相对误差是指绝对误差与被测量的约定值之比，主要表示形式有实际相对误差、示值（标称）相对误差和引用误差等。

（1）实际相对误差：绝对误差与被测量真值的百分比，表示为

$$\delta = \frac{\Delta}{L} \times 100\% \tag{1-7}$$

式中：δ 为实际相对误差；Δ 为绝对误差；L 为被测量真值。

（2）示值（标称）相对误差：绝对误差与器具示值（测量值）的百分比，表示为

$$\delta' = \frac{\Delta}{x} \times 100\% \qquad (1-8)$$

式中：δ' 为示值相对误差；Δ 为绝对误差；x 为测量值，用以替代真值。

（3）引用误差：绝对误差与器具的满度值（量程）的百分比，表示为

$$\gamma = \frac{\Delta}{x_m} = \frac{\Delta}{\text{测量范围上限} - \text{测量范围下限}} \times 100\% \qquad (1-9)$$

式中：γ 为引用误差；Δ 为绝对误差；x_m 为满度值。

引用误差是仪表中通用的一种误差表示方法，常用来确定仪表的精度等级。例如：0.5 级仪表的引用误差 $\leqslant \pm 0.5\%$；1.0 级仪表的引用误差 $\leqslant \pm 1\%$。

2. 按误差性质分类

按误差的性质或误差所呈现的规律分类，误差分为随机误差、系统误差和粗大误差。

1）随机误差

随机误差是指对同一被测量进行多次重复测量时，绝对值和符号不可预知地随机变化，但总体上服从一定的统计规律的误差。

随机误差的大小是测量结果与在重复性条件下对同一被测量进行无限多次测量所得的结果的平均值之差。重复性条件指同一观测者、相同的测量条件、相同的仪器和短时间内的重复。随机误差表达式为

$$\text{随机误差} = x_i - \overline{x}_\infty \qquad (1-10)$$

式中：x_i 为被测量的某一个测量值；$\overline{x}_\infty$ 为无限次测量的均值，即

$$\overline{x}_\infty = \frac{x_1 + x_2 + \cdots + x_n}{n} \qquad (n \to \infty)$$

随机误差主要由一些难以控制的微小因素产生，如电场、磁场、温度、湿度和气压的波动等。随机误差不能用简单的修正值来修正，要用统计的方法计算它出现的可能性。

2）系统误差

系统误差是指在同一测量条件下，对同一被测量进行多次重复测量时，按照一定的规律出现的误差。

系统误差的大小是在重复性条件下对同一被测量进行无限多次测量所得结果的平均值与被测量真值之差，表达式为

$$\text{系统误差} = \overline{x}_\infty - L \qquad (1-11)$$

式中：L 为被测量的真值。

系统误差的主要特点是只要测量条件不变，误差即为确定的值。产生系统误差的主要原因包括标准量值不准、仪表刻度不准、测量方法不当、零点未调、采用近似公式或测量经验不足等。系统误差可用修正值来修正，但由于真值不确知，系统误差只能有限度地补偿。

3）粗大误差

粗大误差是指明显偏离测量结果的误差，又称疏忽误差。

产生粗大误差的主要原因是测量者疏忽大意以及测量环境条件突变等。含有粗大误差

的测量结果明显不符合客观事实，测量值中往往含有坏值或奇异值，因此在做误差分析时，应首先剔除粗大误差。

例 1-1　某 1.0 级电流表，满度值 $x_m=100\ \mu A$，求测量值分别为 $x_1=100\ \mu A$，$x_2=80\ \mu A$，$x_3=20\ \mu A$ 时的绝对误差和示值相对误差。

解：因为精度等级 $S=1.0$，即引用误差为

$$\gamma=\pm 1.0\%$$

所以可求得最大绝对误差为

$$\Delta m=\gamma\times x_m=100\ \mu A\times(\pm 1.0\%)=\pm 1.0\ \mu A$$

依据误差的整量化原则，仪器在同一量程的各示值处的绝对误差均等于 Δm。故三个测量值处的绝对误差分别为

$$\Delta x_1=\Delta x_2=\Delta x_3=\Delta m=\pm 1.0\ \mu A$$

三个测量值处的示值(标称)相对误差分别为

$$\gamma_{x_1}=\frac{\Delta x_1}{x_1}\times 100\%=\frac{\pm 1\ \mu A}{100\ \mu A}\times 100\%=\pm 1\%$$

$$\gamma_{x_2}=\frac{\Delta x_2}{x_2}\times 100\%=\frac{\pm 1\ \mu A}{80\ \mu A}\times 100\%=\pm 1.25\%$$

$$\gamma_{x_3}=\frac{\Delta x_3}{x_3}\times 100\%=\frac{\pm 1\ \mu A}{20\ \mu A}\times 100\%=\pm 5\%$$

分析：测量仪器在同一量程不同示值处的绝对误差不一定处处相等，但对使用者来讲，在没有修正值可以利用的情况下，只能按最坏情况处理，于是就有了误差的整量化处理原则。

因此，为减小测量中的示值误差，在进行量程选择时应尽可能使示值接近满度值，一般示值不小于满度值的 2/3。

例 1-2　要测量 100℃ 的温度，现有 0.5 级、测量范围 0℃~300℃ 和 1.0 级、测量范围 0℃~100℃ 的两种温度计，试分析各自产生的示值相对误差，并选用一个量程更合适的温度计。

解：(1) 对 0.5 级温度计，可能产生的最大绝对值误差为

$$\Delta x_{m_1}=\gamma_{m_1}\cdot x_{m_1}=(\pm 0.5\%)\times 300℃=\pm 1.5℃$$

按照误差整量化原则，认为该量程内的绝对误差为

$$\Delta x_1=\Delta x_{m_1}=\pm 1.5℃$$

所以示值相对误差为

$$\gamma_{x_1}=\frac{\Delta x_1}{x_1}\times 100\%=\frac{\pm 1.5℃}{100℃}\times 100\%=\pm 1.5\%$$

(2) 对 1.0 级温度计，可能产生的最大绝对值误差为

$$\Delta x_{m_2}=\gamma_{m_2}\cdot x_{m_2}=(\pm 1.0\%)\times 100℃=\pm 1.0℃$$

按照误差整量化原则，认为该量程内的绝对误差为

$$\Delta x_2=\Delta x_{m_2}=\pm 1.0℃$$

所以示值相对误差为

$$\gamma_{x_2}=\frac{\Delta x_2}{x_2}\times 100\%=\frac{\pm 1.0℃}{100℃}\times 100\%=\pm 1.0\%$$

结论:用1.0级小量程的温度计测量所产生的示值相对误差比选用0.5级较大量程的温度计测量所产生的示值相对误差小,因此选用1.0级小量程的温度计更合适。

1.2 误差的分析和处理

不同性质的误差对测量结果的影响不同。通常,对测量数据进行处理时,首先剔除粗大误差;再设法消除系统误差,或加以修正,将系统误差减小到可忽略的程度;若此时测量数据仍不稳定,说明存在随机误差,最后利用随机误差性质对随机误差进行分析处理。

1.2.1 随机误差分析和处理

随机误差分析是指当多次等精度测量时产生的随机误差及测量值服从统计学规律时,利用概率统计的一些基本结论,研究随机误差的表征及含有随机误差的测量数据的处理方法。

随机误差处理的目的是:求出最接近真值的值,即真值的最佳估计;对数据精密度的高低(即可信赖的程度)进行评定并给出测量结果。

1. 随机误差的正态分布曲线

就单次测量而言,随机误差是偶然因素造成的,无规律可循,但当测量次数足够多时,随机误差总体服从统计规律。

随机误差的概率分布有多种类型,如正态分布、均匀分布、t分布、反正弦分布、梯形分布和三角分布等。由于大多数随机误差服从正态分布规律,因此用正态分布理论研究随机误差。

对某一被测量进行多次重复测量,设测量值为x_i,被测量真值为L,则测量列中的随机误差δ_i为

$$\delta_i = x_i - L \quad (i=1, 2, \cdots, n) \tag{1-12}$$

当测量次数n足够大时,测量误差服从正态分布规律。概率分布密度函数为

$$y = f(x) = \frac{1}{\sigma\sqrt{2\pi}} e^{-\frac{(x-L)^2}{2\sigma^2}} \tag{1-13}$$

$$y = f(\delta) = \frac{1}{\sigma\sqrt{2\pi}} e^{-\frac{\delta^2}{2\sigma^2}} \tag{1-14}$$

式中:y为概率密度;x为测量值(随机变量);σ为均方根偏差(标准误差);L为真值(随机变量x的数学期望);δ为随机误差(随机变量),$\delta = x - L$。

正态分布曲线如图1-2所示,是一条钟形的曲线。从图中可见,随机变量在$x=L$或$\delta=0$处的附近区域内具有最大概率。

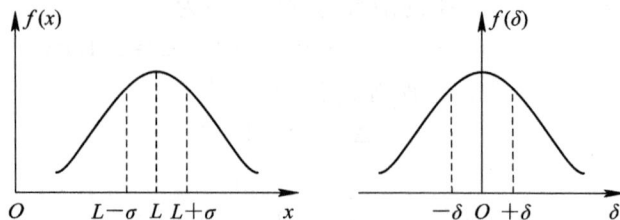

图1-2 随机误差的正态分布曲线

随机误差具有以下特征：

（1）单峰性：绝对值小的随机误差出现的概率大于绝对值大的随机误差出现的概率。测量值在其期望值上出现的概率最大，随着对期望值偏离的增大，出现的概率急剧减小。

（2）有界性：随机误差的绝对值不会超出一定界限。

（3）对称性或抵偿性：测量次数 n 足够大时，绝对值相等、符号相反的随机误差出现的概率相等。

2．随机误差的数字特征

1）算术平均值 $\overline{x}$

在实际测量时，真值 L 不可能得到，但随机误差服从正态分布，且算术平均值处随机误差的概率密度最大，即算术平均值与被测量的真值最接近，且测量次数越多就越接近。因此测量结果的算术平均值最可信赖，它可以作为等精度多次测量的结果，是被测量的最佳估计值。如果进行无限多次测量，由于随机误差的抵偿性，则随机误差对测量结果无影响，或其影响可以忽略。

设对被测量进行等精度的 n 次测量，有 n 个测量值 x_1，x_2，$\cdots$，x_n，则它们的算术平均值为

$$\overline{x} = \frac{1}{n}(x_1 + x_2 + \cdots + x_n) = \frac{1}{n}\sum_{i=1}^{n} x_i \tag{1-15}$$

算术平均值反映了随机误差的分布中心。

由于真值不可知，以算术平均值代替真值求得的误差称为残余误差，简称残差，即

$$\nu_i = x_i - \overline{x} \quad (i=1, 2, \cdots, n) \tag{1-16}$$

2）标准偏差 σ

标准偏差又称标准误差、均方根误差或均方根偏差，简称标准差，可由下式求取：

$$\sigma = \sqrt{\frac{\sum_{i=1}^{n}(x_i - L)^2}{n}} = \sqrt{\frac{\sum_{i=1}^{n}\delta_i^2}{n}} \tag{1-17}$$

式中：σ 为标准偏差；x_i 为第 i 次测量值；L 为真值；n 为测量次数。

标准偏差反映了随机误差的分布范围，描述测量数据和测量结果的精度。标准偏差愈大，测量数据的分散性也愈大。

图 1-3 所示为不同 σ 下随机误差的正态分布曲线。从图中可见，σ 愈小，分布曲线愈陡峭，说明随机误差的分散性愈小，测量精度愈高；反之，σ 愈大，分布曲线愈平坦，说明随机误差的分散性也愈大，精度也愈低。

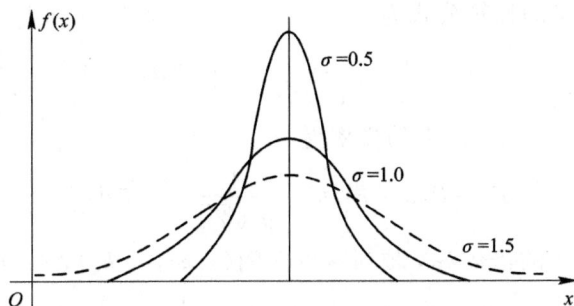

图 1-3 不同 σ 下随机误差的正态分布曲线

3）标准偏差的估计值 σ_s

标准偏差的估计值 σ_s 是指用残余误差计算的标准偏差。在实际测量中，因为测量次数有限，因此，用算术平均值代替了真值，标准偏差的估计值 σ_s 表示有限次的测量值（随机误差）的分散性。标准偏差的估计值又称为样本标准差，用下式计算：

$$\sigma_s = \sqrt{\frac{\sum_{i=1}^{n}(x_i - \overline{x})^2}{n-1}} = \sqrt{\frac{\sum_{i=1}^{n}\nu_i^2}{n-1}} \tag{1-18}$$

式中：x_i 为第 i 次测量值；$\overline{x}$ 为 n 次测量值的算术平均值；ν_i 为残余误差，即 $\nu_i = x_i - \overline{x}$。

另外，在有限次测量时，算术平均值不可能等于被测量的真值 L，它也是随机变动的。

设对被测量进行 m 组的多次测量，各组所得的算术平均值分别为 $\overline{x}_1$、$\overline{x}_2$、$\cdots$、$\overline{x}_m$，则算术平均值可靠性由算术平均值的标准差 $\sigma_{\overline{x}}$ 来评定。它与标准偏差的估计值 σ_s 的关系为

$$\sigma_{\overline{x}} = \frac{\sigma_s}{\sqrt{n}} \tag{1-19}$$

$\sigma_{\overline{x}}/\sigma_s$ 与 n 的关系曲线如图 1-4 所示。可见，算术平均值的标准差随测量次数 n 的增大而减小。但从图 1-4 可看出，当 n 大于 10 时，算术平均值的标准差随测量次数 n 的增大而减小缓慢。因此，不能单靠增加测量次数来提高测量精度。实际上，测量次数越多越难保证测量条件的稳定，反而会带来新的误差。

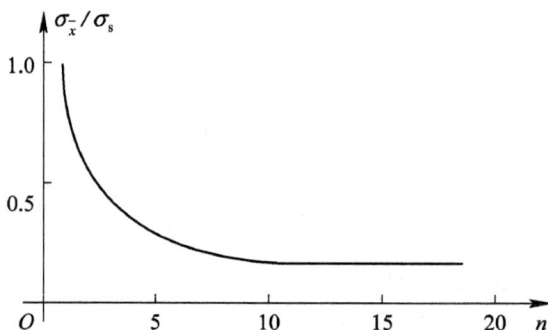

图 1-4　算术平均值的标准差与 n 的关系曲线

3. 正态分布随机误差的概率计算

符合正态分布的随机变量，其概率为曲线所覆盖的面积。

（1）全概率：全概率的计算公式为

$$\int_{-\infty}^{+\infty} f(x)\,\mathrm{d}x = \frac{1}{\sigma\sqrt{2\pi}}\int_{-\infty}^{+\infty} \mathrm{e}^{-\frac{x^2}{2\sigma^2}}\,\mathrm{d}x = 1 \tag{1-20}$$

（2）区间概率：在区间 (a, b) 上的概率为

$$P_a = P(a \leqslant x < b) = \frac{1}{\sigma\sqrt{2\pi}}\int_a^b \mathrm{e}^{-\frac{x^2}{2\sigma^2}}\,\mathrm{d}x \tag{1-21}$$

通常，区间表示成 σ 的倍数 $k\sigma$，取对称的区间 $(-k\sigma, +k\sigma)$，则以残差表示有

$$P_a = P(-k\sigma \leqslant \nu < +k\sigma) = \frac{1}{\sigma\sqrt{2\pi}}\int_{-k\sigma}^{+k\sigma} \mathrm{e}^{-\frac{\nu^2}{2\sigma^2}}\,\mathrm{d}\nu \tag{1-22}$$

式中：k 为置信系数；P_a 为置信概率，即区间概率；$\pm k\sigma$ 为误差限。

典型的 k 值及其相应的概率如表 1－1 所示。

表 1－1　k 值及其相应的概率

k	0.6745	1	1.96	2	2.58	3	4
P_a	0.5	0.6827	0.95	0.9545	0.99	0.9973	0.99994

从表中可看出：当 $k=\pm1$ 时，$P_a=0.6827$，测量结果中随机误差出现在 $-\sigma\sim+\sigma$ 范围内的概率为 68.27%，即 $|\nu_i|>\sigma$ 的概率为 31.73%。出现在 $-3\sigma\sim+3\sigma$ 范围内的概率是 99.73%，说明误差绝对值大于 3σ 几乎不可能，通常该误差称为极限误差，表示为 $\sigma_{\lim}=\pm3\sigma$。

于是，测量结果可表示为

$$x=\overline{x}\pm\sigma_{\overline{x}} \quad (P_a=0.6827) \tag{1-23}$$

或

$$x=\overline{x}\pm3\sigma_{\overline{x}} \quad (P_a=0.9973) \tag{1-24}$$

例 1－3　有一组测量值为 237.4、237.2、237.9、237.1、237.1、237.5、237.4、237.6、237.6、237.4，设这些测得值已消除系统误差和粗大误差，求测量结果。

解：将测量值列于表 1－2 中。

表 1－2　测量值列表

序号	测量值 x_i	残余误差 ν_i	ν_i^2
1	237.4	−0.02	0.0004
2	237.2	−0.22	0.0484
3	237.9	0.48	0.2304
4	237.1	−0.32	0.1024
5	237.1	−0.32	0.1024
6	237.5	0.08	0.0064
7	237.4	−0.02	0.0004
8	237.6	0.18	0.0324
9	237.6	0.18	0.0324
10	237.4	−0.02	0.0004
	$\overline{x}=237.42$	$\sum\nu_i=0$	$\sum\nu_i^2=0.5560$

由表中数据得

$$\sigma_s=\sqrt{\frac{\sum\nu_i^2}{n-1}}=\sqrt{\frac{0.556}{10-1}}\approx0.25,\quad \sigma_{\overline{x}}=\frac{\sigma_s}{\sqrt{n}}=\frac{0.25}{\sqrt{10}}\approx0.08$$

则测量结果为

$$x = 237.42 \pm 0.08 \quad (P_a = 0.6827)$$

或

$$x = 237.42 \pm 3 \times 0.08 = 237.42 \pm 0.24 \quad (P_a = 0.9973)$$

1.2.2 系统误差分析和处理

与随机误差不同,系统误差虽不具有抵偿性,难以发现,但系统误差往往固定不变或按一定规律变化,可判断并消除。因此,找出产生系统误差的根源是减小或消除系统误差的关键。

为明确产生系统误差的因素,有必要对测量系统的各环节作全面分析。由于具体条件各不相同,在分析查找误差根源时,没有一成不变的方法,但不外乎找原因并消除。

1. 系统误差判断

系统误差判断方法主要有理论分析法、实验对比法、残差观察法等。

1) 理论分析法

理论分析法针对测量方法所引入的误差,通过理论分析来确定测量方法本身带来的误差,并给予修正。如用内阻不高的电压表测量高内阻的信号源电压所造成的系统误差。

2) 实验对比法

实验对比法针对测量条件所引入的误差,通过进行不同条件的测量,以发现系统误差。如更换测量仪表,用精度更高一级的测量仪表测量;更换测量人员、环境等。这种方法适用于发现固定的系统误差。

3) 残差观察法

残差观察法是根据残余误差的变化规律,判断系统误差的有无、类型以及大小等,如图 1-5 所示。

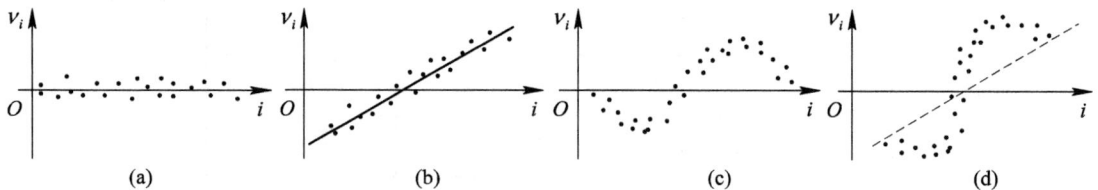

图 1-5 残余误差曲线

从图 1-5 中可以看出:

图(a)中,残余误差基本上正负相同,无明显变化规律,即无系统误差;

图(b)中,残余误差线性递增,存在累进性系统误差;

图(c)中,残余误差的大小、符号呈周期性变化,存在周期性系统误差;

图(d)中,残余误差周期性递增,同时存在累进性系统误差和周期性系统误差。

2. 系统误差消除

1）消除系统误差产生的根源

找出误差根源，明确产生误差的因素，采取相应措施修正或消除。可从以下几方面考虑：

（1）检查传感器和测量仪表的安装、调试、放置是否合理，如仪表的水平位置、安装时是否偏心等；

（2）测量方法是否完善，如用电压表测量电压，电压表内阻的影响等；

（3）传感器或仪表是否准确可靠，如灵敏度不足、刻度不准、放大器和变换器的性能存在优劣等；

（4）环境条件是否符合要求，如环境温度、湿度、气压等的变化会引起误差；

（5）测量者的操作是否正确，如读数时的视差、视觉疲劳等会引起系统误差。

2）在测量结果中进行修正

恒值的系统误差，可直接用修正值对测量结果进行修正；变化的系统误差，可找出变化的规律，用修正公式对测量结果进行修正；其他未知规律的误差，可按随机误差进行处理。

3）在测量系统中采用补偿措施

找出系统误差的规律，在测量过程中自动消除系统误差。如用热电偶测温时，采用冷端补偿法进行自动补偿；用热电阻测温时，对环境温度实时反馈修正。

1.2.3　粗大误差剔除

数据处理之前，依照一定的准则，应首先剔除粗大误差。常用的准则有 3σ 准则、肖维勒准则和格拉布斯准则。

1. 3σ 准则

3σ 准则又称莱以达准则，当某个测量值残差的绝对值 $|v_i|>3\sigma_s$（极限误差）时，则剔除。

2. 肖维勒准则

某个测量值的残差的绝对值 $|v_i|>Z_c\sigma_s$，则剔除。实际应用中 $Z_c<3$，Z_c 的取值如表1-3所示，表中 n 为测量次数。

表1-3　肖维勒准则中的 Z_c 值

n	3	4	5	6	7	8	9	10	11	12
Z_c	1.38	1.54	1.65	1.73	1.80	1.86	1.92	1.96	2.00	2.03
n	13	14	15	16	18	20	25	30	40	50
Z_c	2.07	2.10	2.13	2.15	2.20	2.24	2.33	2.39	2.49	2.58

3. 格拉布斯准则

某测量值的残差的绝对值 $|v_i|>G\sigma_s$ 时，则剔除。G 值与测量次数 n 和置信概率 P_a 有关，如表1-4所示。

表 1-4　格拉布斯准则中的 G 值

测量次数	置信概率 P_a		测量次数	置信概率 P_a	
n	0.99	0.95	n	0.99	0.95
3	1.16	1.15	11	2.48	2.23
4	1.49	1.46	12	2.55	2.28
5	1.75	1.67	13	2.61	2.33
6	1.94	1.82	14	2.66	2.37
7	2.10	1.94	15	2.70	2.41
8	2.22	2.03	16	2.74	2.44
9	2.32	2.11	18	2.82	2.50
10	2.41	2.18	20	2.88	2.56

注意：以上准则以数据呈正态分布为前提，当偏离正态分布或测量次数很少时，判断的可靠性就降低。

例 1-4　对某一电压进行 12 次等精度测量，测量值如表 1-5 所示。若这些测量值已消除系统误差，试判断有无粗大误差，并写出测量结果。

表 1-5　电压测量值

序号	测量值 U_i/mV	ν_{i1}	$\nu_{i1}^2 \times 10^{-4}$	ν_{i2}	$\nu_{i2}^2 \times 10^{-4}$
1	20.42	0.019	3.61	0.011	1.21
2	20.43	0.029	8.41	0.021	4.41
3	20.40	−0.001	0.01	−0.009	0.81
4	20.39	−0.011	1.21	−0.019	3.61
5	20.41	0.009	0.81	0.001	0.01
6	20.31	−0.091	82.81	—	—
7	20.42	0.019	3.61	0.011	1.21
8	20.39	−0.011	1.21	−0.019	3.61
9	20.41	0.009	0.81	0.001	0.01
10	20.40	−0.001	0.01	−0.009	0.81
11	20.40	−0.001	0.01	−0.009	0.81
12	20.43	0.029	8.41	0.021	4.41
$\overline{U}_1 = \frac{1}{12}\sum_{i=1}^{12} U_i = 20.401$ $\overline{U}_2 = \frac{1}{11}\sum_{i=1}^{11} U_i = 20.409$	$\sum_{i=1}^{12}\nu_{i1} = 0.008$	$\sum_{i=1}^{12}\nu_{i1}^2 = 110.92 \times 10^{-4}$	$\sum_{i=1}^{11}\nu_{i2} = 0.001$	$\sum_{i=1}^{11}\nu_{i2}^2 = 20.91 \times 10^{-4}$	

解：（1）求算术平均值及标准差估计值：

$$\overline{U}_1 = \frac{1}{12}\sum_{i=1}^{12} U_i = 20.401$$

$$\sigma_s = \sqrt{\frac{1}{12-1}\sum_{i=1}^{12}\nu_i^2} = \sqrt{\frac{0.011092}{12-1}} = 0.032 \ \text{mV}$$

（2）判断有无粗大误差：因测量次数不多，故采用格拉布斯准则。

测量次数 $n=12$，取置信概率 $P_a=0.95$，查表 1-4 可得系数 $G=2.28$，则

$$G \cdot \sigma_s = 2.28 \times 0.032 = 0.073 < |\nu_6|$$

故剔除 U_6。

（3）剔除粗大误差后的算术平均值及标准差估计值如下：

$$\overline{U}_2 = \frac{1}{11}\sum_{i=1}^{11}U_i = 20.409$$

$$\sigma_{s2} = \sqrt{\frac{1}{11-1}\sum_{i=1}^{12}\nu_i^2} = \sqrt{\frac{0.002091}{11-1}} = 0.0145 \ \text{mV}$$

重新判断粗大误差：测量次数 $n=11$，取置信概率 $P_a=0.95$，查表 1-4 可得系数 $G=2.23$，则

$$G \cdot \sigma_s = 2.23 \times 0.0145 = 0.032$$

大于所有 $|\nu_{i2}|$，故数据中已无粗大误差。

（4）计算算术平均值的标准差：

$$\sigma_{\overline{x}} = \frac{\sigma_{s2}}{\sqrt{n}} = \frac{0.0145}{\sqrt{11}} \approx 0.004 \ \text{mV}$$

（5）测量结果如下：

$$x = \overline{x} \pm 3\sigma_{\overline{x}} = (20.41 \pm 0.012) \ \text{mV} \quad (P_a = 99.73\%)$$

1.3 误 差 合 成

测量概论
第 2 部分知识点

1.3.1 不等精度测量的权与误差

绝对的等精度测量难以保证，但测量条件差别不大时，可按等精度测量处理，测量条件的变化可作为误差考虑。但在科学实验或高精度测量中，为了提高测量的可靠性和精度，必须考虑测量条件的变化，进行不等精度的测量。

1. 权的概念

一被测量的 m 组测量结果及其误差不能同等看待，各组具有不同的可靠性，即可信赖程度，这种可信赖程度的大小称为"权"。测量次数多，测量方法完善，测量仪表精度高，测量的环境条件好，测量人员的水平高，则测量结果可靠，其权也大。

权用符号 p 表示，有如下几种计算方法：

（1）根据经验直接赋予权值。

（2）有 m 组测量，权值比由各组测量列的测量次数 n_i 的比表示，有

$$p_1 : p_2 : \cdots : p_m = n_1 : n_2 : \cdots : n_m \tag{1-25}$$

（3）权值比由各组测量值标准差平方的倒数的比表示，有

$$p_1 : p_2 : \cdots : p_m = \frac{1}{\sigma_1^2} : \frac{1}{\sigma_2^2} : \cdots : \frac{1}{\sigma_m^2} \tag{1-26}$$

权只表示相对可靠度,无量纲,故实际计算时,通常令最小的权数为"1",以方便化简。

2. 加权算术平均值

对同一被测量进行 m 组不等精度测量,得到 m 个测量值的算术平均值为 $\overline{x}_1, \overline{x}_2, \cdots, \overline{x}_m$,相应各组的权分别为 $p_1, p_2, \cdots, p_m$,则加权平均值可用下式表示:

$$\overline{x}_p = \frac{\overline{x}_1 p_1 + \overline{x}_2 p_2 + \cdots \overline{x}_m p_m}{p_1 + p_2 + \cdots + p_m} = \frac{\sum_{i=1}^{m} \overline{x}_i p_i}{\sum_{i=1}^{m} p_i} \tag{1-27}$$

3. 加权算术平均值的标准误差 $\sigma_{\overline{x}_p}$

加权算术平均值可作为不等精度测量结果的最佳估计,此时其精度也由加权算术平均值的标准差来表示:

$$\sigma_{\overline{x}_p} = \sqrt{\frac{\sum_{i=1}^{m} p_i \nu_i^2}{(m-1)\sum_{i=1}^{m} p_i}} \tag{1-28}$$

式中,$\nu_i = \overline{x}_i - \overline{x}_p$。

例 1-5 用三种不同的方法测量某电感量,三种方法测得的各平均值与标准差为

$$\overline{L}_1 = 1.25\ \text{mH}, \quad \sigma_{\overline{L}_1} = 0.040\ \text{mH}$$
$$\overline{L}_2 = 1.24\ \text{mH}, \quad \sigma_{\overline{L}_2} = 0.030\ \text{mH}$$
$$\overline{L}_3 = 1.22\ \text{mH}, \quad \sigma_{\overline{L}_3} = 0.050\ \text{mH}$$

求电感的加权算术平均值及其标准差。

解: 令 $p_3 = 1$,则

$$p_1 : p_2 : p_3 = \frac{\sigma_{\overline{L}_3}^2}{\sigma_{\overline{L}_1}^2} : \frac{\sigma_{\overline{L}_3}^2}{\sigma_{\overline{L}_2}^2} : \frac{\sigma_{\overline{L}_3}^2}{\sigma_{\overline{L}_3}^2} = \left[\frac{0.050}{0.040}\right]^2 : \left[\frac{0.050}{0.030}\right]^2 : \left[\frac{0.050}{0.050}\right]^2 = 1.563 : 2.778 : 1$$

加权算术平均值为

$$\overline{L}_p = \frac{\sum_{i=1}^{m} \overline{L}_i p_i}{\sum_{i=1}^{m} p_i} = \frac{1.25 \times 1.563 + 1.24 \times 2.778 + 1.22 \times 1}{1.563 + 2.778 + 1} = 1.239\ \text{mH}$$

加权算术平均值的标准差为

$$\sigma_{\overline{L}_p} = \sqrt{\frac{\sum_{i=1}^{m} p_i \nu_i^2}{(m-1)\sum_{i=1}^{m} p_i}}$$

$$= \sqrt{\frac{1.563 \times (1.25 - 1.239)^2 + 2.778 \times (1.24 - 1.239)^2 + 1 \times (1.22 - 1.239)^2}{(3-1)(1.563 + 2.778 + 1)}}$$

$$= 0.007\ \text{mH}$$

1.3.2 误差的合成

已知各环节的误差而求总的误差，称为误差的合成。

测量系统通常由若干环节组成，各环节的局部误差会对总体误差造成影响。系统误差和随机误差的规律和特点不同，合成时采用的方法不同。

1. 系统误差的合成

设系统总输出与各环节之间的函数关系为 $y=f(x_1, x_2, \cdots, x_n)$，各环节定值系统误差分别为 $\Delta x_1, \Delta x_2, \cdots, \Delta x_n$。系统误差一般均很小，其误差可用微分来表示，故其合成表达式为

$$\mathrm{d}y=\frac{\partial f}{\partial x_1}\mathrm{d}x_1+\frac{\partial f}{\partial x_2}\mathrm{d}x_2+\cdots+\frac{\partial f}{\partial x_n}\mathrm{d}x_n \tag{1-29}$$

实际计算误差时，式(1-29)中的微分项以各环节的定值系统误差 $\Delta x_1, \Delta x_2, \cdots, \Delta x_n$ 代替，即

$$\Delta y=\frac{\partial f}{\partial x_1}\Delta x_1+\frac{\partial f}{\partial x_2}\Delta x_2+\cdots+\frac{\partial f}{\partial x_n}\Delta x_n=\sum_{i=1}^{n}\frac{\partial f}{\partial x_i}\Delta x_i \tag{1-30}$$

2. 随机误差的合成

设测量系统的 n 个环节的均方根偏差为 $\sigma_{x_1}, \sigma_{x_2}, \cdots, \sigma_{x_n}$，则随机误差合成为

$$\sigma_y=\sqrt{\left(\frac{\partial f}{\partial x_1}\right)^2\sigma_{x_1}^2+\left(\frac{\partial f}{\partial x_2}\right)^2\sigma_{x_2}^2+\cdots+\left(\frac{\partial f}{\partial x_n}\right)^2\sigma_{x_n}^2} \tag{1-31}$$

3. 总合成误差

设测量系统的系统误差和随机误差均相互独立，则总的合成误差 ε 可表示为

$$\varepsilon=\Delta y+\sigma_y \tag{1-32}$$

例 1-6 用手动平衡电桥测量电阻 R_x（如图 1-6 所示）。已知 $R_1=100\ \Omega$，$R_2=1000\ \Omega$，$R_N=100\ \Omega$，各桥臂电阻的恒值系统误差为 $\Delta R_1=0.1\ \Omega$，$\Delta R_2=0.5\ \Omega$，$\Delta R_N=0.1\ \Omega$。求消除系统误差后的 R_x 值。

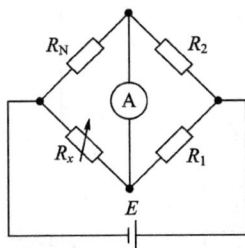

图 1-6 测量电阻 R_x 的平衡电桥原理线路图

解：用电桥方法测量桥臂电阻时，电桥被认为是平衡的，即检流计 A 显示电流为 0。于是有

$$R_1 \cdot R_N=R_2 \cdot R_x$$

即

$$R_x=R_1\times\frac{R_N}{R_2}$$

当不考虑系统误差时，有

$$R_x = R_1 \times \frac{R_N}{R_2} = 100 \times \frac{100}{1000} = 10 \ \Omega$$

已知 R_1、R_2、R_N 存在系统误差，则 R_x 也将产生系统误差，按照误差合成理论，利用式 (1-30)可得

$$\Delta R_x = \frac{R_N}{R_2} \Delta R_1 + \frac{R_1}{R_2} \Delta R_N - \frac{R_1 R_N}{R_2^2} \Delta R_2$$

$$= \frac{100}{1000} \times 0.1 + \frac{100}{1000} \times 0.1 - \frac{100 \times 100}{1000^2} \times 0.5$$

$$= 0.015 \ \Omega$$

消除 ΔR_1、ΔR_2、ΔR_N 的影响，即修正后的电阻 R_x 为

$$R_x = R_{x0} - \Delta R_x = 10 - 0.015 = 9.985 \ \Omega$$

1.4 最小二乘法与线性回归分析

1.4.1 最小二乘法

最小二乘法是一种数据处理手段，其原理是：为获得最可信赖的测量结果，使各测量值的残余误差平方和为最小。在测量数据的处理、实验曲线拟合等方面，最小二乘法应用广泛。

在工程应用中经常需要分析一个未知对象的输入、输出关系，比如传感器的输入、输出关系，其输入、输出的实际值可以由实验得到，那么输入、输出的解析关系式如何得到呢？

例如，某电阻温度传感器的 n 次实验数据如图 1-7 所示，一系列实验数据 (t_i, R_i) 的坐标图如图 1-8 所示，其中 R_i 是 t_i 温度下的电阻值，图中曲线是假设的拟合曲线。

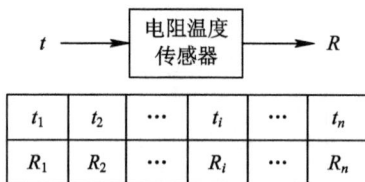

图 1-7 传感器输入输出实验数据

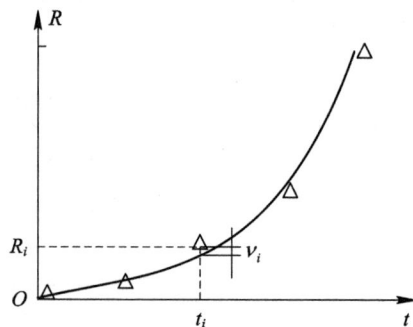

图 1-8 实验数据对应坐标点及拟合曲线

拟合曲线的解析关系式可以根据实验数据的变化规律按经验设定。如设图 1-7 有如下解析关系式：

$$R = R_0 + \alpha R_0 t + \beta R_0 t^2 \tag{1-33}$$

式中：R_0 是温度 0℃时的阻值，α 是线性温度系数，β 是非线性温度系数。最小二乘法的原理是：使所有实验数据的实际输出 R_i 与理论取值 $R_0 + \alpha R_0 t_i + \beta R_0 t_i^2$ 的残余误差 $\nu_i = R_i -$

$(R_0 + \alpha R_0 t_i + \beta R_0 t_i^2)$ 的平方和 $\sum\limits_{i=1}^{n} \nu_i^2$ 最小。根据 $\sum\limits_{i=1}^{n} \nu_i^2$ 最小的条件，求参数 R_0、α 和 β。

如果拟合曲线的解析关系式写成更一般的形式：

$$y = a_1 x_1 + a_2 x_2 + \cdots + a_m x_m \tag{1-34}$$

式中：y 是目标输出；x_1，x_2，$\cdots$，x_m 是待求参数；a_1，a_2，$\cdots$，a_m 是每一个目标输出对应的条件参数，由解析关系和实验条件确定。

上述例子中，$x_1 = R_0$，$x_2 = \alpha R_0$，$x_3 = \beta R_0$；$a_1 = 1$，$a_2 = t$，$a_3 = t^2$。

1. 最小二乘法的线性函数通式

设待求参数为 x_1，x_2，$\cdots$，x_m，进行了 n 次测量（$n \geqslant m$），实际测量值为 y_1，y_2，$\cdots$，y_n，则实际测量值与理论输出值之间的残余误差为

$$\left.\begin{aligned}
\nu_1 &= y_1 - (a_{11}x_1 + a_{12}x_2 + \cdots + a_{1m}x_m) \\
\nu_2 &= y_2 - (a_{21}x_1 + a_{22}x_2 + \cdots + a_{2m}x_m) \\
&\vdots \\
\nu_n &= y_n - (a_{n1}x_1 + a_{n2}x_2 + \cdots + a_{nm}x_m)
\end{aligned}\right\} \tag{1-35}$$

按最小二乘法原理，欲使 $\sum\limits_{i=1}^{n} \nu_i^2$ 最小，则

$$\left.\begin{aligned}
\frac{\partial \left(\sum\limits_{i=1}^{n} \nu_i^2\right)}{\partial x_1} &= 0 \\
\frac{\partial \left(\sum\limits_{i=1}^{n} \nu_i^2\right)}{\partial x_2} &= 0 \\
&\vdots \\
\frac{\partial \left(\sum\limits_{i=1}^{n} \nu_i^2\right)}{\partial x_m} &= 0
\end{aligned}\right\} \tag{1-36}$$

由方程组（1-36）的第 1 个式子 $\dfrac{\partial(\nu_1^2 + \nu_2^2 + \cdots + \nu_n^2)}{\partial x_1} = 0$，得

$$2\nu_1 \frac{\partial \nu_1}{\partial x_1} + 2\nu_2 \frac{\partial \nu_2}{\partial x_1} + \cdots + 2\nu_n \frac{\partial \nu_n}{\partial x_1} = 0 \tag{1-37}$$

因为 $\nu_i = y_i - (a_{i1}x_1 + a_{i2}x_2 + \cdots + a_{im}x_m)$，$i = 1, 2, \cdots n$，代入式（1-37），得

$$a_{11}\nu_1 + a_{21}\nu_2 + \cdots + a_{n1}\nu_n = 0 \tag{1-38}$$

同样，对方程组（1-36）的第 2～m 个式子求解，并与式（1-38）组成方程组：

$$\left.\begin{aligned}
a_{11}\nu_1 + a_{21}\nu_2 + \cdots + a_{n1}\nu_n &= 0 \\
a_{12}\nu_1 + a_{22}\nu_2 + \cdots + a_{n2}\nu_n &= 0 \\
&\vdots \\
a_{1m}\nu_1 + a_{2m}\nu_2 + \cdots + a_{nm}\nu_n &= 0
\end{aligned}\right\} \tag{1-39}$$

令

$$A = \begin{pmatrix} a_{11} & a_{12} & \cdots & a_{1m} \\ a_{21} & a_{22} & \cdots & a_{2m} \\ \vdots & \vdots & & \vdots \\ a_{n1} & a_{n2} & \cdots & a_{nm} \end{pmatrix}, \quad X = \begin{pmatrix} x_1 \\ x_2 \\ \vdots \\ x_m \end{pmatrix}, \quad Y = \begin{pmatrix} y_1 \\ y_2 \\ \vdots \\ y_n \end{pmatrix}, \quad V = \begin{pmatrix} \nu_1 \\ \nu_2 \\ \vdots \\ \nu_n \end{pmatrix}$$

则方程组(1-39)写成矩阵形式为

$$A'V = 0 \tag{1-40}$$

由残余误差方程组(1-35)得

$$V = Y - AX \tag{1-41}$$

式(1-41)代入式(1-40),得

$$A'(Y - AX) = 0 \tag{1-42}$$

式(1-42)就是最小二乘法的矩阵表达式。

将式(1-42)展开得 $A'Y = A'AX$,则

$$\begin{pmatrix} a_{11} & a_{21} & \cdots & a_{n1} \\ a_{12} & a_{22} & \cdots & a_{n2} \\ \vdots & \vdots & & \vdots \\ a_{1m} & a_{2m} & \cdots & a_{nm} \end{pmatrix} \begin{pmatrix} y_1 \\ y_2 \\ \vdots \\ y_n \end{pmatrix} = \begin{pmatrix} a_{11} & a_{21} & \cdots & a_{n1} \\ a_{12} & a_{22} & \cdots & a_{n2} \\ \vdots & \vdots & & \vdots \\ a_{1m} & a_{2m} & \cdots & a_{nm} \end{pmatrix} \begin{pmatrix} a_{11} & a_{12} & \cdots & a_{1m} \\ a_{21} & a_{22} & \cdots & a_{2m} \\ \vdots & \vdots & & \vdots \\ a_{n1} & a_{n2} & \cdots & a_{nm} \end{pmatrix} \begin{pmatrix} x_1 \\ x_2 \\ \vdots \\ x_m \end{pmatrix} \tag{1-43}$$

因为式(1-43)等号两边矢量的第一个单元相等,所以有

$$a_{11}y_1 + a_{21}y_2 + \cdots + a_{n1}y_n = (a_{11}a_{11} + a_{21}a_{21} + \cdots + a_{n1}a_{n1})x_1 +$$
$$(a_{11}a_{12} + a_{21}a_{22} + \cdots + a_{n1}a_{n2})x_2 + \cdots +$$
$$(a_{11}a_{1m} + a_{21}a_{2m} + \cdots + a_{n1}a_{nm})x_m \tag{1-44}$$

整理后可写成

$$[a_1 a_1]x_1 + [a_1 a_2]x_2 + \cdots + [a_1 a_m]x_m = [a_1 y] \tag{1-45}$$

式(1-45)中各参数定义为

$$\begin{cases} [a_1 a_1] = a_{11}a_{11} + a_{21}a_{21} + \cdots + a_{n1}a_{n1} \\ [a_1 a_2] = a_{11}a_{12} + a_{21}a_{22} + \cdots + a_{n1}a_{n2} \\ \quad\quad\quad\vdots \\ [a_1 a_m] = a_{11}a_{1m} + a_{21}a_{2m} + \cdots + a_{n1}a_{nm} \\ [a_1 y] = a_{11}y_1 + a_{21}y_2 + \cdots + a_{n1}y_n \end{cases} \tag{1-46}$$

令式(1-43)等号两边矢量的第2~m个单元相等,由式(1-45)得

$$\begin{cases} [a_1 a_1]x_1 + [a_1 a_2]x_2 + \cdots + [a_1 a_m]x_m = [a_1 y] \\ [a_2 a_1]x_1 + [a_2 a_2]x_2 + \cdots + [a_2 a_m]x_m = [a_2 y] \\ \quad\quad\quad\vdots \\ [a_m a_1]x_1 + [a_m a_2]x_2 + \cdots + [a_m a_m]x_m = [a_m y] \end{cases} \tag{1-47}$$

式(1-47)为最小二乘法估计的正规方程,相关参数定义类似式(1-46)给出。由方程组(1-47)可得待求参数 $x_1, x_2, \cdots, x_m$。

2. 最小二乘法矩阵表达式的解

根据最小二乘法的矩阵表达式(1-42)得

$$A'Y - A'AX = 0 \tag{1-48}$$

即

$$A'AX = A'Y \tag{1-49}$$

可得

$$X = (A'A)^{-1}A'Y \tag{1-50}$$

式(1-50)即为最小二乘法估计的矩阵解。

例 1-7　铜电阻的电阻值 R 与温度 t 之间的关系为 $R_t = R_0(1+\alpha t)$。在不同温度下，测定铜电阻的电阻值如表 1-6 所示。试估计 0℃时铜电阻的电阻值 R_0 和电阻温度系数 α。

表 1-6　不同温度下铜电阻的电阻值

$t_i/℃$	19.1	25.0	30.1	36.0	40.0	45.1	50.0
R_{t_i}/Ω	76.3	77.8	79.75	80.80	82.35	83.9	85.10

解法一：用最小二乘法的线性函数通式求解。列出误差方程如下：

$$R_{t_i} - R_0(1+\alpha t_i) = \nu_i \quad (i=1, 2, \cdots, 7)$$

式中，R_{t_i} 是在温度 t_i 下测得的铜电阻的电阻值。

令待求参数 $x_1 = R_0$，$x_2 = \alpha R_0$，则每一个目标输出 R_{t_i} 对应的条件参数是 $a_{i1}=1$、$a_{i2}=t_i$，误差方程可写为

$$\begin{cases} 76.30 - (x_1 + 19.1x_2) = \nu_1 \\ 77.80 - (x_1 + 25.0x_2) = \nu_2 \\ 79.75 - (x_1 + 30.1x_2) = \nu_3 \\ 80.80 - (x_1 + 36.0x_2) = \nu_4 \\ 82.35 - (x_1 + 40.0x_2) = \nu_5 \\ 83.90 - (x_1 + 45.1x_2) = \nu_6 \\ 85.10 - (x_1 + 50.0x_2) = \nu_7 \end{cases}$$

其正规方程按式(1-47)可写为

$$\begin{cases} [a_1a_1]x_1 + [a_1a_2]x_2 = [a_1y] \\ [a_2a_1]x_1 + [a_2a_2]x_2 = [a_2y] \end{cases}$$

于是有

$$\begin{cases} 7x_1 + \sum_{i=1}^{7} t_i x_2 = \sum_{i=1}^{7} R_{t_i} \\ \sum_{i=1}^{7} t_i x_1 + \sum_{i=1}^{7} t_i^2 x_2 = \sum_{i=1}^{7} R_{t_i} \cdot t_i \end{cases}$$

将各值代入得

$$\begin{cases} 7x_1 + 245.3x_2 = 566 \\ 245.3x_1 + 9325.83x_2 = 20044.5 \end{cases}$$

解得

$$\begin{cases} x_1 = 70.8 \\ x_2 = 0.288 \end{cases}$$

即

$$R_0 = 70.8 \ \Omega$$

$$\alpha = \frac{x_2}{R_0} = \frac{0.288}{70.8} = 4.07 \times 10^{-3} \ (1/℃)$$

解法二: 用最小二乘法矩阵求解。根据式(1-50)计算,则有

$$A'A = \begin{bmatrix} 1 & 1 & 1 & 1 & 1 & 1 & 1 \\ 19.1 & 25.0 & 30.1 & 36.0 & 40.0 & 45.1 & 50.0 \end{bmatrix} \begin{bmatrix} 1 & 19.1 \\ 1 & 25.0 \\ 1 & 30.1 \\ 1 & 36.0 \\ 1 & 40.0 \\ 1 & 45.1 \\ 1 & 50.0 \end{bmatrix} = \begin{bmatrix} 7 & 245.3 \\ 245.3 & 9325.83 \end{bmatrix}$$

由于

$$|A'A| = \begin{bmatrix} 7 & 245.3 \\ 245.3 & 9325.83 \end{bmatrix} = 5108.7 \neq 0 \quad (有解)$$

则

$$(A'A)^{-1} = \frac{1}{|A'A|} \begin{bmatrix} A_{11} & A_{12} \\ A_{21} & A_{22} \end{bmatrix} = \frac{1}{5108.7} \begin{bmatrix} 9325.83 & -245.3 \\ -245.3 & 7 \end{bmatrix}$$

$$A'Y = \begin{bmatrix} 1 & 1 & 1 & 1 & 1 & 1 & 1 \\ 19.1 & 25.0 & 30.1 & 36.0 & 40.0 & 45.1 & 50.0 \end{bmatrix} \begin{bmatrix} 76.3 \\ 77.8 \\ 79.75 \\ 80.80 \\ 82.35 \\ 83.9 \\ 85.10 \end{bmatrix} = \begin{bmatrix} 566 \\ 20044.5 \end{bmatrix}$$

$$X = \begin{bmatrix} x_1 \\ x_2 \end{bmatrix} = (A'A)^{-1} A'Y = \frac{1}{5108.7} \begin{bmatrix} 9325.83 & -245.3 \\ -245.3 & 7 \end{bmatrix} \begin{bmatrix} 566 \\ 20044.5 \end{bmatrix} = \begin{bmatrix} 70.8 \\ 0.288 \end{bmatrix}$$

所以

$$R_0 = x_1 = 70.8 \ \Omega$$

$$\alpha = \frac{x_2}{R_0} = \frac{0.288}{70.8} = 4.07 \times 10^{-3} \ (1/℃)$$

1.4.2　线性回归分析

在工程实践和科学实验中,经常需要把实验数据进一步整理成曲线图或经验公式。这种用经验公式拟合实验数据的方法称为回归分析,即应用数理统计的方法,分析和处理实验数据,从而得到经验公式。

当经验公式为线性函数，且独立变量只有一个时，函数关系为

$$y = kx + b \qquad (1-51)$$

称为一元线性回归分析。

设有 n 次测量数据 (x_i, y_i)，用一元线性回归方程 $y = kx + b$ 拟合，应用最小二乘法原理，使各测量数据点与回归直线的偏差平方和为最小，如图 1-9 所示。

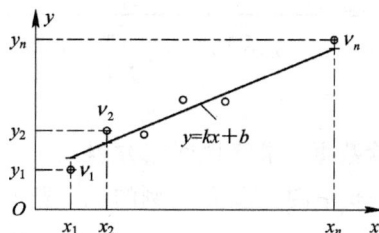

图 1-9　用最小二乘法求拟合直线

则残余误差方程组为

$$\begin{cases} y_1 - (kx_1 + b) = \nu_1 \\ y_2 - (kx_2 + b) = \nu_2 \\ \quad\vdots \\ y_n - (kx_n + b) = \nu_n \end{cases} \qquad (1-52)$$

式中：$y_1, y_2, \cdots, y_n$ 为测量值；$\nu_1, \nu_2, \cdots, \nu_n$ 为残余误差。

运用最小二乘法原理，$\sum\limits_{i=1}^{n} \nu_i^2$ 为最小，即

$$\begin{cases} \dfrac{\partial(\sum\limits_{i=1}^{n} \nu_i^2)}{\partial k} = 0 \\[4mm] \dfrac{\partial(\sum\limits_{i=1}^{n} \nu_i^2)}{\partial b} = 0 \end{cases} \qquad (1-53)$$

由 $\nu_i = y_i - (kx_i + b)$ 得

$$\begin{cases} \dfrac{\partial(\sum\limits_{i=1}^{n} \nu_i^2)}{\partial k} = 2\sum\limits_{i=1}^{n} \nu_i \dfrac{\partial \nu_i}{\partial k} = 2\sum\limits_{i=1}^{n}(y_i - kx_i - b)(-x_i) = 0 \\[4mm] \dfrac{\partial(\sum\limits_{i=1}^{n} \nu_i^2)}{\partial b} = 2\sum\limits_{i=1}^{n} \nu_i \dfrac{\partial \nu_i}{\partial b} = 2\sum\limits_{i=1}^{n}(y_i - kx_i - b)(-1) = 0 \end{cases} \qquad (1-54)$$

即

$$\begin{cases} \sum\limits_{i=1}^{n} x_i y_i - k\sum\limits_{i=1}^{n} x_i^2 - b\sum\limits_{i=1}^{n} x_i = 0 \\[4mm] \sum\limits_{i=1}^{n} y_i - k\sum\limits_{i=1}^{n} x_i - nb = 0 \end{cases} \qquad (1-55)$$

可求得回归方程中的系数为

$$\begin{cases} k = \dfrac{n\sum\limits_{i=1}^{n} x_i y_i - \sum\limits_{i=1}^{n} x_i \sum\limits_{i=1}^{n} y_i}{n\sum\limits_{i=1}^{n} x_i^2 - \left(\sum\limits_{i=1}^{n} x_i\right)^2} \\ \\ b = \dfrac{\sum\limits_{i=1}^{n} x_i^2 \sum\limits_{i=1}^{n} y_i - \sum\limits_{i=1}^{n} x_i \sum\limits_{i=1}^{n} x_i y_i}{n\sum\limits_{i=1}^{n} x_i^2 - \left(\sum\limits_{i=1}^{n} x_i\right)^2} \end{cases} \tag{1-56}$$

式中，n 为测量次数。

例 1-8 用例 1-7 的实验数据，求线性回归方程。

解： 由例 1-7 可知，表 1-6 中的 t_i 就是本例的 x_i，表 1-6 中的 R_{t_i} 就是本例的 y_i，计算相关参数，并填入表 1-7 中。

表 1-7　线性回归相关各参数计算列表

序号	x_i	y_i	x_i^2	$x_i y_i$
1	19.1	76.3	364.81	1457.33
2	25	77.8	625	1945
3	30.1	79.75	906.01	2400.475
4	36.0	80.8	1296	2908.8
5	40.0	82.35	1600	3294
6	45.1	83.9	2034.01	3783.89
7	50.0	85.1	2500	4255
合计	$\sum\limits_{i=1}^{n} x_i = 245.3$	$\sum\limits_{i=1}^{n} y_i = 566$	$\sum\limits_{i=1}^{n} x_i^2 = 9325.83$	$\sum\limits_{i=1}^{n} x_i y_i = 20044.5$

测量次数 $n=7$，根据式(1-56)得

$$k = \frac{n\sum\limits_{i=1}^{n} x_i y_i - \sum\limits_{i=1}^{n} x_i \sum\limits_{i=1}^{n} y_i}{n\sum\limits_{i=1}^{n} x_i^2 - \left(\sum\limits_{i=1}^{n} x_i\right)^2} = \frac{7 \times 20044.5 - 245.3 \times 566}{7 \times 9325.83 - (245.3)^2} = 0.288$$

$$b = \frac{\sum\limits_{i=1}^{n} x_i^2 \sum\limits_{i=1}^{n} y_i - \sum\limits_{i=1}^{n} x_i \sum\limits_{i=1}^{n} x_i y_i}{n\sum\limits_{i=1}^{n} x_i^2 - \left(\sum\limits_{i=1}^{n} x_i\right)^2} = \frac{9325.83 \times 566 - 245.3 \times 20044.5}{7 \times 9325.83 - (245.3)^2} = 70.8$$

所以线性回归方程为

$$y = 0.288x + 70.8$$

习　题　1

1. 测量的结果由哪几部分组成？测量的可信度是用什么表示的？

2. 什么是相对误差？实际相对误差、标称相对误差和引用误差有何相同点和区别？

3. 随机误差具有什么特征？如何减小随机误差对测量结果的影响？

4. 什么是系统误差？判断系统误差主要有哪些经验方法？如何减小和消除系统误差？

5. 用均值和均值的标准差表示一组测量数据的结果时，为什么要注明置信概率？表达了什么意思？

6. 对某轴直径进行了 15 次测量，测量数据如下：

　　26.20　26.20　26.21　26.23　26.19　26.22　26.21　26.19

　　26.09　26.22　26.20　26.21　26.23　26.21　26.18

试用格拉布斯准则判断上述数据是否含有粗大误差，并写出其测量结果。

7. 对光速进行测量，得到如下四组测量结果：

$c_1 = (2.98000 \pm 0.01000) \times 10^8$ m/s

$c_2 = (2.98500 \pm 0.01000) \times 10^8$ m/s

$c_3 = (2.99990 \pm 0.00200) \times 10^8$ m/s

$c_4 = (2.99930 \pm 0.00100) \times 10^8$ m/s

求光速的加权算术平均值及其标准差。

8. 某种变压器油的黏度随温度升高而降低，经测量得到不同温度下的黏度值数据如表 1-8 所示，求黏度与温度之间的经验公式。

表 1-8　第 8 题表

温度 x_i	10	15	20	25	30	35	40	45
黏度 y_i	4.24	3.51	2.92	2.52	2.20	2.00	1.81	1.7
温度 x_i	50	55	60	65	70	75	80	
黏度 y_i	1.6	1.5	1.43	1.37	1.32	1.29	1.25	

9. 已知某传感器的静态响应曲线 $y = e^x$，在 $0 \leqslant x \leqslant 1$ 范围内 5 等分后的离散数据如表 1-9 所示。

表 1-9　第 9 题表

x	0	0.2	0.4	0.6	0.8	1.0
y	1	1.221	1.492	1.822	2.226	2.718

如果要将该区间的输入、输出关系用线性表示，试用最小二乘法求拟合直线。

第2章 传感器理论基础

传感器理论基础知识点

2.1 传感器的定义和组成

2.1.1 传感器的定义

传感器是能够感受规定的被测量，并按照一定的规律转换成可用输出信号的器件或装置。传感器的定义有三层含义：

(1) 传感器对规定的被测量有"反应"；

(2) 传感器的输出与被测量之间建立了有规律的一一对应关系；

(3) 传感器是一个器件或装置。

传感器有时又被称为检测器、转换器等，这仅仅是在不同的技术领域中使用的不同术语而已。通常，传感器由敏感元件、转换元件组成。其中，敏感元件是指传感器中能直接感受或响应被测量的部分；转换元件是指传感器中能将敏感元件的输出转换为适合处理或传输的电参量或电信号的部分。在某些场合，如在电子技术领域，常把能感受信号的电子元件称为敏感元件，如热敏元件、磁敏元件、光敏元件及气敏元件等，这些元件将被测量直接转化为电参量或电信号，此时传感器的敏感元件和转换元件两者合二为一，通过转换电路可以输出电信号，所以，传感器又等同为敏感元件。但这些提法在含义上有些狭窄，因此，传感器一词是使用最为广泛而概括的用语。

传感器输出的电信号形式很多，有电阻、电感、电容等电参量以及电压、电流、频率、脉冲等电信号，输出信号的形式由传感器的原理确定。

2.1.2 传感器的组成

一个完整的传感器组件一般由敏感元件、转换元件、转换电路和辅助电源组成，如图 2-1 所示。由于转换元件的输出可能是电参量，也可能是电信号(一般都很微弱)，通常需要辅助电源以及信号调理与转换电路对信号进行放大、运算调制等，因此辅助电源和转换电路有时也作为传感器组成的一部分，称为传感器组件。

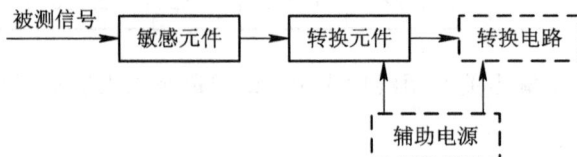

被测信号 → 敏感元件 → 转换元件 → 转换电路

辅助电源 → (转换元件、转换电路)

图 2-1 传感器的组成

　　随着新型敏感材料的不断涌现和集成电路技术的迅速发展，已经出现将传感器敏感元件与信号调理电路集成在同一芯片上的例子，甚至将传感器敏感元件与 MCU 封装在一起，构成智能传感器，这些电路不仅具备模拟信号的调理功能，还具备数字信号处理功能，因此传感器组成的概念也在不断地拓展和延伸。

　　图 2-2 是应变式加速度传感器，用于测量垂直方向的加速度。当加速度变化时，质量块的惯性力改变，导致应变梁变形，由应变片输出加速度的变化。在这里，质量块是敏感元件，应变片是转换元件。将应变转化为与加速度变化对应电信号的电路就是转换电路。

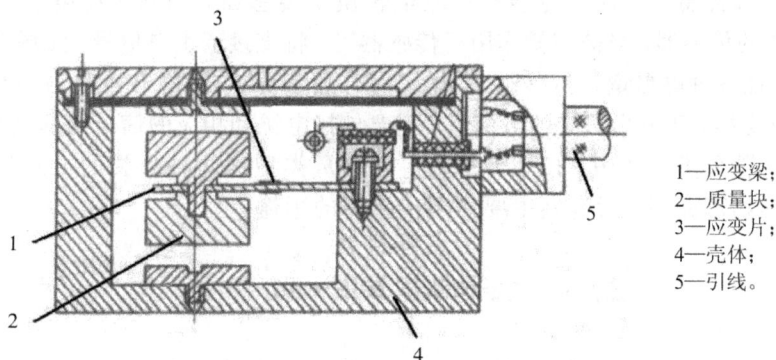

1—应变梁；
2—质量块；
3—应变片；
4—壳体；
5—引线。

图 2-2　应变式加速度传感器

　　图 2-3 是热电偶传感器，由两种不同的金属丝材料 A、B 烧结的测量端用于测量被测温度 T，另一端为参考端，其温度为 T_0，当 $T \neq T_0$ 时，热电效应使回路中产生电动势，从而完成温度的测量。在这里，两种不同的金属丝所组成的热电偶既是敏感元件，又是转换元件。

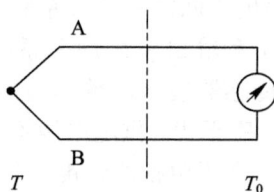

图 2-3　热电偶

　　各种不同的传感器，其敏感元件、转换元件的表现形式各不相同，组成方式也各有特点。

2.2　传感器的分类

　　传感器的种类繁多，其分类方式也很多，按照其工作原理所属学科可分为物理、化学、生物传感器等。本书主要讨论物理传感器，并按照常用的分类方法对其分类。

1. 按工作原理分类

　　这种分类方式是以传感器的工作原理为依据，将传感器分为电参量式传感器（电阻、电容、电感）、磁电式传感器、压电式传感器、光电式传感器、热电式传感器、半导体式传感器以及其他形式的传感器。

2. 按被测量类型分类

这种分类方式以传感器测量对象的物理属性为依据，将传感器分为位移传感器、速度传感器、加速度传感器、温度传感器、力/力矩传感器、流量传感器以及其他(如 CO 传感器、湿度传感器、接近开关等)形式的传感器。

3. 按传感器的能源分类

根据有的传感器可以直接产生电信号，有的传感器则需要外接电源，传感器又被分为有源传感器和无源传感器。有源传感器是能量转换型传感器，如基于压电效应、热电偶的热电效应等制作的传感器，当被测量作用于传感器时，将直接产生电信号。无源传感器是能量控制型传感器，如各种电参量式传感器，当被测量作用于传感器时，仅发生电参数(如电阻)的变化，没有能量交换，要输出对应的电信号，需要外接电源和相应的信号调理电路。

传感器的三种分类方式中，按工作原理、被测量类型这两种分类的方式比较常用，前者强调传感器的物理原理，后者则主要体现传感器的用途。

2.3　传感器的一般特性

传感器的一般特性指的是传感器输入、输出之间的关系特性。当输入量为常量或变化极慢时，这一关系特性称为静态特性；当输入量随时间变化得较快时，这一关系特性就称为动态特性。

2.3.1　静态特性

传感器的静态特性是指被测量的值处于稳定状态时，输出与输入之间的关系。

图 2-4 描述了传感器输入与输出之间的一般关系和影响输入与输出特性的各种因素。从图中可以看出，影响传感器输入 x 和输出 y 之间关系的因素很多，既有外部的因素，也有传感器内部的因素。外部因素对传感器输入与输出造成的影响称为外界影响，形成了传感器的干扰，这些干扰包括振动、电磁干扰，供电电源不稳定，非正常变化的温度等。内部因素主要取决于传感器本身的性能，主要包括线性度、灵敏度、迟滞、重复性、温漂、零漂等静态性能指标和反映输出对输入动态变化跟随能力的动态响应特性，其中大部分指标体现了传感器的误差因素。

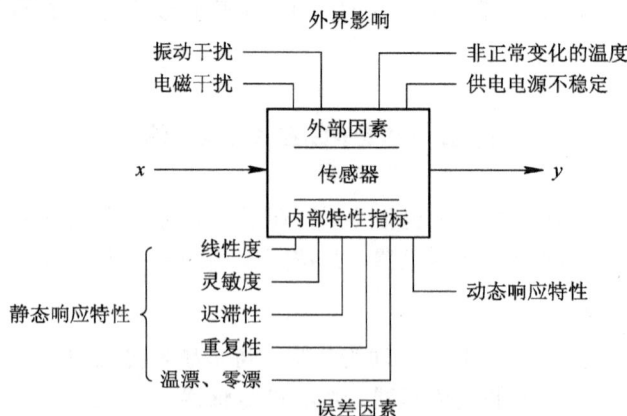

图 2-4　传感器输入/输出的影响因素

1. 线性度

线性度指的是传感器的输入、输出关系对于理想线性关系的偏离程度。

静态输入 x 与输出 y 之间的关系一般可表示为多项式代数方程,即

$$y = a_0 + a_1 x + a_2 x^2 + \cdots + a_n x^n \tag{2-1}$$

式中:a_0 为零点输出;a_1 为线性项系数(或灵敏度);$a_2, \cdots, a_n$ 为非线性项系数。

式(2-1)的关系可以由一条曲线表示,但在实际应用或标定时,希望得到线性关系。这时可以采用各种方法,包括硬件或软件的补偿方法,完成线性化处理。在非线性误差不太大的情况下,一般采用直线拟合的方法进行线性化。

线性度是针对不同的拟合直线来说的,图 2-5 所示为各种不同的直线拟合方法。

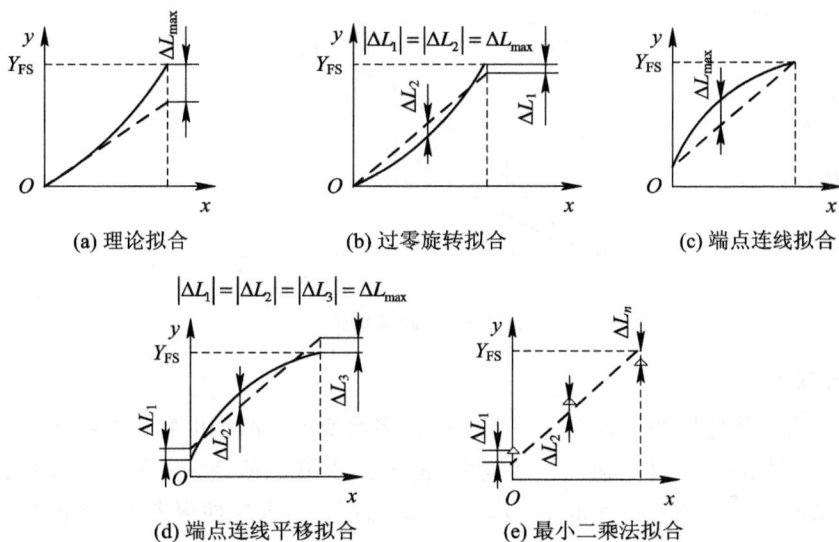

图 2-5　各种直线拟合方法

图 2-5 中,(a)为理论拟合,以起点的切线作为拟合直线;(b)为过零旋转拟合,以曲线端点的连线旋转一角度作为拟合直线,使误差分段分布;(c)为端点连线拟合,以曲线端点的连线作为拟合直线;(d)为端点连线平移拟合,端点的连线经平移后得到拟合直线;(e)为最小二乘法拟合,由最小二乘法拟合后得到拟合直线。图中,$\Delta L_{\max}$ 为最大非线性绝对误差,Y_{FS} 为满量程输出。

如果 x、y 为一组离散数据,也可以用最小二乘法拟合(线性回归分析),此时,拟合的直线其非线性误差较小。

曲线经线性化处理后将带来误差,这个误差称为非线性误差,用 γ_L 表示:

$$\gamma_L = \pm \frac{\Delta L_{\max}}{Y_{FS}} \times 100\% \tag{2-2}$$

输入、输出关系的线性度好不好,就是由非线性误差来表示的。

2. 灵敏度

灵敏度是指被测量的单位变化引起的输出变化量,用 S 表示:

$$S = \lim_{\Delta x \to 0} \frac{\Delta y}{\Delta x} = \frac{dy}{dx} \tag{2-3}$$

当输入、输出完全呈线性关系时，S 为常数；当输入、输出呈曲线关系时，S 为变数。灵敏度系数越大，表示传感器对被测量的敏感程度越高。

3. 迟滞

迟滞是指传感器在正行程和反行程之间，输入与输出曲线的不重合程度，如图 2-6 所示。迟滞误差用 γ_H 表示。

$$\gamma_H = \pm \frac{\Delta H_{max}}{Y_{FS}} \times 100\% \tag{2-4}$$

式中，ΔH_{max} 是最大迟滞误差。每次测量都可能存在迟滞误差，最大迟滞误差是多次测量时的最大者。

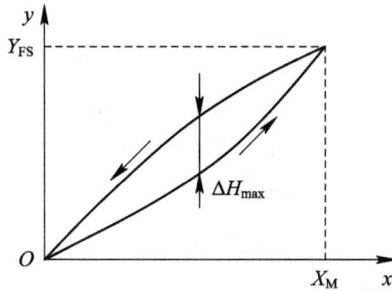

图 2-6 迟滞特性

4. 重复性

重复性是指当传感器的输入按同一方向连续多次变动时所得的特性曲线不一致的程度。

如图 2-7 所示，正行程(输入由小变大)的最大重复性偏差为 ΔR_{max1}，反行程的最大重复性偏差为 ΔR_{max2}，令 $\Delta R_{max} = \max[\Delta R_{max1}, \Delta R_{max2}]$，则重复性误差 γ_R 表示为

$$\gamma_R = \pm \frac{\Delta R_{max}}{Y_{FS}} \times 100\% \tag{2-5}$$

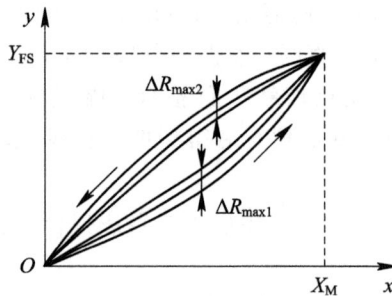

图 2-7 重复特性

5. 温漂、零漂

在描述传感器的稳定性时，有时还采用输出相对于某一基准温度(常采用 20℃)的输出随时间的漂移来描述，该指标用 ξ 表示，其表达式为

$$\xi = \frac{y_t - y_{20}}{\Delta t \cdot h} \tag{2-6}$$

式中：y_t 为测试温度下的输出，y_{20} 为 20℃时的输出，$\Delta t = t - 20$，h 的单位是小时，ξ 的含义

是单位时间、单位温度变化下的输出漂移。

例 2 - 1　有一个位移传感器，对在 0 mm～5 mm 范围的位移进行了两个循环的测量，测量数据如表 2 - 1 所示。请以输出的平均值求端点连线拟合直线，并计算传感器的灵敏度、线性、迟滞以及重复性误差。

表 2 - 1　某位移传感器当 x 在 0 mm～5 mm 之间变化时测得的输出情况

x_i/mm		0	1	2	3	4	5
y_i/mV	上行程	0	4	9	14	20	25
	下行程	0	5	10	16	21	25
	上行程	0	5	10	15	19	25
	下行程	0	5	11	16	20	25
$\overline{y}$		0	4.75	10	15.25	20	25

解：拟合直线由 $(0，0)$ 和 $(5，25)$ 两个端点确定，直线方程为
$$y = 5x$$
比较线性化后的 $(x_i，y_i)$ 各点对应的输出与实际测得的输出，最大线性误差为
$$\Delta L_{\max} = \Delta L_1 = \Delta L_2 = \cdots = 1 \text{ mV}$$

则线性误差为
$$\gamma_L = \pm \frac{\Delta L_{\max}}{Y_{\text{FS}}} \times 100\% = \pm \frac{1}{25} \times 100\% = \pm 4\%$$

灵敏度为
$$S = \frac{\Delta y}{\Delta x} = \frac{25}{5} = 5 \text{ mV/mm}$$

最大迟滞误差发生在第一循环测量 $x_i = 3$ mm 处，为
$$\Delta H_{\max} = \Delta H_3 = 2 \text{ mV}$$

则迟滞误差为
$$\gamma_H = \pm \frac{\Delta H_{\max}}{Y_{\text{FS}}} \times 100\% = \pm \frac{2}{25} \times 100\% = \pm 8\%$$

对比上行程之间、下行程之间各点的输出偏差，最大重复性误差为
$$\Delta R_{\max} = 1 \text{ mV}$$

则重复性误差为
$$\gamma_R = \pm \frac{\Delta R_{\max}}{Y_{\text{FS}}} \times 100\% = \pm 4\%$$

2.3.2　动态特性

传感器的动态特性是指其输出对随时间变化的输入量的响应特性，亦即，输出对输入变化的动态跟随能力。传感器的动态过程可以用一般形式的微分方程表示为

$$a_n \frac{\mathrm{d}^n y}{\mathrm{d}t^n} + \cdots + a_1 \frac{\mathrm{d}y}{\mathrm{d}t} + a_0 y = b_m \frac{\mathrm{d}^m x}{\mathrm{d}t^m} + \cdots + b_1 \frac{\mathrm{d}x}{\mathrm{d}t} + b_0 x \qquad (2-7)$$

式中：x 是输入；y 是输出；a_1，a_2，$\cdots$，a_n，b_1，b_2，$\cdots$，b_m 是常数，其中 $n \geqslant m$，n 表示传感器的阶数。

研究动态特性的标准输入形式通常有两种，即阶跃输入和正弦输入。其中前者用于时域分析，后者用于频域分析。

1. 时域分析

为便于分析，又不失一般性，考虑零阶、一阶、二阶三种情况。

1）零阶传感器

零阶传感器的输入、输出关系为

$$y = kx + b \qquad (2-8)$$

式中，k 为比例系数。

从式(2-8)知，零阶传感器输出完全跟随输入的变化，无时间上的滞后。零阶传感器的阶跃响应如图 2-8 所示。

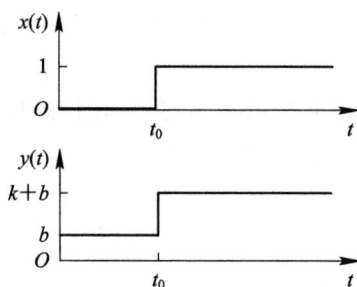

图 2-8　零阶传感器的阶跃响应

2）一阶传感器

一阶传感器输入、输出关系的一般形式为

$$\tau \frac{\mathrm{d}y}{\mathrm{d}t} + y = x \qquad (2-9)$$

式中，τ 为时间常数。

将式(2-9)的输入/输出关系写成传递函数的形式为

$$H(s) = \frac{Y(s)}{X(s)} = \frac{1}{\tau s + 1} \qquad (2-10)$$

对于一个阶跃输入 $x(t) = 1$，其拉氏变换 $X(S) = \dfrac{1}{S}$，有

$$Y(s) = \frac{1}{\tau s + 1} \cdot \frac{1}{s} \qquad (2-11)$$

经拉氏反变换，得到一阶传感器阶跃输入的动态响应为

$$y(t) = 1 - \mathrm{e}^{-\frac{t}{\tau}} \qquad (2-12)$$

一阶传感器的阶跃响应如图 2-9 所示。其动态过程是一条以指数规律上升的曲线。

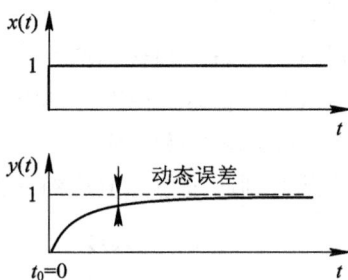

图 2-9　一阶传感器的阶跃响应

3）二阶传感器

二阶传感器的输入、输出关系的一般形式为

$$\frac{\mathrm{d}^2 y}{\mathrm{d}t^2} + 2\xi\omega_n\frac{\mathrm{d}y}{\mathrm{d}t} + \omega_n^2 y = \omega_n^2 x \qquad (2-13)$$

式中：ξ 为阻尼比；ω_n 是传感器固有频率。

由式（2-13）知，二阶传感器的传递函数为

$$H(s) = \frac{\omega_n^2}{s^2 + 2\xi\omega_n s + \omega_n^2} \qquad (2-14)$$

当输入信号为阶跃信号时，其动态过程的响应曲线如图 2-10 所示。二阶传感器对阶跃信号的响应取决于阻尼比 ξ 和固有角频率 ω_n。当 $\xi=0$ 时，特征根为一对虚根，阶跃响应是一个等幅振荡过程，这种等幅振荡状态又称为无阻尼状态；当 $\xi>1$ 时，特征根为两个不同的负实根，阶跃响应是一个不振荡的衰减过程，这种状态又称为过阻尼状态；当 $\xi=1$ 时，特征根为两个相同的负实根，阶跃响应也是一个不振荡的衰减过程，但是它是一个由不振荡衰减到振荡衰减的临界过程，故又称为临界阻尼状态；当 $0<\xi<1$ 时，特征根为一对共轭复根，阶跃响应是一个衰减振荡过程，在这一过程中 ξ 值不同，衰减的快慢也不同，这种衰减振荡状态又称为欠阻尼状态，这是一个典型的二阶传感器动态响应过程。

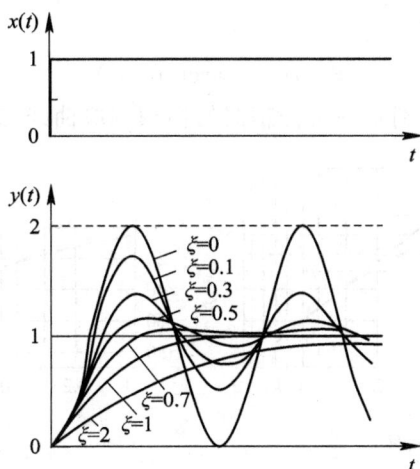

图 2-10　二阶传感器的阶跃响应

对于一、二阶传感器的动态响应过程，有如下主要的动态指标来描述，各参数的意义参见图 2-11。

(1) 时间常数 τ：τ 越小，响应速度越快。

(2) 延时时间 t_d：传感器输出从 0 开始达到稳态值 50% 所需的时间。

(3) 上升时间 t_r：传感器输出从 0 开始达到稳态值 90% 所需的时间。

(4) 超调量 σ：传感器输出超过稳态值的最大值。

(5) 超调时间 t_p：传感器输出从 0 到超过稳态值达到最大值的时间。

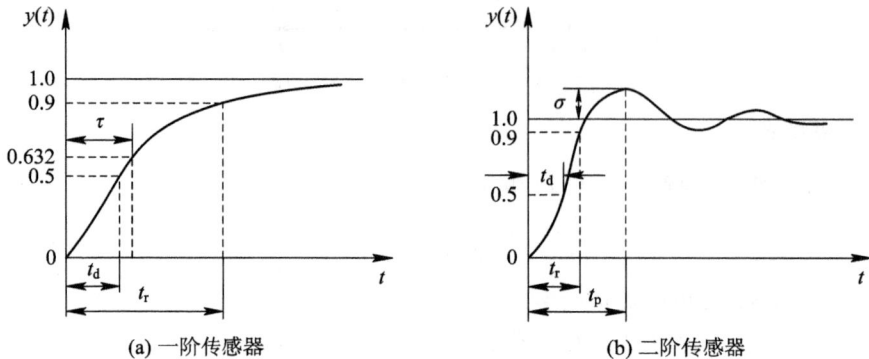

(a) 一阶传感器　　　　　　　(b) 二阶传感器

图 2-11　动态响应指标

2. 频域分析

1) 一阶传感器的频率响应

在一阶传感器的传递函数式(2-10)中，用 $j\omega$ 代替 s，即得频率特性表达式为

$$H(j\omega) = \frac{1}{\tau(j\omega) + 1} \tag{2-15}$$

由式(2-15)计算其幅值和相位，可得到幅频特性和相频特性。其中幅频特性为

$$A(\omega) = \frac{1}{\sqrt{1 + (\omega\tau)^2}} \tag{2-16}$$

相频特性为

$$\Phi(\omega) = -\arctan(\omega\tau) \tag{2-17}$$

图 2-12(a)、(b)所示分别是一阶传感器的幅频响应曲线和相频响应曲线。

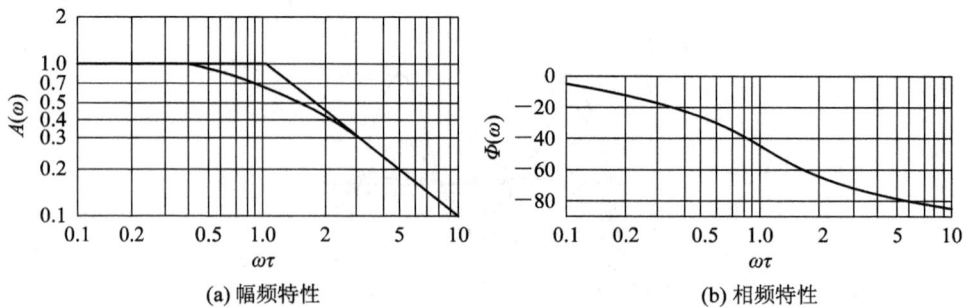

(a) 幅频特性　　　　　　　　(b) 相频特性

图 2-12　一阶传感器的幅频和相频响应曲线

2) 二阶传感器的频率响应

在二阶传感器的传递函数中，以 $j\omega$ 代替 s，由式(2-14)得到

$$H(\mathrm{j}\omega) = \cfrac{1}{1-\left(\cfrac{\omega}{\omega_n}\right)^2 + 2\mathrm{j}\xi\cfrac{\omega}{\omega_n}} \qquad (2-18)$$

计算其幅值和相位，得到幅频特性为

$$A(\omega) = \cfrac{1}{\sqrt{\left[1-\left(\cfrac{\omega}{\omega_n}\right)^2\right]^2 + \left(2\xi\cfrac{\omega}{\omega_n}\right)^2}} \qquad (2-19)$$

相频特性为

$$\varPhi(\omega) = -\arctan\cfrac{2\xi\cfrac{\omega}{\omega_n}}{1-\left(\cfrac{\omega}{\omega_n}\right)^2} \qquad (2-20)$$

式(2-20)中，参数 ξ 已经在时域响应部分做了分析，ω_n 是传感器的固有频率。图 2-13 (a)、(b)分别是二阶传感器的幅频响应曲线和相频响应曲线。从幅频特性曲线知，当传感器输入信号的频率超过固有频率后，输出信号的幅值下降明显。

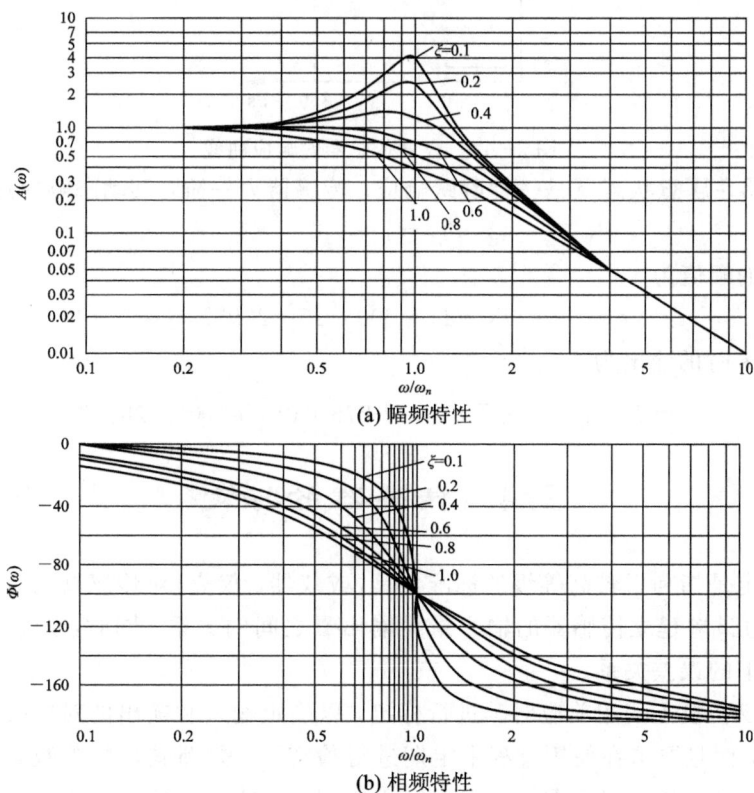

(a) 幅频特性

(b) 相频特性

图 2-13 二阶传感器的幅频和相频响应曲线

除上述参数外，针对动态特性，还有以下两个常用的概念：

(1) 通频带 $\omega_{0.707}$：传感器在对数幅频特性曲线上幅值衰减小于 3 dB 时所对应的频率范围，即输出幅频响应的幅值降至 $1/\sqrt{2}$ 时的频带宽。

(2) 工作频带 $\omega_{0.95}$（或 $\omega_{0.90}$）：传感器的幅值误差为 $\pm 5\%$（或 $\pm 10\%$）时的工作频率带宽，即输出幅频响应的幅值保持在一定值时的频率范围。

例2-2 有一个温度传感器，其响应曲线如图2-14所示，被测介质温度 T_1 与传感器示值温度 T_2 之间的关系为

$$T_1 = T_2 + \tau_0 \frac{\mathrm{d}T_2}{\mathrm{d}t}$$

其中，$\tau_0 = 120$ s。当介质温度从 25℃ 突升至 300℃ 时，试确定从温度突变时候起，350 s 后传感器的示值温度。

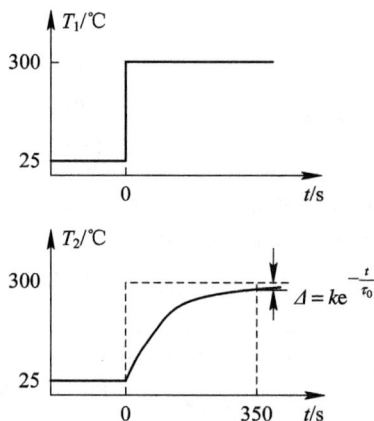

图2-14 温度传感器的响应曲线

解：传感器在题意状态下是一种阶跃响应。传感器为一阶，其动态响应过程为

$$T_2 = 1 - \mathrm{e}^{-\frac{t}{\tau_0}}$$

温度突变的幅值为

$$k = T_2 - T_1 = 300 - 25 = 275℃$$

当 $t = 350$ s 时的输出为

$$T_2 = T_1 + k(1 - \mathrm{e}^{-\frac{t}{\tau_0}}) = 25 + 275 \cdot (1 - \mathrm{e}^{-\frac{350}{120}}) = 285.2℃$$

2.4 传感器的标定

传感器标定是指利用较高等级的标准器具(或仪器、仪表)对传感器的特性进行刻度标定，或者说通过试验建立传感器的输入量与输出量之间的关系。同时，通过标定也确定出不同使用条件下的误差关系。

传感器不仅在投入使用前应对其进行标定，以确定输入和输出的对应关系及相关的误差等性能指标，而且要求在使用过程中定期进行检查，以判断其性能参数是否偏离初始标定的性能指标，确定是否需要重新标定或停止使用。传感器的标定分为静态标定和动态标定。不同的传感器其标定方法各不相同，但其基本要求和过程是一致的。

2.4.1 传感器静态特性标定

传感器静态标定的目的是确定传感器的静态特性指标，如线性度、灵敏度、精度、迟滞和重复性等。所以在标定时，所用的测量器具精度等级应比被标定的传感器精度等级至少高一级，并且要在一定的标准条件下(通常是指传感器的额定使用环境中)进行静态标定。

传感器静态标定的过程如下：

（1）将传感器全量程标准输入量分成若干个间断点，取各点的值作为标准输入值。

（2）由小到大一点一点地输入标准值，待输出稳定后记录与各输入值相对应的输出值。

（3）由大到小一点一点地输入标准值，待输出稳定后记录与各输入值相对应的输出值。

（4）按步骤（2）和（3）所述过程，对传感器进行正、反行程往复循环多次测试。将所得输入和输出数据用表格列出或画出曲线。

（5）对测试数据进行必要的分析和处理，以确定该传感器的静态特性指标。

例如，S 型拉力传感器因其具有较高的可靠性和较低的成本，通常用于悬挂（压）称重，如平台秤、料斗称重系统等，如图 2-15 所示。其连接电缆包括两根电源线和两根输出线。其内部转换电路是一个电桥电路，供桥电源电压为 10 V。

该传感器出厂时的标定数据如下：

量程：50 kN；

输出/灵敏度系数：1.5 mV/V；

非线性：0.1% F·S；

迟滞：0.1% F·S；

重复性：0.1% F·S；

温漂：0.01% F·S/℃；

零位输出：≤2% F·S；

激励电压：10 V；

工作温度：−20℃～80℃；

过载能力：150% F·S。

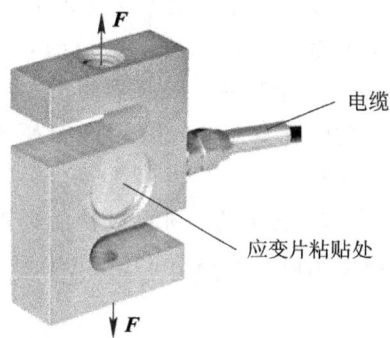

图 2-15　S 型传感器外形图

这些数据是 S 型拉力传感器应用的依据，其中 F·S 表示满量程。该传感器的满量程是 50 kN；输出 1.5 mV/V 是指在 10 V 的激励电压下，50 kN 的满量程输出电压是 15 mV。输入和输出关系是线性的，例如当传感器测量 10 kN 的重量时，理论上输出电压是 $U_o=(10/50)\times15=3$ mV。在整个量程的测量输出数据中，其非线性误差为 0.1%，迟滞误差为 0.1%，重复性误差为 0.1%，等等。

2.4.2　传感器动态特性标定

传感器动态标定的目的是确定传感器的动态特性参数，如时间常数、上升时间，或工作频率、通频带等。

与静态特性标定一样，各类传感器动态特性标定的方法各不相同，有时甚至同一类传感器也有多种标定方法，但基本要求是相通的。为了标定时间常数、上升时间等参数，传感器的输入应该是一个标准的阶跃激励函数，根据系统对阶跃输入的动态响应曲线确定各动态性能指标；在标定传感器的工作频率、通频带等参数时，输入则为标准的正弦函数。由标准的输入信号测出输出信号的时域响应和频域响应后，画出特性曲线，并由此标定传感器的时域或频域特性参数。

习　题　2

1. 传感器通常由哪几部分组成？为什么说传感器组成的概念还在不断地拓展和延伸？

2. 传感器的静态特性指标主要有哪些？写出说明及相关表达式。

3. 用一个时间常数为 0.355 s 的一阶传感器去测量周期分别为 1 s、2 s 和 3 s 的正弦信号，幅值误差为多少？

4. 有一个传感器，其微分方程为 $30dy/dt + 3y = 0.15x$，其中 y 为输出电压(mV)，x 为输入温度(℃)，写出该传感器的时间常数 τ 和静态灵敏度 k，并求阶跃输入时传感器的动态响应曲线。

5. 某传感器为一阶系统，当受阶跃信号作用时，在 $t=0$ 时，输出为 10 mV；$t \to \infty$ 时，输出为 100 mV；在 $t=5$ s 时，输出为 50 mV。求传感器的时间常数。

6. 用某一阶传感器测量 100 Hz 的正弦信号，如要求幅值误差限制在 $\pm 5\%$ 以内，时间常数应取多少？如果用该传感器测量 50 Hz 的正弦信号，其幅值误差和相位误差各为多少？

7. 已知某二阶系统传感器的自振频率 $f_0 = 20$ kHz，阻尼比 $\zeta = 0.1$，若要求传感器的输出幅值误差小于 3%，试确定该传感器的工作频率范围，并绘出幅频特性响应曲线。

第 3 章 应变式传感器

应变式传感器知识点

3.1 应变式传感器的工作原理

高铁铁轨形变测量的例

任何在线性范围内变形的弹性体,当其受力发生变形时,长度都会发生改变,产生应变,这种效应称为应变效应。长度的相对变化称为应变,用 ε 表示,$\varepsilon = \Delta L/L$,其中 L 是原始长度,ΔL 是变化量。

利用电阻应变片将应变转化为电阻变化的传感器通称为应变式传感器。

应变式传感器的工作原理是:机械弹性结构体受力变形时产生应变效应,这种应变效应由粘贴在机械弹性结构体上的电阻应变片完成检测,应变片的电阻变化再由电桥完成信号的转换,并最终输出与弹性体受力成对应关系的电信号。

为了弄清楚电阻应变片的工作原理,先考察单根金属电阻丝受力变形后的电阻变化。电阻丝受力 F 后,拉伸前后的变化如图 3-1 所示,其中实线为拉伸前,虚线是拉伸后的状态。

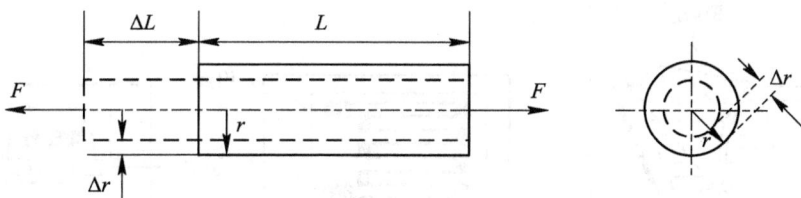

图 3-1 金属丝应变效应

金属丝的原始长度为 L,半径为 r,受力 F 作用后长度为 $L+\Delta L$,半径为 $r-\Delta r$。

根据金属丝的电阻计算公式 $R = \rho \dfrac{L}{S}$,由 R 的全微分表达式得到 R 的相对变化为

$$\frac{\Delta R}{R} = \frac{\Delta L}{L} - \frac{\Delta S}{S} + \frac{\Delta \rho}{\rho} \tag{3-1}$$

式中:$\dfrac{\Delta L}{L}$ 是长度相对变化,即应变 ε;$\dfrac{\Delta S}{S}$ 是截面积的相对变化;$\dfrac{\Delta \rho}{\rho}$ 是电阻率的相对变化。

对于金属丝的变形,有

$$\frac{\Delta S}{S} = \frac{2\pi r \Delta r}{\pi r^2} = 2 \cdot \frac{\Delta r}{r} = -2\mu \frac{\Delta L}{L} = -2\mu\varepsilon \tag{3-2}$$

式中:μ 为泊松比,它反映了金属丝变形后长度相对变化 $\dfrac{\Delta L}{L}$ 和半径相对变化 $\dfrac{\Delta r}{r}$ 之间的比例关系,即 $\dfrac{\Delta r}{r} = -\mu \dfrac{\Delta L}{L}$。例如,对于钢材,$\mu = 0.285$。

将式(3-2)代入式(3-1),得

$$\frac{\Delta R}{R} = (1+2\mu)\varepsilon + \frac{\Delta\rho}{\rho} \tag{3-3}$$

电阻相对变化对应于应变的灵敏度系数定义为

$$k = \frac{\frac{\Delta R}{R}}{\varepsilon} \tag{3-4}$$

所以金属丝的灵敏度系数为

$$k = 1 + 2\mu + \frac{\frac{\Delta\rho}{\rho}}{\varepsilon} \tag{3-5}$$

3.2 电阻应变片的特性

3.2.1 电阻应变片

电阻应变片有金属应变片和半导体应变片两种。传统的金属应变片又分为丝式和箔式。半导体应变片是用半导体材料制成的,其工作原理是基于半导体材料的压阻效应。半导体应变片的灵敏度系数一般远高于金属应变片,但稳定性不如金属应变片。

如图3-2(a)、(b)、(c)所示分别是丝式应变片、箔式应变片和半导体应变片的结构。丝式应变片、箔式应变片的结构特点是将敏感应变的电阻丝用不同的工艺方法制作成栅状。

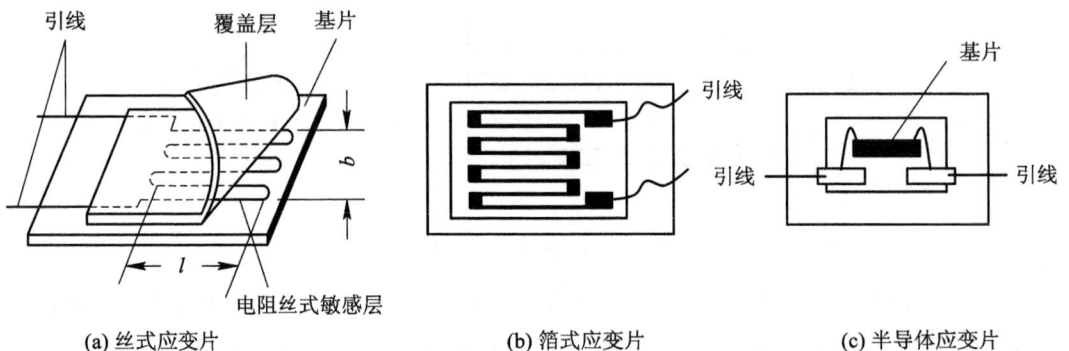

(a) 丝式应变片   (b) 箔式应变片   (c) 半导体应变片

图3-2 金属电阻和半导体应变片的结构

金属应变片对电阻丝材料有较高的要求,一般要求灵敏系数大,电阻温度系数小,具有优良的机械加工和焊接性能等。康铜是目前应用最广泛的应变丝材料。针对应变片不同的应变测试方向,应变片有多种结构形式,主要有正向、切向、45度方向、圆周方向等。

应变片是用黏结剂粘贴到被测件上的,这就要求黏结剂形成的胶层必须准确迅速地将被测件应变传递到敏感栅上。选择黏结剂时必须考虑应变片材料和被测件材料的性能,要求黏结力强,黏结后机械性能可靠,电绝缘性良好,蠕变和滞后小,耐湿、耐油、耐老化等。常用的黏结剂类型有硝化纤维素型、氰基丙烯酸型、聚酯树脂型、环氧树脂型和酚醛树脂型等。

传统的丝式金属应变片已经很少见,目前常用的是箔式金属应变片,这种应变片的制作方式有蚀刻、蒸发和溅射等工艺。

应变片阻值通常在 100 Ω 至几千欧之间，金属应变片初始阻值较小，半导体应变片初始阻值较大。应变片通常要求有较高的绝缘电阻，一般在 50 MΩ～100 MΩ 以上。

金属应变片的最大工作电流是指应变片允许通过敏感栅而不影响其工作特性的最大电流。工作电流大，输出信号也大，灵敏度就高。但工作电流过大会使应变片发热，灵敏度系数产生变化，零漂及蠕变增加，甚至烧毁应变片。工作电流的选取要根据试件的导热性能、工作环境温度及敏感栅形状和尺寸来决定。通常直流静态测量时工作电流取 25 mA 左右，交流或间隙测量时可适当取高。

当具有初始电阻值 R 的金属应变片粘贴于试件表面时，试件受力引起的表面应变将传递给应变片的敏感栅，使其产生电阻相对变化 $\Delta R/R$。实验表明，在弹性变形范围内 $\Delta R/R$ 与轴向应变 ε_x 的关系满足下式：

$$\frac{\Delta R}{R} = K\varepsilon_x \tag{3-6}$$

定义 $K = (\Delta R/R)/\varepsilon_x$，为应变片的灵敏度系数。它表示安装在被测试件上的应变片在其轴向受到单向应力时，引起的电阻相对变化 $\Delta R/R$ 与其单向应力引起的试件表面轴向应变 ε_x 之比。

由于受到敏感栅结构形状、成型工艺、黏结剂和基底性能的影响，金属应变片的灵敏度系数 K 通常小于相应敏感栅整长金属丝的灵敏度系数 k。其中最主要的影响因素是敏感栅的结构形状，尤其是栅端圆弧部分横向效应的影响。

3.2.2　横向效应

如图 3-3(a)所示，金属应变片粘贴在被测试件上时，其敏感栅是由 n 条长度为 l_1 的直线段和端部 $n-1$ 个半径为 r 的半圆弧组成的，所以敏感栅对应的金属丝长为 $nl_1 + (n-1)\pi r$。将敏感栅与等长度直线状的金属丝置于同样的轴向应变 ε_x 下，并比较其电阻变化时，敏感栅的直线部分 nl_1 与等长度直线状金属丝产生的电阻变化是一致的，但敏感栅的半圆弧段则受到从 ε_x 到 ε_y（图中 $\varepsilon_y = -\mu\varepsilon_x$）之间变化的应变，有的拉伸，有的反而压缩，其电阻的变化将小于沿轴向安放的同样长度金属丝电阻的变化。

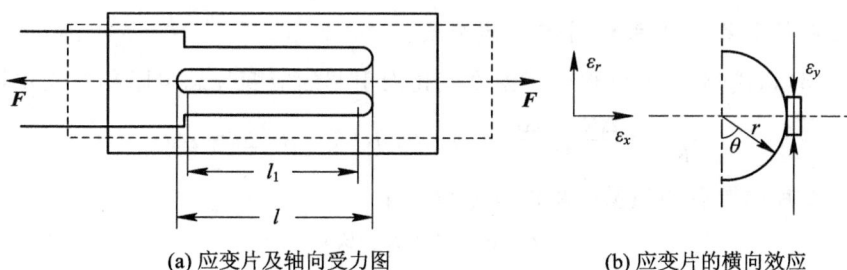

(a) 应变片及轴向受力图　　　　　　　(b) 应变片的横向效应

图 3-3　应变片轴向受力及横向效应

综上所述，将直的电阻丝绕成敏感栅后，虽然长度不变，应变状态相同，但由于应变片敏感栅端部的结构导致电阻变化减小，因而其灵敏度系数 K 较整长金属丝的灵敏度系数 k 小，这种现象称为应变片的横向效应，如图 3-3(b)所示。

应变片是利用敏感栅直线段的应变-电阻变化完成应变测量的，转弯段不仅降低了灵敏度,还带来测量误差。为了消除转弯段的影响,减小横向效应,可使转弯段"短路"或尽量使转弯段本身的阻值降低。为此,一般多采用箔式应变片的结构,它的转弯段与直线段相比要宽大得多,如图 3-2(b)所示的结构。

3.2.3 应变片的温度误差及补偿

1. 应变片的温度误差

1) 电阻温度系数引起的阻值变化

当温度变化时,金属电阻丝的电阻也将改变。敏感栅的电阻丝阻值随温度变化的关系可表示为

$$R_t = R_0(1 + \alpha_0 t) \tag{3-7}$$

式中:R_t 是温度为 t 时的电阻值;R_0 是温度为 t_0 时的电阻值;α_0 是金属丝的电阻温度系数。

当温度变化 Δt 时,电阻变化为

$$\Delta R_\alpha = R_t - R_0 = R_0 \alpha_0 \Delta t \tag{3-8}$$

式中,Δt 为温度变化值,$\Delta t = t - t_0$。

2) 电阻丝和应变试件线膨胀系数不同引起的阻值变化

当试件与电阻丝材料的线膨胀系数不同时,由于环境温度的变化,电阻丝会产生附加变形,从而产生附加电阻变化。

设电阻丝和试件在温度为 0℃时的长度均为 L_0,它们的线膨胀系数分别为电阻丝 β_s 和试件 β_g,若两者不粘贴,温度变化后的长度分别为:

电阻丝:$L_s = L_0(1 + \beta_s \Delta t)$;

试件:$L_g = L_0(1 + \beta_g \Delta t)$。

粘在一起时,电阻丝的长度跟随试件改变,附加应变为

$$\varepsilon_\beta = \frac{\Delta L}{L_0} = \frac{L_g - L_s}{L_0} = (\beta_g - \beta_s)\Delta t \tag{3-9}$$

附加的电阻变化是

$$\Delta R_\beta = K R_0 \varepsilon_\beta = K R_0 (\beta_g - \beta_s)\Delta t \tag{3-10}$$

3) 温度系数和线膨胀系数引起的虚应变

由式(3-8)和式(3-10)可得由于温度变化而引起的应变片总电阻相对变化量为

$$\frac{\Delta R_t}{R_0} = \frac{\Delta R_\alpha + \Delta R_\beta}{R_0} = \alpha_0 \Delta t + K(\beta_g - \beta_s)\Delta t = \alpha \Delta t \tag{3-11}$$

式中,α 为应变片粘贴后的当量电阻温度系数,有

$$\alpha = \alpha_0 + K(\beta_g - \beta_s) \tag{3-12}$$

对应的虚应变为

$$\varepsilon_t = \frac{\Delta R_t / R_0}{K} = \frac{\alpha}{K} \cdot \Delta t \tag{3-13}$$

2. 电阻应变片的温度补偿

1) 自补偿法

自补偿法是利用自身具有温度补偿作用的应变片(称之为温度自补偿应变片)来进行补

偿的。由式(3-12)可知，如果应变片金属丝的电阻温度系数 α_0 满足

$$\alpha_0 = -K(\beta_g - \beta_s) \qquad\qquad (3-14)$$

则温度引起的金属丝虚应变为零，可实现自补偿。

由于应变片金属丝的电阻温度系数 α_0 与应变栅金属丝材料、退火温度等有关，因此当被测试件的线膨胀系数 β_g 已知时，如果合理选择应变栅金属丝的材料，控制相关工艺参数，可使电阻温度系数 α_0 满足式(3-14)的条件。

2) 线路补偿方法

应变片一般用电桥作为转换电路，如图 3-4 所示。该图为单臂电桥，R_1 是应变片，其余为同阻值的固定电阻。如果在 R_2 处接入一个与 R_1 具有相同温度虚应变的电阻，则可起到温度补偿作用。一般地，通过在试件上不受力变形的部位粘贴另一片应变片接入 R_2 位置，可以达到温度补偿的目的。

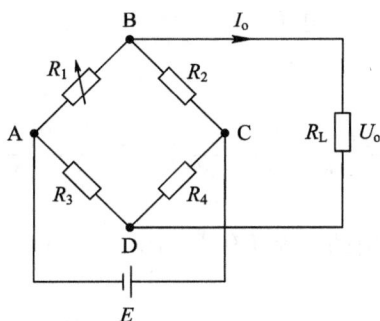

图 3-4　单臂电桥转换电路

如果采用半桥、全桥转换电路，电桥本身就能自补偿。另外，用热敏电阻接入电路，通过热敏电阻随温度变化而引起的电阻变化调整供桥电压，使之与温度变化引起的输出变化方向相反(可选择正温度系数和负温度系数的热敏电阻)，也能起到补偿作用。

3.3　应变片的测量电路

3.3.1　直流电桥

相敏检波和移相补充知识

直流电桥转换电路如图 3-5 所示。

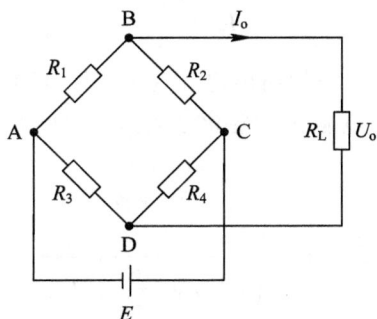

图 3-5　电桥转换电路

当 $R_L = \infty$ 时，输出电压为

$$U_o = E \cdot \left(\frac{R_1}{R_1 + R_2} - \frac{R_3}{R_3 + R_4} \right) \tag{3-15}$$

1. 电桥平衡条件

电桥达到平衡时，输出电压为零，令 $U_o = 0$，由式(3-15)得

$$\frac{R_1}{R_2} = \frac{R_3}{R_4} \tag{3-16}$$

式(3-16)即为直流电桥的平衡条件。

2. 电桥的电压灵敏度

1) 单臂电桥的电压灵敏度和非线性误差

单臂电桥是将应变片电阻接入电桥的一个桥臂，如图 3-4 的 R_1 位置，其余桥臂为固定电阻。其输出电压为

$$U_o = E \cdot \left(\frac{R_1 + \Delta R_1}{R_1 + \Delta R_1 + R_2} - \frac{R_3}{R_3 + R_4} \right) = E \cdot \frac{\frac{R_4}{R_3} - \frac{R_2}{R_1} + \frac{R_4}{R_3} \cdot \frac{\Delta R_1}{R_1}}{\left(1 + \frac{\Delta R_1}{R_1} + \frac{R_2}{R_1} \right) \left(1 + \frac{R_4}{R_3} \right)} \tag{3-17}$$

因为电桥初始状态时是平衡的，所以有 $R_2/R_1 = R_4/R_3$，令 $n = R_2/R_1 = R_4/R_3$ 为桥比。由于 $\Delta R_1/R_1$ 很小，则

$$U_o \approx E \cdot \frac{n}{(1+n)^2} \cdot \frac{\Delta R_1}{R_1} \tag{3-18}$$

定义直流电桥电路的灵敏度系数为

$$K_u = \frac{U_o}{\Delta R_1/R_1} = E \frac{n}{(1+n)^2} \tag{3-19}$$

欲使电路的灵敏度最大，令 $\frac{\partial K_u}{\partial n} = 0$，得

$$(1+n)^2 - 2n(1+n) = 0 \tag{3-20}$$

即 $n = 1$。所以，选择桥臂电阻阻值使桥比为 1，电路灵敏度达到最大。此时的输出电压为

$$U_o = \frac{E}{4} \cdot \frac{\Delta R_1}{R_1} \tag{3-21}$$

电路的灵敏度系数为

$$K_u = \frac{E}{4} \tag{3-22}$$

从前面的推导得知，式(3-21)的输出电压是式(3-17)略去分母中 $\Delta R_1/R_1$ 项得到的结果，简化后的输出电压 U_o 与电阻相对变化 $\Delta R_1/R_1$ 之间是线性的。如果不作简化，实际输出电压为

$$U_o' = E \cdot \frac{n \dfrac{\Delta R_1}{R_1}}{\left(1 + n + \dfrac{\Delta R_1}{\Delta R_1} \right)(1+n)} \tag{3-23}$$

令 $n = 1$，这一线性化引起的非线性误差为

$$\gamma_L = \frac{U_o - U'}{U_o} = 1 - \frac{U'}{U_o} = 1 - \frac{2}{2 + \Delta R_1 / R_1} = \frac{\dfrac{\Delta R_1}{R_1}}{2 + \dfrac{\Delta R_1}{R_1}} \qquad (3-24)$$

例如，测量过程中电阻的相对变化 $\Delta R_1 / R_1 = 10\%$，当采用单臂电桥作为转换电路时，由式(3-24)计算后，得到的非线性误差 $\gamma_L = 4.8\%$。它表明电阻的相对变化较大时，这种简化带来的非线性误差将变得非常严重。

2) 半桥、全桥的电压灵敏度

在试件上粘贴两个工作应变片，一个为受拉应变片，一个为受压应变片，大小相等，方向相反，接入电桥相邻桥臂，将构成半桥电路，如图 3-6(a)所示；在试件上粘贴四个工作应变片，两个为受拉应变片，两个为受压应变片，分别接入对边桥臂，构成全桥电路，如图 3-6(b)所示。

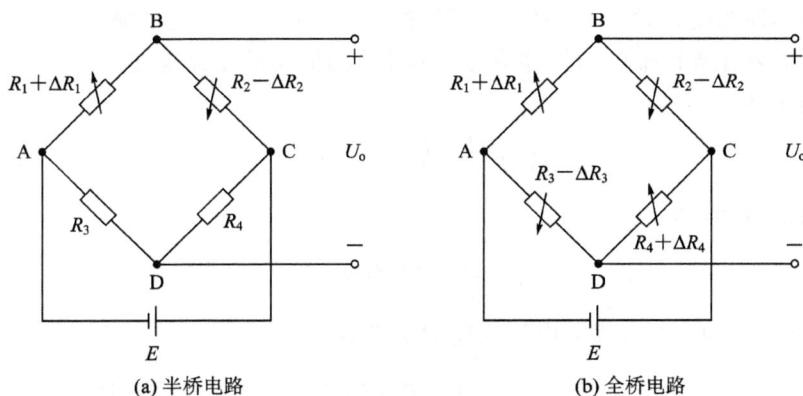

(a) 半桥电路　　　　　　　　　　(b) 全桥电路

图 3-6　差动电桥转换电路

对于图 3-6(a)所示的半桥电路，输出电压为

$$U_o = E\left(\frac{\Delta R_1 + R_1}{\Delta R_1 + R_1 + R_2 - \Delta R_2} - \frac{R_3}{R_3 + R_4} \right) \qquad (3-25)$$

若 $\Delta R_1 = \Delta R_2$，$R_1 = R_2 = R_3 = R_4$，则

$$U_o = \frac{E}{2} \cdot \frac{\Delta R_1}{R_1} \qquad (3-26)$$

则半桥电路的灵敏度系数为

$$K_u = \frac{E}{2} \qquad (3-27)$$

对于图 3-6(b)的全桥电路，输出电压为

$$U_o = E \cdot \frac{\Delta R_1}{R_1} \qquad (3-28)$$

则全桥电路的灵敏度系数为

$$K_u = E \qquad (3-29)$$

半桥、全桥的输出与电阻相对变化是完全线性的。

例 3-1　如图 3-7(a)所示为传感器上的圆形实心弹性体，四个应变片的粘贴方向分别是 R_1、R_4 为轴向，R_2、R_3 为圆周向。应变片的初始值 $R_1 = R_2 = R_3 = R_4 = 100\ \Omega$，灵敏度

系数 $K=2$,弹性体的箔松系数 $\mu=0.285$,当弹性体受拉时测得 R_1、R_4 的变化 $\Delta R_1=\Delta R_4=0.2\ \Omega$。如将四个应变片按如图 3-7(b)所示接入直流电桥,当电桥供压 $U=2$ V 时,试求电桥输出 U_o。

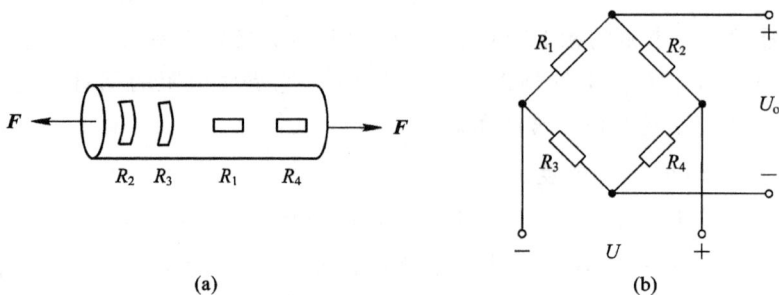

图 3-7 例 3-1 中应变片的粘贴与接法

解:因为弹性体受拉时,R_1、R_4 受到拉伸,圆周向 R_2、R_3 受压缩,拉伸压缩比取决于泊松比,所以需要先求得轴向的拉伸应变,再计算圆周向的压缩应变。

轴向应变量为

$$\varepsilon_x=\frac{\Delta R_1/R_1}{K}=1\times10^{-3}$$

圆周 s 向的应变 ε 为

$$\varepsilon=\frac{\Delta s}{s}=\frac{2\pi\Delta r}{2\pi r}=\frac{\Delta r}{r}$$

所以,ε 与圆半径相对变化相等,由泊松比的定义有

$$\varepsilon=\frac{\Delta r}{r}=-\mu\frac{\Delta L}{L}=-\mu\varepsilon_x=-0.285\times10^{-3}=-2.85\times10^{-4}$$

由式(3-6)得到

$$\Delta R_3=\Delta R_2=K\varepsilon R_2=-0.057\ \Omega$$

写出全桥的输出电压表达式,代入数据后得

$$U_o=U\left[\frac{R_1+\Delta R_1}{R_1+\Delta R_1+R_2+\Delta R_2}-\frac{R_3+\Delta R_3}{R_3+\Delta R_3+R_4+\Delta R_4}\right]$$

$$=2\left[\frac{100+0.2}{100+0.2+100-0.057}-\frac{100-0.057}{100-0.057+100+0.2}\right]\approx0.00257\ \text{V}$$

3.3.2 交流电桥

当电桥的供桥电压为交流电压时,电桥转换电路为交流电桥。与直流电桥比,由于交流电桥双向供电,有利于消除零漂,所以实用的电桥转换电路多为交流电桥。

以半桥为例,如图 3-8(a)所示为半桥交流电桥的接法,$\dot{U}$ 为交流电压源。由于供桥电源为交流电源,引线分布电容使得二桥臂应变片呈现复阻抗特性,即相当于两个应变片上各并联了一个电容,电容 C_1 的阻抗是 $\frac{1}{j\omega C_1}$,电容 C_2 的阻抗是 $\frac{1}{j\omega C_2}$,C_1 与 R_1 并联,C_2 与 R_2 并联,如图 3-8(b)所示。由并联阻抗的计算公式可知,每一桥臂上复阻抗分别为

$$Z_1=\frac{R_1}{1+j\omega R_1 C_1} \tag{3-30}$$

$$Z_2 = \frac{R_2}{1 + j\omega R_2 C_2} \qquad (3-31)$$

$$Z_3 = R_3 \qquad (3-32)$$

$$Z_4 = R_4 \qquad (3-33)$$

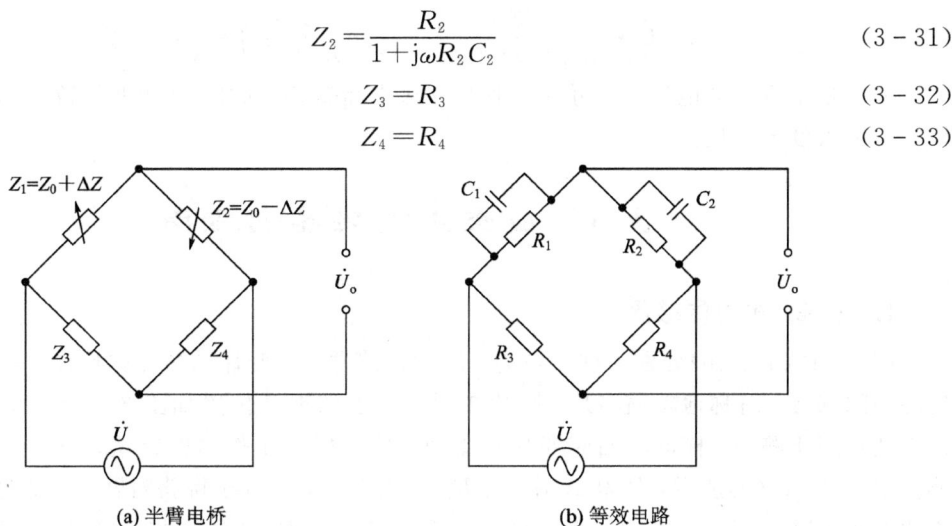

(a) 半臂电桥　　　　　　　　(b) 等效电路

图 3-8　交流电桥

与直流电桥一样，平衡条件为

$$Z_1 Z_4 = Z_2 Z_3$$

即满足

$$\begin{cases} \dfrac{R_1}{R_2} = \dfrac{R_3}{R_4} \\[2mm] \dfrac{R_1}{R_2} = \dfrac{C_2}{C_1} \end{cases} \qquad (3-34)$$

交流电桥中，式(3-34)满足时，输出 $\dot{U}_o$ 为零。不满足时，$\dot{U}_o$ 不为零。所以，交流电桥的调零需要同时调节 R 和 C 两个参数。图 3-9 是交流电桥的平衡调节电路，需要同时调节 W_c 和 W_r，才可补偿电桥阻抗的不平衡。

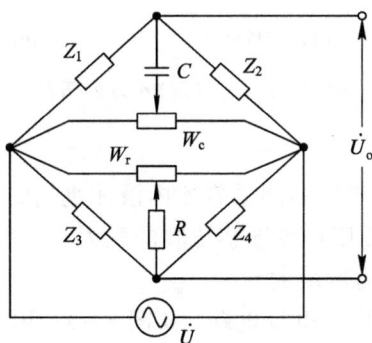

图 3-9　交流电桥的调零

对于图 3-8(a)所示的半桥交流电桥，设 Z_1、Z_2 是大小相同、变化方向相反的两个阻抗，且有

$$Z_1 = Z_0 + \Delta Z$$

$$Z_2 = Z_0 - \Delta Z$$

由于 $Z_3 = Z_4 = Z_0$，因此电桥输出为

$$\dot{U}_\circ = \dot{U} \cdot \left(\frac{Z_0 + \Delta Z}{Z_0 + \Delta Z + Z_0 - \Delta Z} - \frac{Z_0}{Z_0 + Z_0} \right) = \frac{1}{2}\dot{U} \cdot \frac{\Delta Z}{Z_0} \tag{3-35}$$

如果是全桥交流电桥，也可用类似的方法求得输出，此时的电压灵敏度比半桥交流电桥电压灵敏度大一倍。

3.4 应变式传感器的应用

1. 柱(筒)式力传感器

图 3-10(a)、(b)分别为柱式拉力、压力传感器，应变片粘贴在弹性体外壁应力分布均匀的中间部分，对称地粘贴多片。贴片在圆柱面上的展开位置如图 3-10(c)所示，纵向粘贴应变片用于测力，横向粘贴应变片不受力，接入桥路用作温度补偿。应变片在桥路中的连接如图 3-10(d)所示，R_1 和 R_3 串接，R_2 和 R_4 串接，并置于桥路对臂上，这种叉开串接的方法有利于减小弯矩的影响；横向贴片 R_5 和 R_7 串接，R_6 和 R_8 串接，接于另外两个桥臂上。图 3-10(d)构成一个带温度补偿的半桥。

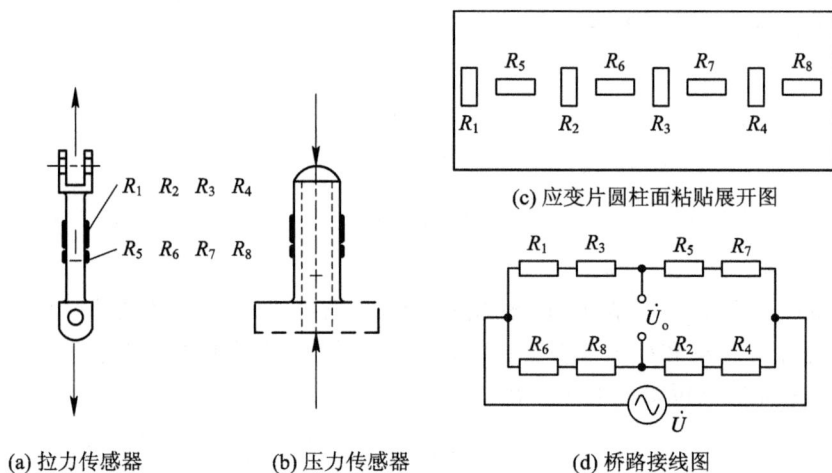

(c) 应变片圆柱面粘贴展开图

(a) 拉力传感器　　　(b) 压力传感器　　　(d) 桥路接线图

图 3-10　柱(筒)式力传感器

2. 膜片式压力传感器

如图 3-11(a)所示是压力传感器测量容器内液体重量的示意图。该传感器下端安装了感压膜，感受液体的压力。由传压杆传导感压膜的压力，上端安装微压传感器。当容器中的溶液增多时，感压膜感受的压力就增大。

微压传感器等效为一个感压的电桥电路，如图 3-11(b)所示，此时输出电压为

$$U_\circ = Kh\rho g \tag{3-36}$$

式中：K 为传感器传输系数；ρ 为液体的密度。

由于 $hA\rho g = Q$ 表征感压膜液位之上液体的重量，因此

$$U_\circ = \frac{KQ}{A} \tag{3-37}$$

式中：Q 为容器内感压膜液位之上溶液的重量；A 为柱形容器的截面积。

式(3-37)表明，电桥输出电压与柱式容器内感压膜液位之上溶液的重量呈线性关系，

因此用此种方法可以测量容器内储存的溶液重量。

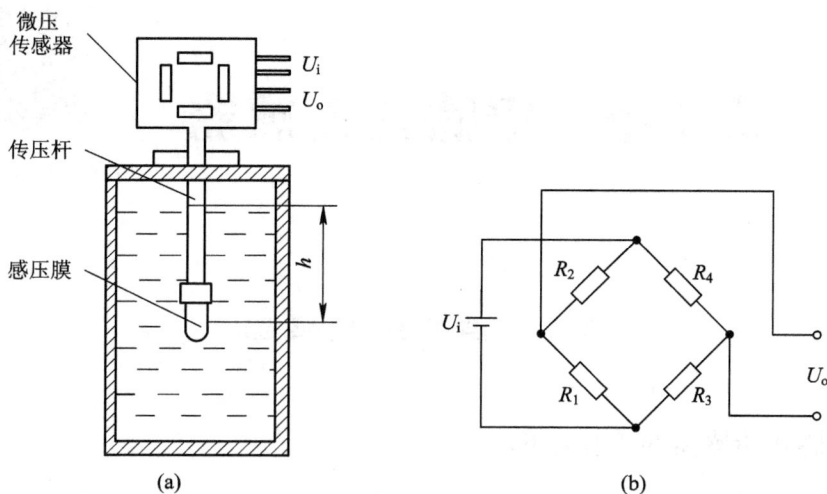

图 3－11　液位高度或液体重量传感器

习　题　3

1. 什么是应变片的灵敏度系数? 什么是电桥转换电路的灵敏度系数? 如果测量系统的传感器由应变片和电桥转换电路组成,那么传感器的灵敏度系数与前两者的灵敏度系数是什么关系?

2. 什么是横向效应? 为什么应变片的灵敏度系数比电阻丝的灵敏度系数小?

3. 一应变片的电阻 $R=120\ \Omega$, $K=2.05$,用做最大应变为 $\varepsilon=800\ \mu m/m$ 的传感元件。当弹性体受力变形至最大应变时,① 求 ΔR 和 $\Delta R/R$;② 若将应变片接入电桥单臂,其余桥臂电阻均为 $120\ \Omega$ 的固定电阻,供桥电压 $U=3\ V$,求传感元件最大应变时单臂电桥的输出电压 U_o 和非线性误差。

4. 如图 3－12 所示,拟在测量 F 的等强度悬臂梁上粘贴两个完全相同的电阻应变片 R_1、R_2,组成差动电桥。试问:

(1) 两个应变片应如何粘贴在悬臂梁上(画图说明)。

(2) 画出半桥电桥,指出 R_1、R_2 的位置。

(3) 若应变片灵敏度系数 $K=2$,未受应变时 $R_1=R_2=120\ \Omega$,其余桥臂电阻也为 $120\ \Omega$,当试件受力 F 时,应变片承受平均应变 $\varepsilon=8\times10^{-4}$,供桥电源为 $3\ V$。求:① ΔR_1;② 电桥输出电压。

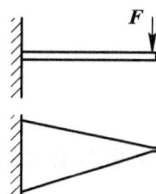

图 3－12　第 4 题图

5. 一电阻应变片 $R=120\ \Omega$,灵敏度系数 $K=2$,粘贴在某钢质弹性元件上。已知电阻应变丝的材料为钢镍合金,其电阻温度系数为 $20\times10^{-6}/℃$,线膨胀温度系数为 $16\times10^{-6}/℃$;钢质弹性元件的线膨胀系数为 $12\times10^{-6}/℃$。试求:

(1) 温度变化 20℃时,引起的附加电阻变化;

(2) 单位温度变化引起的虚应变。

第4章 电感式传感器

电感式传感器知识点

4.1 自感式传感器

4.1.1 自感式传感器的工作原理

自感式传感器的结构如图4-1(a)所示。它由线圈、铁芯和衔铁三部分组成。铁芯和衔铁都由导磁材料制成,如硅钢片或坡莫合金。在铁芯和活动衔铁之间有气隙,气隙宽度为δ。传感器的运动部分与衔铁相连,当衔铁移动时,气隙宽度δ发生变化,从而使磁路中磁阻变化,导致电感线圈的电感值改变,测出这种电感量的变化就能确定衔铁位移量的大小和方向。电感量与气隙的关系曲线如图4-1(b)所示。

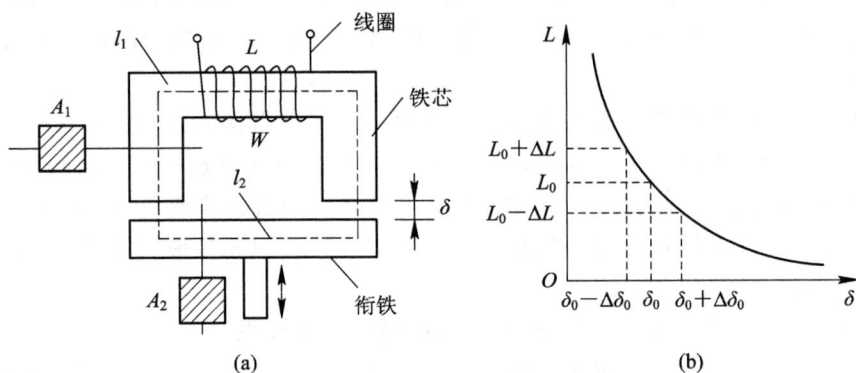

图4-1 自感式传感器的结构及电感量与气隙厚度的关系曲线

线圈的电感值L由下式确定:

$$L = \frac{W^2}{R_m} \tag{4-1}$$

式中:W为线圈匝数;R_m为磁路的总磁阻,且

$$R_m = \frac{l_1}{\mu_1 A_1} + \frac{l_2}{\mu_2 A_2} + \frac{2\delta}{\mu_0 A_0} \tag{4-2}$$

式中:μ_1为铁芯材料的磁导率;μ_2为衔铁材料的磁导率;l_1为磁通通过铁芯的长度;l_2为磁通通过衔铁的长度;A_1为铁芯的截面积;A_2为衔铁的截面积;μ_0为空气的磁导率;A_0为气隙的截面积;δ为气隙的厚度。

通常气隙磁阻远大于铁芯和衔铁的磁阻,即

$$\left.\begin{array}{r} \dfrac{2\delta}{\mu_0 A_0} \gg \dfrac{l_1}{\mu_1 A_1} \\[2mm] \dfrac{2\delta}{\mu_0 A_0} \gg \dfrac{l_2}{\mu_2 A_2} \end{array}\right\} \tag{4-3}$$

则式(4-2)可写为

$$R_m = \frac{2\delta}{\mu_0 A_0} \tag{4-4}$$

联立式(4-1)、式(4-4),可得

$$L = \frac{W^2}{R_m} = \frac{W^2 \mu_0 A_0}{2\delta} \tag{4-5}$$

由式(4-5)可知,当线圈匝数 W 确定后,只要改变 δ 和 A_0,即可导致电感的变化。因此,自感式传感器可分为变气隙厚度 δ 的变隙式自感传感器和变气隙面积 A_0 的变面积自感传感器,但使用最广泛的还是变隙式自感传感器。

4.1.2　变隙式自感传感器

变气隙厚度式自感传感器简称变隙式自感传感器。由式(4-5)知,当自感传感器线圈匝数和气隙面积一定时,电感量 L 与气隙厚度 δ 成反比。设传感器的初始气隙厚度为 δ_0,初始电感量为 L_0,衔铁位移引起的气隙厚度变化量为 $\Delta\delta$。当衔铁处于初始位置时,初始电感量为

$$L_0 = \frac{W^2 \mu_0 A_0}{2\delta_0} \tag{4-6}$$

当衔铁上移 $\Delta\delta$,气隙减小 $\Delta\delta$,即 $\delta = \delta_0 - \Delta\delta$ 时,输出电感为 $L = L_0 + \Delta L$,代入式(4-6),并整理,得

$$L = L_0 + \Delta L = \frac{W^2 \mu_0 A_0}{2(\delta_0 - \Delta\delta)} = \frac{L_0}{1 - \dfrac{\Delta\delta}{\delta_0}} \tag{4-7}$$

当 $\Delta\delta/\delta_0 \ll 1$ 时,可展开为级数形式:

$$L = L_0 + \Delta L = L_0\left[1 + \left(\frac{\Delta\delta}{\delta_0}\right) + \left(\frac{\Delta\delta}{\delta_0}\right)^2 + \left(\frac{\Delta\delta}{\delta_0}\right)^3 + \cdots\right] \tag{4-8}$$

由式(4-8)可求得电感增量 ΔL 和相对增量 $\Delta L/L_0$ 的表达式,即

$$\Delta L = L_0 \frac{\Delta\delta}{\delta_0} \cdot \left[1 + \left(\frac{\Delta\delta}{\delta_0}\right) + \left(\frac{\Delta\delta}{\delta_0}\right)^2 + \cdots\right] \tag{4-9}$$

$$\frac{\Delta L}{L_0} = \frac{\Delta\delta}{\delta_0} \cdot \left[1 + \left(\frac{\Delta\delta}{\delta_0}\right) + \left(\frac{\Delta\delta}{\delta_0}\right)^2 + \cdots\right] \tag{4-10}$$

同理,当衔铁随被测体的初始位置向下移动 $\Delta\delta$ 时,有

$$L = L_0 - \Delta L = \frac{W^2 \mu_0 A_0}{2(\delta_0 + \Delta\delta)} = \frac{L_0}{1 + \dfrac{\Delta\delta}{\delta_0}} = L_0\left[1 - \left(\frac{\Delta\delta}{\delta_0}\right) + \left(\frac{\Delta\delta}{\delta_0}\right)^2 - \cdots\right] \tag{4-11}$$

$$\Delta L = L_0 \frac{\Delta\delta}{\delta_0} \cdot \left[1 - \left(\frac{\Delta\delta}{\delta_0}\right) + \left(\frac{\Delta\delta}{\delta_0}\right)^2 - \cdots\right] \tag{4-12}$$

$$\frac{\Delta L}{L_0} = \frac{\Delta\delta}{\delta_0}\left[1 - \left(\frac{\Delta\delta}{\delta_0}\right) + \left(\frac{\Delta\delta}{\delta_0}\right)^2 - \cdots\right] \tag{4-13}$$

对式(4-10)、式(4-13)均做线性处理,忽略高次项,可得

$$\frac{\Delta L}{L_0} = \frac{\Delta \delta}{\delta_0}$$

(4-14)

灵敏度为

$$K_0 = \frac{\dfrac{\Delta L}{L_0}}{\Delta \delta} = \frac{1}{\delta_0}$$

(4-15)

由式(4-10)或式(4-13)可得非线性项为 $\left(\dfrac{\Delta \delta}{\delta_0}\right)^2$ (忽略高次项)。

　　由此可见,变隙式自感传感器的测量范围与灵敏度及线性度之间存在矛盾,因此,变隙式自感传感器一般只能用于测量微小位移量的场合。为减小非线性误差,实际测量中广泛采用差动变隙式自感传感器。

4.1.3　差动变隙式自感传感器

1. 结构和工作原理

　　为减小非线性和提高灵敏度,利用两只完全对称的单个自感传感器合用一个活动衔铁,便构成差动变隙式自感传感器。图4-2所示为差动变隙式自感传感器的结构原理图。其结构特点是:上下两个磁体的几何尺寸、材料、电气参数均完全一致,传感器的两只电感线圈接成交流电桥的相邻桥臂,另外两只桥臂由电阻组成,构成交流电桥的四个桥臂,供桥电源为 $\dot{U}_s$,桥路输出为交流电压 $\dot{U}_o$ 。

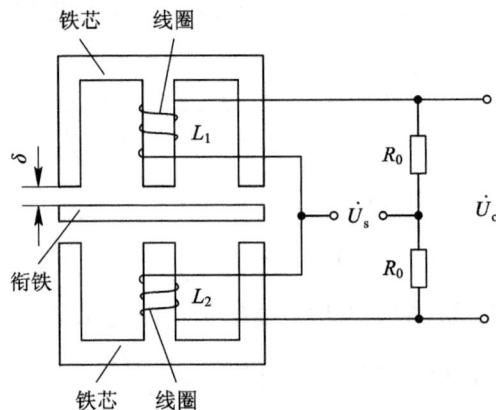

图4-2　差动变隙式自感传感器的结构原理图

　　初始状态时,衔铁位于中间位置,两边气隙宽度相等,因此两只电感线圈的电感量相等,接在电桥相邻臂上,电桥输出 $\dot{U}_o = 0$,即电桥处于平衡状态。

　　当衔铁偏离中心位置,向上或向下移动时,造成两边气隙宽度不一样,使两只电感线圈的电感量一增一减,电桥不平衡,电桥输出电压的大小与衔铁移动的大小成比例,其相位则与衔铁移动量的方向有关。因此,只要能测量出输出电压的大小和相位,就可以确定衔铁位移的大小和方向,传感器连动机构带动衔铁就可以测量多种非电量,如位移、液面高度、速度等。

2. 输出特性

输出特性是指电桥输出电压与传感器衔铁位移量之间的关系。差动变隙式自感传感器电桥输出电压与电感的总变化量 ΔL 有关，两个线圈的电感变化量 ΔL_1、ΔL_2 分别由式(4-9)和式(4-12)表示，电感总变化量 $\Delta L = \Delta L_1 + \Delta L_2$，是式(4-9)和式(4-12)的相加，具体表示为

$$\Delta L = \Delta L_1 + \Delta L_2 = 2L_0 \frac{\Delta\delta}{\delta_0}\left[1 + \left(\frac{\Delta\delta}{\delta_0}\right)^2 + \left(\frac{\Delta\delta}{\delta_0}\right)^4 + \cdots\right] \tag{4-16}$$

对上式进行线性处理，即忽略高次项可得

$$\frac{\Delta L}{L_0} = 2\frac{\Delta\delta}{\delta_0} \tag{4-17}$$

灵敏度系数 K_0 为

$$K_0 = \frac{\frac{\Delta L}{L_0}}{\Delta\delta} = \frac{2}{\delta_0} \tag{4-18}$$

它的灵敏度比单个变隙式自感传感器提高了一倍。

由式(4-16)可得差动变隙式自感传感器 $\Delta L/L_0$ 的非线性项为 $2(\Delta\delta/\delta_0)^3$（忽略高次项）。由于 $\Delta\delta/\delta_0 \ll 1$，因此，差动变隙式传感器的线性度得到明显改善。

4.1.4 测量电路

自感传感器的测量电路有交流电桥式、变压器电桥式和谐振式等几种。

1. 交流电桥式测量电路

图4-3为交流电桥式测量电路，传感器的两个线圈作为电桥的两个相邻桥臂 Z_1 和 Z_2，另两个相邻桥臂用纯电阻 $Z_3 = Z_4 = R$ 代替。对于高 Q 值 $\left(Q \text{ 为线圈品质因数}, Q = \frac{\omega L}{R}\right)$ 的差动自感传感器，$Z = R + j\omega L \approx j\omega L$，则 $\frac{\Delta Z}{Z} \approx \frac{\Delta L}{L_0}$，其输出电压为

$$\dot{U}_\circ = \frac{\dot{U}_{AC}}{2} \cdot \frac{\Delta Z}{Z} \approx \frac{\dot{U}_{AC}}{2} \cdot \frac{\Delta L}{L_0} \tag{4-19}$$

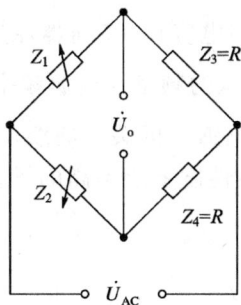

图4-3 交流电桥式测量电路

对于差动自感传感器，根据式(4-17)可将式(4-19)写成

$$\dot{U}_\circ \approx \dot{U}_{AC} \cdot \frac{\Delta\delta}{\delta_0} \tag{4-20}$$

从式(4-20)可知，电桥输出电压与 $\Delta\delta$ 成正比，相位与移动方向有关。

2. 变压器电桥式测量电路

变压器电桥式测量电路如图 4-4 所示。电桥两桥臂 Z_1 和 Z_2 是差动自感传感器的两个线圈的阻抗，另两个臂为交流变压器次级线圈的 1/2 阻抗。设传感器线圈为高 Q 值，即线圈电阻远小于其感抗，则

$$\dot{U}_o=\frac{Z_2\dot{U}}{Z_1+Z_2}-\frac{\dot{U}}{2}=\frac{Z_2-Z_1}{Z_1+Z_2}\cdot\frac{\dot{U}}{2} \qquad (4-21)$$

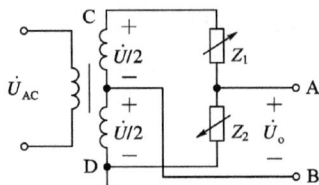

图 4-4　变压器电桥式测量电路

在初始位置，衔铁位于中间时，$Z_1=Z_2=Z$，此时，$\dot{U}_o=0$，电桥平衡。

当衔铁下移时，下线圈阻抗增加，即 $Z_2=Z+\Delta Z$，而上线圈阻抗减小，即 $Z_1=Z-\Delta Z$，由式(4-21)得

$$\dot{U}_o=\frac{\Delta Z}{Z}\cdot\frac{\dot{U}}{2}=\frac{\Delta L}{L}\cdot\frac{\dot{U}}{2} \qquad (4-22)$$

同理，当衔铁上移时，$Z_1=Z+\Delta Z$，$Z_2=Z-\Delta Z$，则

$$\dot{U}_o=-\frac{\Delta Z}{Z}\cdot\frac{\dot{U}}{2}=-\frac{\Delta L}{L}\cdot\frac{\dot{U}}{2} \qquad (4-23)$$

因此，衔铁上、下移动时，输出电压大小相等，极性相反，但由于 $\dot{U}_o$ 是交流电压，输出指示无法判断出位移方向，因此必须采用相敏检波器鉴别出输出电压极性随位移方向变化而产生的变化。

3. 谐振式测量电路

谐振式测量电路有谐振式调幅电路(如图 4-5(a)所示)和谐振式调频电路(如图 4-6(a)所示)两种。

在调幅电路中，传感器电感 L 与电容 C、变压器原边串联在一起，接入交流电源 $\dot{U}$，变压器副边将有电压 $\dot{U}_o$ 输出，输出电压的频率与电源频率相同，而幅值随着电感 L 的变化而变化。图 4-5(b)为输出电压 $\dot{U}_o$ 与电感 L 的关系曲线，其中 L_0 为谐振点的电感值。此电路灵敏度很高，但线性度差，适用于线性度要求不高的场合。

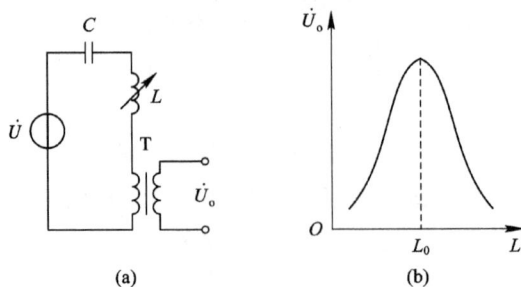

图 4-5　谐振式调幅电路及输出电压与电感的关系曲线

调频电路的基本原理是传感器电感 L 的变化将引起输出电压频率的变化。通常把传感器电感 L 和电容 C 接入一个振荡回路中，其振荡频率 $f=1/(2\pi\sqrt{LC})$。当 L 变化时，振荡频率随之变化，根据 f 的大小即可测出被测量的值。图 4-6(b)表示 f 与 L 的关系曲线。此电路的非线性较严重，但由于输出是频率，方便将信号转化为数字信号，因此传输过程的抗干扰性好。

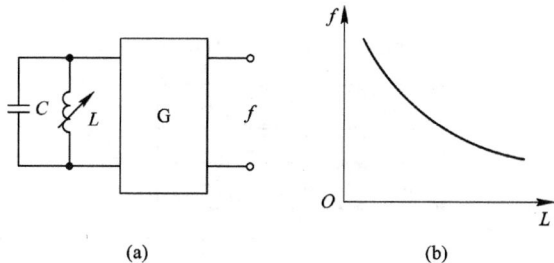

(a)　　　　　　　　　　　(b)

图 4-6　谐振式调频电路及振荡频率与电感的关系曲线

4.2　互感式传感器（差动变压器）

互感式传感器把被测量的变化转换为变压器互感的变化，变压器的初级线圈输入交流电压，次级线圈则互感应出电势。由于互感式传感器的次级线圈常接成差动形式，故又称为差动变压器式传感器（简称为差动变压器）。其结构形式较多，下面介绍目前广泛采用的螺管式差动变压器。

4.2.1　差动变压器的结构与工作原理

螺管式差动变压器主要由线圈框架 A、绕在框架上的一组初级线圈 W_1 和两个完全相同的次级线圈 W_{2a}、W_{2b} 及插入线圈中心的圆柱形铁芯 B 组成，如图 4-7 所示。

差动变压器式传感器中的两个次级线圈反相串联，在忽略铁损、导磁体磁阻和线圈分布电容的理想条件下，其等效电路如图 4-8 所示。当初级绕组加以激励电压 $\dot{U}_1$ 时，根据变压器的工作原理，在两个次级绕组 W_{2a} 和 W_{2b} 中便会产生感应电势 $\dot{E}_{2a}$ 和 $\dot{E}_{2b}$。如果在工艺上保证变压器结构完全对称，则当活动衔铁处于初始平衡位置时，必然会使两互感系数 $M_1=M_2$。根据电磁感应原理，将有 $\dot{E}_{2a}=\dot{E}_{2b}$。由于变压器两次级绕组反相串联，因而 $\dot{U}_2=\dot{E}_{2a}-\dot{E}_{2b}=0$，即差动变压器输出电压为零。

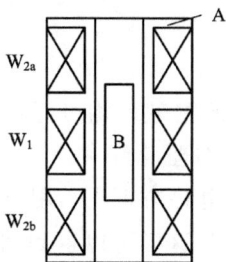

图 4-7　螺管式差动变压器的结构

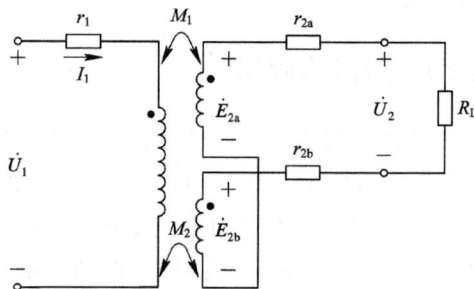

图 4-8　差动变压器式传感器的等效电路

当活动衔铁向上移动时,由于磁阻的影响,W_{2a} 中的磁通将大于 W_{2b},使 $M_1 > M_2$,因而 $\dot{E}_{2a}$ 增加,$\dot{E}_{2b}$ 减小。当活动衔铁向下移动时,$\dot{E}_{2b}$ 增加,$\dot{E}_{2a}$ 减小。因为 $\dot{U}_2 = \dot{E}_{2a} - \dot{E}_{2b}$,所以当 $\dot{E}_{2a}$、$\dot{E}_{2b}$ 随着衔铁位移 x 变化时,$\dot{U}_2$ 也必将随 x 而变化。其输出特性曲线如图 4-9 所示。

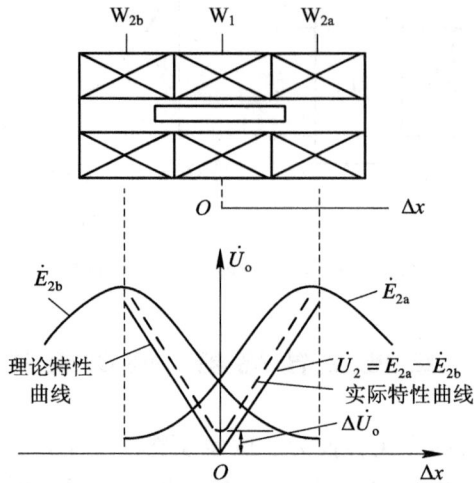

图 4-9   差动变压器输出电压的特性曲线

以上分析表明,差动变压器输出电压的大小反映了铁芯位移的大小,输出电压的极性反映了铁芯运动的方向。

由图 4-9 可以看出,当衔铁位于中心位置时,差动变压器实际输出电压并不等于零,我们把差动变压器在零位移时的输出电压称为零点残余电压。它的存在使传感器的输出特性不经过零点,造成实际特性与理论特性不完全一致。零点残余电压主要是由传感器的两次级绕组的电气参数和几何尺寸不对称,以及磁性材料的非线性等引起的。零点残余电压的波形十分复杂,主要由基波和高次谐波组成。基波产生的主要原因是传感器的两次级绕组的电气参数、几何尺寸不对称,导致它们产生的感应电势幅值不等、相位不同,因此不论怎样调整衔铁位置,两线圈中的感应电势都不能完全抵消。高次谐波中起主要作用的是三次谐波,其产生的原因是磁性材料磁化曲线的非线性(磁饱和、磁滞)。零点残余电压一般在几十毫伏以下,在实际使用时,应设法减小它,否则将会影响传感器的测量结果。

4.2.2   差动变压器的应用

差动变压器式传感器的应用非常广泛。凡是与位移有关的物理量均可经过它转换成电量输出,常用于测量振动、厚度、应变、压力、加速度等各种物理量。

图 4-10 是差动变压器式加速度传感器结构原理和测量电路方框图。用于测定振动物体的频率和振幅时,其激磁频率必须是振动频率的 10 倍以上,这样可以得到精确的测量结果。可测量的振幅范围为 0.1 mm～5 mm,振动频率一般为 0 Hz～150 Hz。

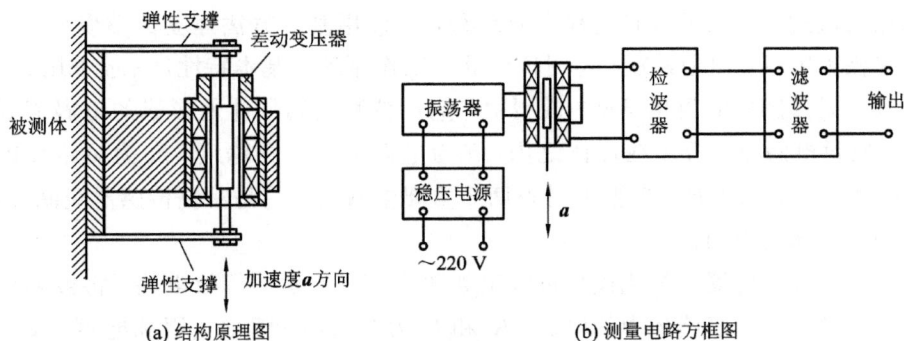

(a) 结构原理图　　　　　　　　(b) 测量电路方框图

图 4-10　差动变压器式加速度传感器

4.3　电涡流式传感器

电感线圈产生的磁力线经过金属导体时，金属导体就会产生感应电流，且呈闭合回路，类似于水涡流形状，故称之为电涡流。电涡流式传感器就是根据这一原理制作的。

4.3.1　电涡流式传感器的结构与工作原理

图 4-11 所示为电涡流式传感器的原理图，该图由传感器线圈和被测导体组成。图 4-11(a) 所示为一通以交变电流 $\dot{I}_1$ 的传感器线圈，由于 $\dot{I}_1$ 的存在，线圈周围就产生了一个交变磁场 $\dot{H}_1$。若被测导体置于该磁场范围内，基于法拉第电磁感应定律，导体内将产生电涡流 $\dot{I}_2$，如图 4-11(b) 所示。$\dot{I}_2$ 也将产生一个新磁场 $\dot{H}_2$，且 $\dot{H}_2$ 的方向与 $\dot{H}_1$ 相反，力图削弱 $\dot{H}_1$ 的作用，从而使线圈的等效阻抗发生变化。阻抗的变化取决于金属导体的涡流效应，而电涡流的大小与金属导体的电阻率 ρ、相对磁导率 μ_r、几何形状与表面状况、线圈的几何参数、线圈激励信号频率 ω 以及线圈与金属导体间的距离 x 等参数有关。若固定某些参数，就能按电涡流的大小测量出另外某一参数。

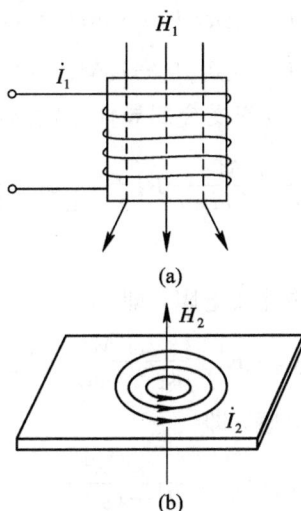

图 4-11　电涡流式传感器的原理图

智能检测技术与传感器(第二版)

由于电涡流式传感器的电磁过程十分复杂,难以用基本方法建立数学模型,因而给理论分析带来极大困难。但是,为了说明传感器的工作原理与基本特性,一般采用如图 4-12 所示的电涡流式传感器的简化模型。模型中,把在被测金属导体上形成的电涡流等效成一个短路环,假设电涡流仅分布在环体之内,h 为电涡流的贯穿深度,r_a 为短路环体的外半径,r_i 为短路环体的内半径;模型中另外两个重要参数是:r_{as} 是涡流传感器线圈外半径,x 是涡流线圈离导体表面的距离。

根据电涡流式传感器的简化模型可画出如图 4-13 所示的等效电路。将被测导体上形成的电涡流等效为一个短路环中的电流,R_2 和 L_2 为短路环的等效电阻和电感。设线圈的电阻为 R_1,电感为 L_1,加在线圈两端的激励电压为 $\dot{U}_1$。线圈与被测导体等效为相互耦合的两个线圈,它们之间的互感系数 M 是距离 x 的函数,随 x 的增大而减小。

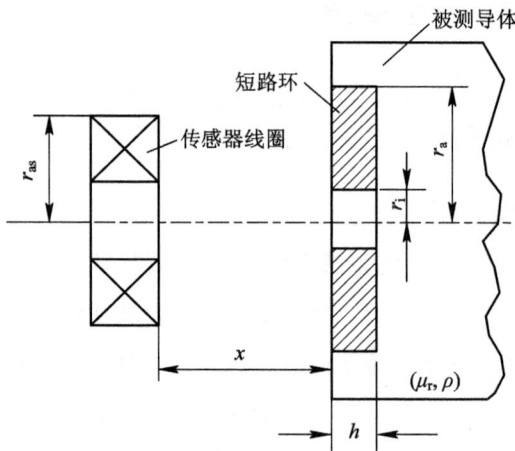

图 4-12 电涡流式传感器的简化模型

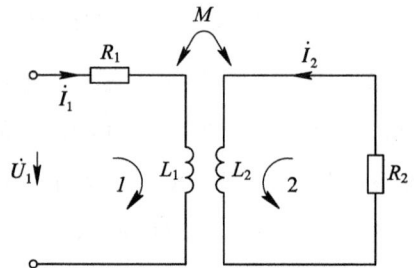

图 4-13 电涡流式传感器等效电路

对于电涡流式传感器的等效电路,根据基尔霍夫定律,列出回路 1 和回路 2 的电压平衡方程如下:

$$R_1\dot{I}_1+j\omega L_1\dot{I}_1-j\omega M\dot{I}_2=\dot{U}_1$$
$$R_2\dot{I}_2+j\omega L_2\dot{I}_2-j\omega M\dot{I}_1=0$$

(4-24)

解方程可求得电涡流式传感器线圈受金属导体影响后的等效阻抗为

$$Z=\frac{\dot{U}_1}{\dot{I}_1}=R_1+\frac{\omega^2 M^2}{R_2^2+(\omega L_2)^2}R_2+j\omega\left[L_1-\frac{\omega^2 M^2}{R_2^2+(\omega L_2)^2}L_2\right]$$
$$=R_{eq}+j\omega L_{eq}$$

(4-25)

式中:R_{eq} 为线圈受电涡流影响后的等效电阻,即

$$R_{eq}=R_1+\frac{\omega^2 M^2}{R_2^2+(\omega L_2)^2}R_2$$

L_{eq} 为线圈受电涡流影响后的等效电感,即

$$L_{eq}=L_1-\frac{\omega^2 M^2}{R_2^2+(\omega L_2)^2}L_2$$

品质因素为

$$Q = \frac{\omega L_{eq}}{R_{eq}} \tag{4-26}$$

由上面的分析可以看出，影响线圈 Z 变化的因素有导体的性质（L_2、R_2）、线圈的参数（L_1、R_1）、电流的频率 ω 以及线圈与导体间的互感系数 M。线圈的等效阻抗 Z 是系统互感系数 M 的平方的函数，当构成电涡流式传感器时，$Z = f(x)$ 是位移 x 的非线性函数。但在一定范围内，可将函数近似地用线性函数表示，于是就可通过测量 Z 的变化线性地获得位移的变化。

电涡流式传感器的工作原理可总结为：当传感器线圈与被测导体间距离远近不同时，它们间的耦合程度不同，反映出的线圈阻抗 Z 的变化就不一样，通过测量 Z 的变化，就可得到位移量的变化。

4.3.2　电涡流的形成范围

根据涡流式传感器的简化模型，关于电涡流的形成范围可以得出以下结论。

1. 电涡流的径向形成范围

金属导体上形成的涡流有一定的范围，当线圈与导体间的距离 x 不变时，电涡流密度 J 与涡流半径 r 的关系曲线如图 4-14 所示（图中，J_0 为金属导体表面电涡流密度最大值，J_r 为半径 r 方向的金属导体表面电涡流密度）。由图可知：在线圈中心的轴线附近，电涡流密度很小，可看作一个孔；在距离为线圈外半径 r_{as} 处，电涡流密度最大；而在距离为线圈外半径的 1.8 倍处，电涡流密度则衰减为最大值的 5%。由此可知，电涡流的径向形成范围大约在传感器线圈外径的 2 倍左右范围内，且分布不均匀。因此为了充分地利用涡流效应，被测导体的平面尺寸不应小于传感器线圈外径的 2 倍，否则灵敏度将下降。

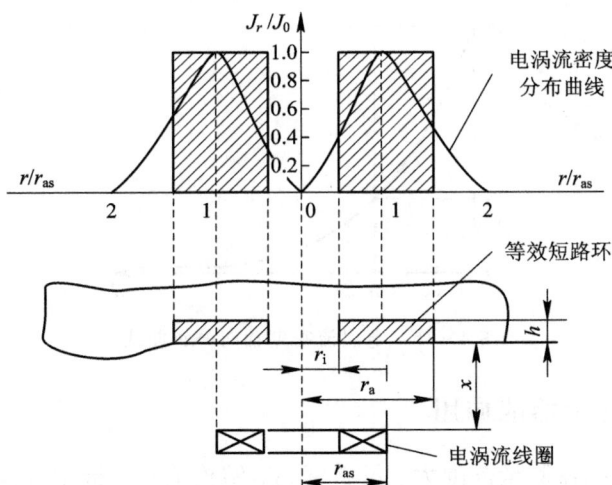

图 4-14　电涡流密度 J 与半径 r 的关系曲线

2. 电涡流强度与距离的关系

电涡流强度随着距离 x 的增大而迅速减小，如图 4-15 所示。由图可知，涡流强度 I_2 / I_1 与距离 x 呈非线性关系，当距离 x 大于线圈外半径 r_{as} 时，产生的涡流强度已很微弱。

为了获得较好的线性和较高的灵敏度,应使$(x/r_{as})\ll 1$,一般取$(x/r_{as})=0.05\sim 0.15$。

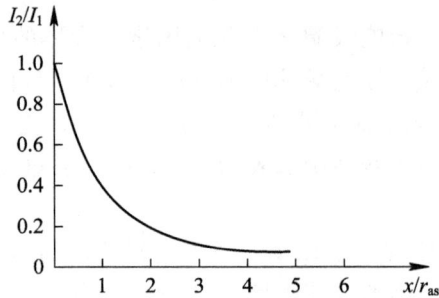

图 4-15 电涡流强度与 x/r_{as} 的关系

3. 电涡流的轴向贯穿深度

电涡流不仅沿导体径向分布不均匀,而且由于导体内产生的电涡流有趋肤效应,因此贯穿金属导体的深度有限。磁场进入金属导体后,强度随距离表面的深度 d 的增大按指数规律衰减,故电涡流密度沿深度方向亦按指数规律下降,可用下式表示:

$$J_d = J_0 e^{-\frac{d}{h}} \qquad (4-27)$$

式中:d 为金属导体内某一点与导体表面的距离;J_d 为沿 $\dot{H}_1$ 轴向 d 处的电涡流密度;J_0 为金属导体表面的电涡流密度,即电涡流密度最大值;h 为电涡流轴向贯穿的深度(趋肤深度)。

图 4-16 所示为电涡流密度轴向分布曲线。由图可见,电涡流密度主要分布在导体表面附近。

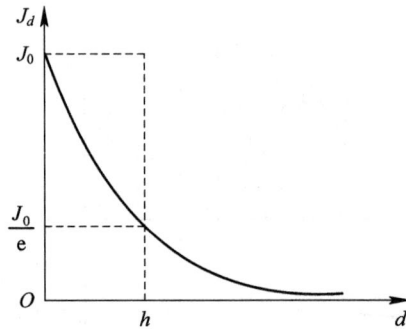

图 4-16 电涡流密度轴向分布曲线

4.3.3 电涡流式传感器的应用

由于电涡流式传感器测量范围大、灵敏度高、结构简单、抗干扰能力强以及可以非接触测量等优点,因此被广泛用于工业生产和科学研究的各个领域。在使用传感器的过程中,应该注意被测体材料对测量结果的影响。被测体材料的电导率越高,传感器的灵敏度就越高,在相同量程下,其线性范围也越宽。被测体的形状对测量结果也有影响。当被测体的面积比传感器检测线圈面积大得多时,传感器的灵敏度基本不发生变化;当被测体的面积为传感器线圈面积的一半时,其灵敏度减少一半;当被测体的面积更小时,传感器的灵敏度显著下降。如被测体为圆柱体，当它的直径 D 为传感器线圈直径 d 的 3.5 倍以上时，不影响测量结果；在 $D/d=1$ 时，传感器的灵敏度降低至 70%。

下面简单介绍一下电涡流式转速传感器。

在一个旋转体上开一条或数条槽（如图 4-17(a) 所示），或者做成齿状（如图 4-17(b) 所示），在其旁边安装一个电涡流式传感器。当旋转体转动时，电涡流式传感器将周期性地改变输出信号，此信号经过放大、整形，可用频率计测出频率数值。此值与槽数和被测转速有关，即

$$N=\frac{f}{n}\times 60 \tag{4-28}$$

式中：f 为频率值（Hz）；n 为旋转体的槽（齿）数；N 为被测轴的转速（r/min）。

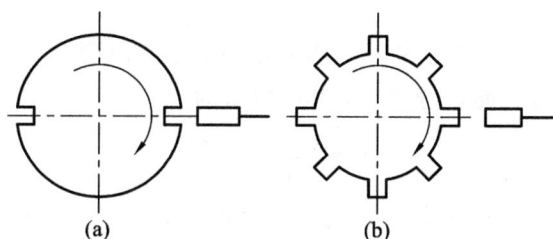

图 4-17　电涡流式传感器转速测量示意图

习　题　4

1. 何为电感式传感器？电感式传感器分哪几类？各有何特点？

2. 差动变压器式传感器的零点残余电压产生的原因是什么？怎样减小和消除它的影响？

3. 电涡流的形成范围和渗透深度与哪些因素有关？被测体对电涡流式传感器的灵敏度有何影响？

4. 已知变气隙电感传感器的铁芯截面积 $S_0=1.5\ \text{cm}^2$，气隙 $\delta_0=0.5\ \text{cm}$，$\Delta\delta=\pm 0.1\ \text{mm}$，真空磁导率 $\mu_0=4\pi\times 10^{-7}\ \text{H/m}$，线圈匝数 $W=3000$。在不做线性化处理的情况下，求单端式传感器的灵敏度 $(\Delta L/L_0)/\Delta\delta$，并与线性化处理后的结果进行比较。若将其做成差动结构形式，灵敏度将如何变化？

5. 某转动轴圆周有 4 个凸台，利用电涡流式传感器检测轴的转速，当轴转动时，电涡流式传感器产生周期变化信号并转换成脉冲信号输出，若电涡流式传感器输出信号的频率为 60 Hz，轴的转速是多少？

第5章 电容式传感器

电容式传感器知识点

5.1 电容式传感器的工作原理

电容式传感器实际上是一个具有可变参数的电容器。由两个平行极板组成的电容器若忽略边缘效应，其电容量为

$$C = \frac{\varepsilon_0 \varepsilon_r A}{d} = \frac{\varepsilon A}{d} \tag{5-1}$$

式中：C 为电容量，单位为 F(法拉)；ε_0 为真空介电常数，$\varepsilon_0 = 8.85 \times 10^{-12}$ F/m；ε_r 为极板间介质的相对介电常数；ε 为极板间介质的介电常数，$\varepsilon = \varepsilon_0 \varepsilon_r$；$A$ 为极板的有效面积 (m^2)；d 为两平行极板间的距离 (m)。

式(5-1)表明，当被测量 d、A 或 ε 发生变化时，都会引起电容 C 的变化。如果保持其中的两个参数不变，仅改变一个参数，就可把该参数的变化变换为电容量的变化。

根据电容器变化的参数，电容式传感器可分为变极距型、变面积型和变介质型三类。

5.1.1 变极距型电容式传感器

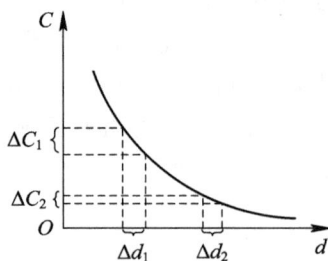

1. 基本特性

变极距型电容式传感器将被测参数转化为极板间距 d 的变化，从而使电容量发生变化。图 5-1 为变极距型电容式传感器的原理图。由式(5-1)可知，电容量 C 与极板间距 d 不是线性关系，而是如图 5-2 所示的双曲线关系。

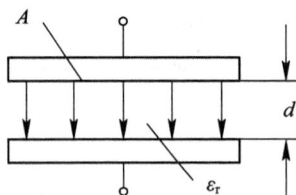

图 5-1 变极距型电容式传感器　　　图 5-2 电容量与极板间距的关系

由图 5-2 可定性地看到，当间隙变化范围 Δd 限制在远小于极板间距 d 的区间内，即当 $\Delta d \ll d$ 时，可把 ΔC 与 Δd 的关系近似地看成是线性关系。

假设电容器的初始极距为 d_0，则初始电容 C_0 为

$$C_0 = \frac{\varepsilon A}{d_0} \qquad (5-2)$$

移动任一极板使极板间距减小 Δd 时，电容量增大为 $C + \Delta C$，则有

$$\Delta C = \frac{\varepsilon A}{d_0 - \Delta d} - \frac{\varepsilon A}{d_0} = \frac{\varepsilon A}{d_0}\left(\frac{1}{1 - \dfrac{\Delta d}{d_0}} - 1\right) \qquad (5-3)$$

由式 $(5-3)$ 得电容相对变化量为

$$\frac{\Delta C}{C_0} = \frac{\dfrac{\Delta d}{d_0}}{1 - \dfrac{\Delta d}{d_0}} \qquad (5-4)$$

由式 $(5-4)$ 可知，当 $\dfrac{\Delta d}{d_0} \ll 1$ 时，变极距型电容式传感器的电容量与极距间有近似线性关系，所以变极距型电容式传感器往往设计成 Δd 在极小的范围内变化。

将式 $(5-4)$ 按级数展开得

$$\frac{\Delta C}{C_0} = \frac{\Delta d}{d_0}\left[1 + \left(\frac{\Delta d}{d_0}\right) + \left(\frac{\Delta d}{d_0}\right)^2 + \left(\frac{\Delta d}{d_0}\right)^3 + \cdots\right] \qquad (5-5)$$

略去高次项，得

$$\frac{\Delta C}{C_0} = \frac{\Delta d}{d_0} \qquad (5-6)$$

则灵敏度

$$K = \frac{\dfrac{\Delta C}{C}}{\Delta d} = \frac{1}{d_0} \qquad (5-7)$$

由此可见，灵敏度 K 与初始极距 d_0 成反比，因此，在设计时可通过减小 d_0 来提高灵敏度。一般电容式传感器的起始电容在 20 pF～30 pF 之间，极板间距离在 25 μm～200 μm 的范围内，最大位移应小于极板间距的 $1/10$。

考虑式 $(5-5)$ 的线性项和二次项，则

$$\frac{\Delta C}{C_0} = \frac{\Delta d}{d_0}\left(1 + \frac{\Delta d}{d_0}\right) \qquad (5-8)$$

由此得出传感器的非线性误差 δ 为

$$\delta = \frac{\left|\left(\dfrac{\Delta d}{d_0}\right)^2\right|}{\left|\dfrac{\Delta d}{d_0}\right|} \times 100\% = \left|\frac{\Delta d}{d_0}\right| \times 100\% \qquad (5-9)$$

因此，$\left|\dfrac{\Delta d}{d_0}\right|$ 越小，则 δ 越小，即只有 $\left|\dfrac{\Delta d}{d_0}\right|$ 在很小时（小测量范围），才有近似的线性输出。

由以上分析可以看出，要提高传感器的灵敏度，就需减小极板的初始极距 d_0，但 d_0 的减小，一方面会导致非线性误差 δ 增大，另一方面，d_0 过小还容易引起电容器击穿。改善电容器击穿条件的方法是在极板间放置高介电常数的材料，如云母片，构成有双介电层的变极距型电容式传感器。

2. 双介电层变极距型电容式传感器

在电容器的两极板之间增加一层云母片等高介电常数的材料作为介电层,可以改善电容器的工作条件,提高传感器的灵敏度。

图 5-3 所示为放置云母片的电容器,此时电容 C 变为

$$C = \frac{A}{\dfrac{d_g}{\varepsilon_0 \varepsilon_g} + \dfrac{d_0}{\varepsilon_0 \varepsilon_r}} \tag{5-10}$$

式中:ε_g 为云母片的相对介电常数,$\varepsilon_g = 7$;ε_r 为空气的相对介电常数,$\varepsilon_r = 1$;d_0 为空气隙厚度;d_g 为云母片的厚度。

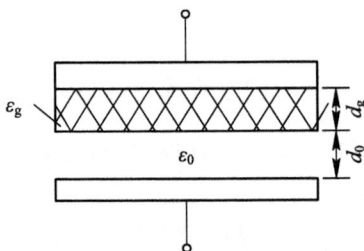

图 5-3 放置云母片的电容器

云母片的相对介电常数为空气的 7 倍,击穿电压不小于 1000 kV,而空气的击穿电压为 3 kV,因此,有了云母片,极板之间的初始截距 d_0 可以大大减小。同时,式(5-10)中的分母项 $\dfrac{d_g}{\varepsilon_0 \varepsilon_g}$ 是恒定值,它能使传感器输出特性的线性度得到改善,只要云母片的厚度选取得当,就能获得较好的线性关系。

3. 差动式变极距型电容式传感器

在实际应用中,为了提高传感器的灵敏度,减小非线性误差和克服某些外界因素(如电源电压、环境温度等)对测量的影响,常将传感器做成差动的形式,其原理如图 5-4 所示。

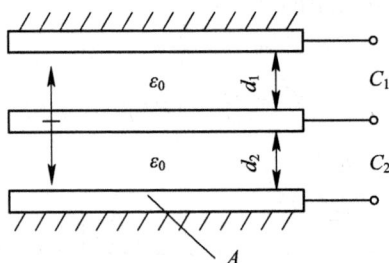

图 5-4 差动式变极距型电容式传感器原理图

在差动式平板电容器中,当动极板上移 Δd 时,电容器 C_1 的间隙 d_1 变为 $d_0 - \Delta d$,电容器 C_2 的间隙 d_2 变为 $d_0 + \Delta d$,则

$$C_1 = C_0 \frac{1}{1 - \dfrac{\Delta d}{d_0}} \tag{5-11}$$

$$C_2 = C_0 \frac{1}{1 + \dfrac{\Delta d}{d_0}} \tag{5-12}$$

当 $\Delta d / d_0 \ll 1$ 时，按级数展开得

$$C_1 = C_0 \left[1 + \frac{\Delta d}{d_0} + \left(\frac{\Delta d}{d_0} \right)^2 + \left(\frac{\Delta d}{d_0} \right)^3 + \cdots \right] \qquad (5-13)$$

$$C_2 = C_0 \left[1 - \frac{\Delta d}{d_0} + \left(\frac{\Delta d}{d_0} \right)^2 - \left(\frac{\Delta d}{d_0} \right)^3 + \cdots \right] \qquad (5-14)$$

电容总的变化量为

$$\Delta C = C_1 - C_2 = C_0 \left[2 \frac{\Delta d}{d_0} + 2 \left(\frac{\Delta d}{d_0} \right)^3 + 2 \left(\frac{\Delta d}{d_0} \right)^5 + \cdots \right] \qquad (5-15)$$

电容的相对变化量为

$$\frac{\Delta C}{C_0} = 2 \frac{\Delta d}{d_0} \left[1 + \left(\frac{\Delta d}{d_0} \right)^2 + \left(\frac{\Delta d}{d_0} \right)^4 + \cdots \right] \qquad (5-16)$$

略去高次项，则 $\Delta C / C_0$ 与 $\Delta d / d_0$ 近似成如下的线性关系：

$$\frac{\Delta C}{C_0} \approx 2 \frac{\Delta d}{d_0} \qquad (5-17)$$

灵敏度为

$$K = \frac{\Delta C / C_0}{\Delta d} \approx \frac{2}{d_0} \qquad (5-18)$$

如果只考虑式(5-16)中的线性项和三次项，则差动式变极距型电容式传感器的非线性误差 δ 近似为

$$\delta = \frac{2 \left| \left(\frac{\Delta d}{d_0} \right)^3 \right|}{\left| 2 \left(\frac{\Delta d}{d_0} \right) \right|} \times 100\% = \left(\frac{\Delta d}{d_0} \right)^2 \times 100\% \qquad (5-19)$$

所以，差动式变极距型电容式传感器比单一式结构的灵敏度提高了一倍，同时，非线性误差 δ 大为减小。

5.1.2　变面积型电容式传感器

图 5-5 所示是变面积型电容式传感器原理图。该传感器将被测量的移动转化为动极板的移动，引起两极板有效覆盖面积 A 的改变，从而得到电容量的变化。当动极板相对于定极板沿长度方向平移 Δx 时，则电容的相对变化量为

$$\frac{\Delta C}{C_0} = \frac{\Delta x}{a} \qquad (5-20)$$

式中：a 为极板的宽度。很明显，这种形式的传感器其电容量 C 与水平位移 Δx 呈线性关系。

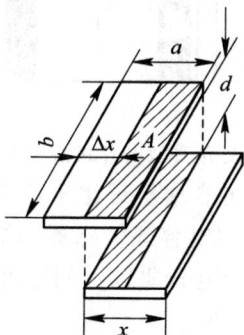

图 5-5　变面积型电容传感器原理图

图 5-6 是电容式角位移传感器原理图。当动极板有一个角位移 θ 时，与定极板间的有效覆盖面积就发生改变，引起电容的相对变化量为

$$\frac{\Delta C}{C_0}=\frac{\theta}{\pi} \tag{5-21}$$

从式(5-21)可知，传感器的电容量 C 与角位移 θ 呈线性关系。

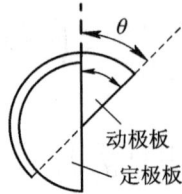

图 5-6　电容式角位移传感器原理图

5.1.3　变介质型电容式传感器

图 5-7 是一种极板间变介质型电容式传感器的结构原理图。该传感器用于测量液位的高低，又称为变换器。设被测介质的介电常数为 ε_1，液面高度为 h，变换器总高度为 H，内筒直径为 d，外筒直径为 D，此时变换器电容值为

$$C=\frac{2\pi\varepsilon_1 h}{\ln\frac{D}{d}}+\frac{2\pi\varepsilon_0(H-h)}{\ln\frac{D}{d}}=\frac{2\pi\varepsilon_0 H}{\ln\frac{D}{d}}+\frac{2\pi h(\varepsilon_1-\varepsilon_0)}{\ln\frac{D}{d}}=C_0+\frac{2\pi h(\varepsilon_1-\varepsilon_0)}{\ln\frac{D}{d}} \tag{5-22}$$

式中：ε_0 为空气的介电常数；C_0 为由变换器的基本尺寸决定的初始电容值，即 $C_0=\frac{2\pi\varepsilon_0 H}{\ln\frac{D}{d}}$。

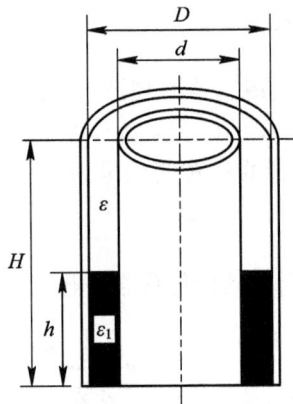

图 5-7　极板间变介质型电容式液位变换器结构原理图

由式(5-22)可见，此变换器的电容增量正比于被测液位高度 h。

图 5-8 也是一种常用的变介质型电容式传感器的结构原理图，图中两平行电极固定不动，极距为 d_0，相对介电常数为 ε_{r2} 的电介质以不同深度插入电容器中，从而改变两种介质的极板覆盖面积。传感器总电容量 C 为

$$C = C_1 + C_2 = \varepsilon_0 b_0 \frac{\varepsilon_{r1}(L_0 - L) + \varepsilon_{r2} L}{d_0} \qquad (5-23)$$

式中：L_0 和 b_0 分别为极板的长度和宽度；L 为第二种介质进入极板间的长度。

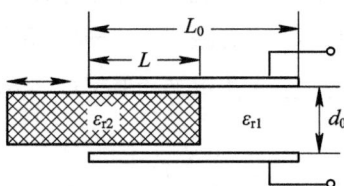

图 5-8　变介质型电容式传感器结构原理图

若电介质 $\varepsilon_{r1} = 1$，则当 $L = 0$ 时，传感器初始电容 $C_0 = \varepsilon_0 \varepsilon_{r1} L_0 b_0 / d_0$。当被测介质 ε_{r2} 进入极板间 L 长度后，引起电容相对变化量为

$$\frac{\Delta c}{c_0} = \frac{c - c_0}{c_0} = \frac{(\varepsilon_{r2} - 1) L}{L_0} \qquad (5-24)$$

可见，电容量的变化与电介质 ε_{r2} 的移动量 L 呈线性关系。

变介质型电容式传感器有较多的结构形式，可以用来测量纸张、绝缘薄膜等的厚度，也可用来测量粮食、纺织品、木材或煤等非导电固体介质的湿度。

5.2　电容式传感器的测量电路

电容式传感器将被测量转换成电容量的变化，但由于电容及其变化量均很小（几皮法至几十皮法），因此必须借助测量电路检测出这一微小电容及其增量，并将其转换成电压、电流或频率，以便于显示、记录和传输。电容式传感器的测量电路种类很多，下面就典型电路加以介绍。

5.2.1　调频电路

调频电路工作原理如图 5-9 所示。传感器电容作为振荡器谐振回路的一部分，当被测量使传感器电容量发生变化时，振荡器的振荡频率也随之变化（调频信号），其输出经限幅、放大、鉴频后变成电压输出。

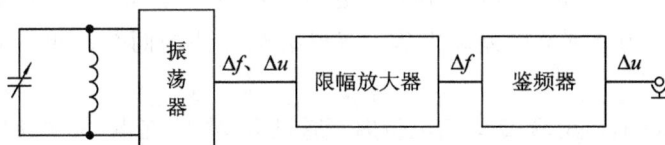

图 5-9　调频电路工作原理图

为了防止干扰使调频信号产生寄生调幅，在鉴频器前常加一个限幅器，将干扰及寄生调幅削平，使进入鉴频器的调频信号是等幅的。鉴频器的作用是将调频信号的瞬时频率变化恢复成原调制信号电压的变化，它是调频信号的解调器。

调频电路具有抗干扰性强、灵敏度高等优点，其缺点是寄生电容对测量精度的影响较大，因此必须采取适当的措施来减小或消除寄生电容的影响。常用的措施包括缩短传感器和测量电路之间的电缆、采用专用的驱动电缆或者将传感器与测量电路做成一体等。

5.2.2 运算放大器式电路

由于运算放大器的放大倍数非常大,而且输入阻抗 Z_i 很高,这一特点使运算放大器可以作为电容式传感器的比较理想的测量电路。图 5 - 10 所示是运算放大器式电路原理图。图中: C_x 为电容式传感器电容; $\dot{U}_i$ 是交流电源电压; $\dot{U}_o$ 是输出信号电压; Σ 是虚地点。由运算放大器工作原理可得

$$\dot{U}_o = -\frac{C}{C_x} \cdot \dot{U}_i \tag{5-25}$$

如果传感器是一只平板电容,则 $C_x = \dfrac{\varepsilon A}{d}$,代入式(5 - 25)可得

$$\dot{U}_o = -\frac{C\dot{U}_i}{\varepsilon A} \cdot d \tag{5-26}$$

式中,"—"号表示输出电压 $\dot{U}_o$ 的相位与电源电压相反。

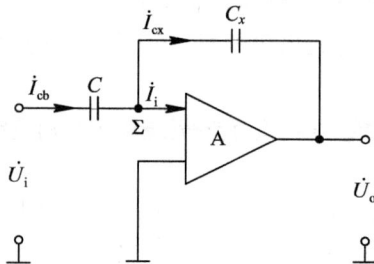

图 5 - 10 运算放大器式电路原理图

式(5 - 26)说明运算放大器的输出电压与极板间距离 d 呈线性关系。运算放大器式电路虽解决了单个变极距型电容式传感器的非线性问题,但要求运算放大器的放大倍数及 Z_i 足够大。为保证仪器的测量精度,还要求电源电压 $\dot{U}_i$ 的幅值和固定电容 C 值稳定。

5.2.3 脉冲宽度调制电路

脉冲宽度调制电路如图 5 - 11(a)所示。它由比较器 A_1、A_2,双稳态触发器及电容充放电回路组成。C_1、C_2 为传感器的差动电容,双稳态触发器的两个输出端 Q、$\overline{Q}$ 为电路的输出端。

当双稳态触发器的输出端 Q 为高电位时,通过 R_1 对 C_1 充电;$\overline{Q}$ 端的输出为低电位时,电容 C_2 通过二极管 VD_2 迅速放电,G 点被钳制在低电位。当 F 点的电位高于参考电位 U_c 时,比较器 A_1 的输出极性改变,产生脉冲,使双稳态触发器翻转,Q 端的输出变为低电位,而 $\overline{Q}$ 端变为高电位。这时 C_2 充电 C_1 放电。当 G 点电位高于 U_c 时,比较器 A_2 的输出使触发器再一次翻转,如此重复,周而复始,使双稳态触发器的两个输出端各自产生一宽度受 C_1 和 C_2 调制的方波信号。当 $C_1 = C_2 = C_0$ 时,各点的电压波形如图 5 - 11(b)所示,输出电压的平均值为零。但当工作状态为 $C_1 \neq C_2$ 时,C_1、C_2 充电时间常数发生变化,若 $C_1 > C_2$,则各点电压波形如图 5 - 11(c)所示,输出电压 u_{AB} 的平均值不再是零。

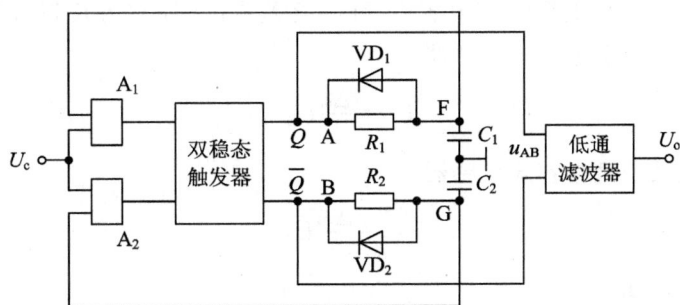

(a) 脉冲宽度调制电路原理图

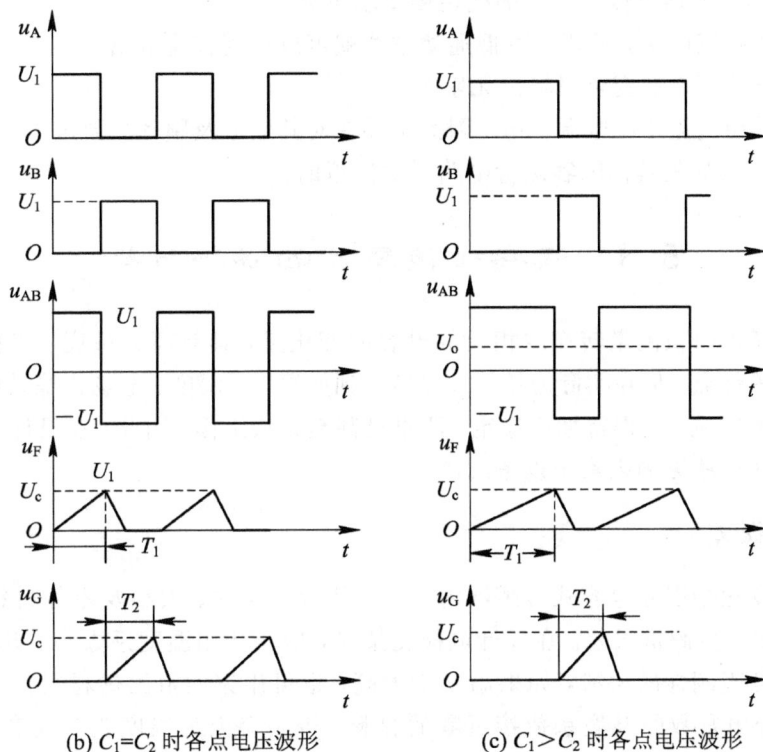

(b) $C_1=C_2$ 时各点电压波形　　　　(c) $C_1>C_2$ 时各点电压波形

图 5-11　脉冲宽度调制电路及波形

　　输出电压 u_{AB} 经低通滤波后，便可得到一直流输出电压 U_o，其值为 A、B 两点电压平均值 U_A 与 U_B 之差，即

$$U_o = U_A - U_B = \frac{T_1}{T_1+T_2}U_1 - \frac{T_2}{T_1+T_2}U_1 = \frac{T_1-T_2}{T_1+T_2}U_1 \qquad (5-27)$$

式中：T_1、T_2 为 C_1、C_2 充至 U_c 时需要的时间，即 A 点和 B 点的脉冲宽度；U_1 为触发器输出的高电位。

　　由于 U_1 的大小是固定的，因此，输出直流电压 U_o 随 T_1 和 T_2 而变，即随 u_A 和 u_B 的脉冲宽度而变，而电容 C_1 和 C_2 分别与 T_1 和 T_2 成正比。在电阻 $R_1=R_2=R$ 时

$$U_o = \frac{C_1-C_2}{C_1+C_2}U_1 = \frac{\Delta C}{C_0}U_1 \qquad (5-28)$$

由此可知,直流输出电压 $U_。$ 与电容 C_1 和 C_2 之差成比例,极性可正可负。

对于差动式变极距型电容式传感器:

$$U_。=\frac{\Delta d}{d_0}U_1 \tag{5-29}$$

对于差动式变面积型电容式传感器:

$$U_。=\frac{\Delta A}{A}U_1 \tag{5-30}$$

根据以上分析可知:

(1) 不论是变极距型还是变面积型电容式传感器,其输入与输出变化量都呈线性关系,而且脉冲宽度调制电路对传感元件的线性度要求不高;

(2) 不需要解调电路,只要经过低通滤波器就可以得到直流输出;

(3) 调宽脉冲频率的变化对输出无影响;

(4) 由于采用直流稳压电源供电,因此不存在对其波形及频率的要求。

所有这些特点都是其他电容测量电路无法比拟的。

5.3 电容式传感器的误差分析

电容式传感器将被测量转换成相应的电容的变化量,具有高灵敏度、高精度、高分辨力和稳定可靠等优点,但在实际应用中,容易受到如温度、湿度、电场边缘效应、寄生与分布电容等因素的影响,使得特性不稳定,严重时甚至无法工作。因此,在设计和应用电容式传感器时必须对这些影响因素予以考虑。

5.3.1 温度误差

环境温度变化会引起电容式传感器内部零件形状、尺寸、大小及零件材料的线膨胀系数的变化,从而产生测量误差。在设计电极支架时,应当选用温度系数小、几何尺寸稳定、绝缘性高以及低吸潮性的材料,如果温度不太高,也可用聚四氟乙烯材料。在选择电介质时,应该选择介电常数的温度系数接近零的材料,否则会因为温度改变而产生测量误差。如果可能,传感器尽量采用差动对称结构,以减少温度引起的误差。

下面以图 5-12 所示电容式测压传感器为例,对温度误差进行分析。

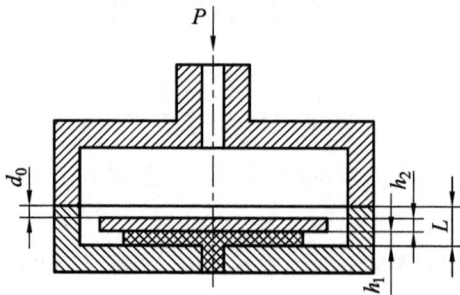

图 5-12 电容式测压传感器

设初始温度为 t_0 时,电容式传感器工作极片与固定极片的间隙 d_0 为

$$d_0 = L - h_1 - h_2 \tag{5-31}$$

式中：L、h_1、h_2 分别为初始温度为 t_0 时的总间隙、绝缘材料的厚度和固定极片的厚度。

因为传感器各零件的材料不同，具有不同的温度膨胀系数，因此当温度变化 Δt 后，间隙 d_t 为

$$d_t = L(1 + \alpha_L \Delta t) - h_1(1 + \alpha_{h_1} \Delta t) - h_2(1 + \alpha_{h_2} \Delta t) \tag{5-32}$$

式中：α_L、α_{h_1}、α_{h_2} 分别为传感器各零件所用材料的温度线膨胀系数。

由于温度变化而引起的电容量相对误差为

$$\delta_t = \frac{C_t - C_0}{C_0} = \frac{d_0 - d_t}{d_t} \tag{5-33}$$

式中：C_0 为传感器在温度 t_0 时的电容量；C_t 为传感器在温度 t 时的电容量。

将式（5-31）和式（5-32）代入式（5-33）后得

$$\delta_t = -\frac{(L\alpha_L - h_1\alpha_{h_1} - h_2\alpha_{h_2})\Delta t}{d_0 + (L\alpha_L - h_1\alpha_{h_1} - h_2\alpha_{h_2})\Delta t} \tag{5-34}$$

使 $\delta_t = 0$ 可以消除温度误差，即

$$h_1\alpha_{h_1} + h_2\alpha_{h_2} - L\alpha_L = 0 \tag{5-35}$$

将传感器尺寸 $L = h_1 + h_2 + d_0$ 代入式（5-35），得

$$h_1\alpha_{h_1} + h_2\alpha_{h_2} - (h_1 + h_2 + d_0)\alpha_L = 0 \tag{5-36}$$

整理可得

$$h_1\left(\frac{\alpha_{h_1}}{\alpha_L} - 1\right) + h_2\left(\frac{\alpha_{h_2}}{\alpha_L} - 1\right) - d_0 = 0 \tag{5-37}$$

设计电容式传感器时应适当选择初始间隙 d_0、线膨胀系数 α_{h_1}、α_{h_2}、α_L，以及 h_1 和 h_2，满足式（5-37）即可满足温度补偿条件。

5.3.2　电容电场的边缘效应

前面对各种电容器的分析都忽略了电容电场的边缘效应。实际上当极板厚度 h 和间隙 d 之比相对较大时，就不能忽略电容电场的边缘效应的影响，否则会造成边缘电场畸变，使电容式传感器工作不稳定，灵敏度降低，非线性误差增加。因此应尽量消除和减小电容电场的边缘效应。

应该指出，电容电场的边缘效应所引起的非线性与变极距型电容式传感器原理上的非线性恰好相反，因此在一定程度上起了补偿作用，但传感器的灵敏度却下降了。

适当减小极间距，使电极直径与间距比很大，可减小电容电场边缘效应的影响，但这样电容容易被击穿，可能会限制测量范围。也可以将电极做得极薄，使之与极间距相比很小，这样同样可减小边缘电场的影响。此外，在结构上增设等位环来消除边缘效应也是常用的一种方法，如图 5-13 所示。这里以 JC-77 型电容型测微仪中电容式传感器为例进行介绍，图 5-14 为其结构示意图。图 5-14 中 2 为传感器内电极（圆形），1 为另一电极（可以在传感器内也可以是被测物）。等位环 3 放置在电极 2 外，并且与电极 2 电绝缘。绝缘层 4 的厚度约为 $100~\mu m \sim 200~\mu m$，随被测物最大位移的增大而适当加厚。等位环 3 与电极 2 电位相等，这样就能使电极 2 的边缘电力线平直，两电极间的电场基本均匀，而发散的边缘电场因发生在等位环 3 的外周而不影响工作。等位环 3 的外面还加有套筒 5，供测量时夹持用，可极大地防止外界电场的干扰，且与等位环 3 电绝缘。连接传感器与电子线路的电

缆最好采用双屏蔽低电容(85 pF/m)电缆,其芯线 6 接电容式传感器的电极 2,内屏蔽层 7 接等位环 3,外屏蔽层 8 接地。

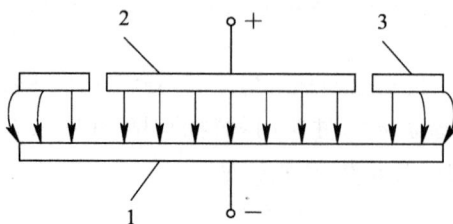

1、2—电极;3—等位环。

图 5-13　带有等位环的平行板电容器

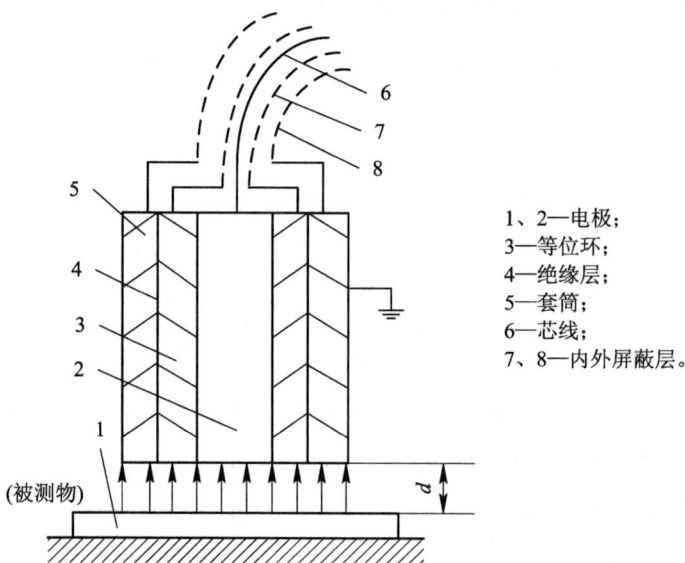

1、2—电极;
3—等位环;
4—绝缘层;
5—套筒;
6—芯线;
7、8—内外屏蔽层。

图 5-14　带有等位环的平板电容传感器结构示意图

5.3.3　寄生电容与分布电容的影响

电容式传感器除了在极板间产生电容外,极板与其周围的其他元器件甚至人体间也会产生一定的附加电容(包括引线的分布电容),这种电容称为寄生电容。由于传感器本身的电容量非常小,寄生电容又极不稳定,因此它的存在改变了电容式传感器的电容量,直接导致了传感器的不稳定,在很大程度上影响了传感器的正常工作。为了消除和减小寄生电容对电容式传感器的影响,提高仪器的测量精度,可采用以下几种方法:

(1)增加传感器自身的原始电容值。

可采用减小传感器极板或极筒间的距离(一般来说平板式极板间距为 0.2 mm～0.5 mm,圆筒式极筒间距为 0.15 mm),增加测量面积或长度等方法来增大传感器的原始电容值,从而降低寄生电容的影响。但该方法受限于传感器的结构、装配工艺、击穿电压、精度及量程等外在条件。

(2)集成化。

将传感器与测量电路的前置级装在一个壳体内,省去从传感器至前置级的电缆引线,这样寄生电容会大幅度减小并且易保持固定不变，使仪器能够稳定工作。但这种集成化的传感器会因其电子元器件产生温度漂移而难以应用于高温、低温或其他环境恶劣的场景。

（3）"驱动电缆"技术。

"驱动电缆"技术也称"双层屏蔽等位传输"技术，实际上是一种等电位屏蔽法，其基本原理是利用电缆屏蔽层电位跟踪与电缆相连的传感器极板的电位，如图 5 - 15 所示。电容传感器与电子线路前置级间通过双屏蔽层电缆引线相连接，引线的内屏蔽层与电缆芯线通过 1∶1 放大器实现电位跟踪，使二者变为等电位，从而消除了电缆的分布电容。同时，内外屏蔽层间电容成为 1∶1 放大器的负载，外屏蔽线需与地相连以防止外界电场的干扰。这种电缆的屏蔽层上电压会随传感器输出信号的变化而变化，因而被称为"驱动电缆"。采用"驱动电缆"技术能保证在电缆线长达 10 m 之远的情况下，传感器的性能不受影响，这是解决电缆电容影响电容式传感器的一种有效方法。

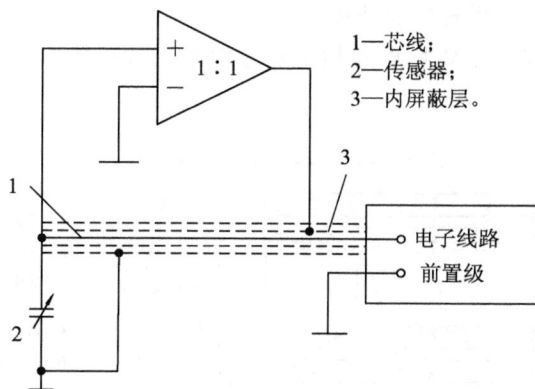

图 5 - 15　"驱动电缆"技术电原理图

（4）整体屏蔽。

将电容式传感器与传输电缆、转换电路等都屏蔽于同一个壳体内，选取合适的接地点，则可有效减小寄生电容的影响。同时注意尽量使用短而粗的电缆引线，并减小传感器到电子线路前置级的距离，以降低电缆电容的影响。图 5 - 16 所示为差动电容式传感器交流电桥的整体屏蔽系统示意图。屏蔽层的接地点在两固定辅助阻抗臂 Z_1 和 Z_2 中间，使得电缆芯线与其屏蔽层之间的寄生电容 C_{p1} 和 C_{p2} 分别与 Z_1 和 Z_2 相并联。当 Z_1 和 Z_2 比 C_{p1} 和 C_{p2} 的容抗小得多时，寄生电容 C_{p1} 和 C_{p2} 对电桥平衡状态的影响会变得很小。

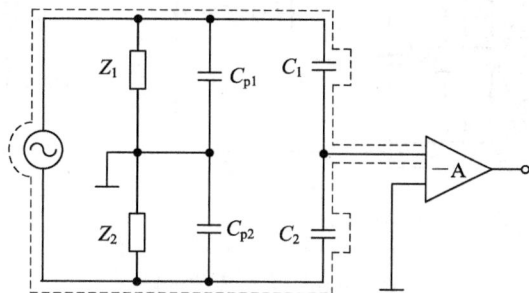

图 5 - 16　差动电容式传感器交流电桥的整体屏蔽系统示意图

5.4 电容式传感器的应用

5.4.1 电容式加速度传感器

图 5-17 所示为差动电容式加速度传感器结构图。它有两个固定极板(与壳体绝缘)，中间有一用弹簧片支撑的质量块，此质量块的两个端面经过磨平抛光后作为可动极板(与壳体电连接)。

当传感器壳体随被测对象沿垂直方向作直线加速运动时，质量块在惯性空间中相对静止，两个固定电极将相对于质量块在垂直方向产生大小正比于被测对象加速度的位移。此位移使两电容的间隙发生变化，一个增加，一个减小，从而使 C_1、C_2 产生大小相等、符号相反的增量，此增量正比于被测对象加速度。

电容式加速度传感器的主要特点是频率响应快和量程范围大，大多采用空气或其他气体作阻尼物质。

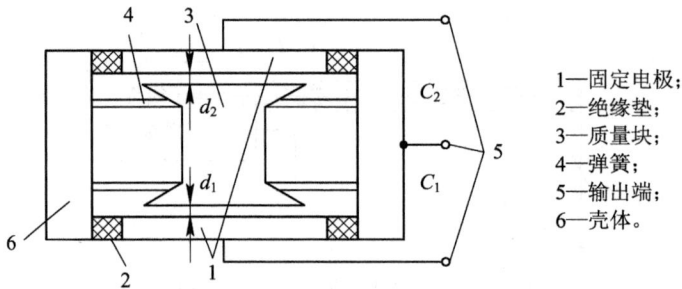

1—固定电极；
2—绝缘垫；
3—质量块；
4—弹簧；
5—输出端；
6—壳体。

图 5-17 差动式电容式加速度传感器结构图

5.4.2 电容式传声器

图 5-18 为电容式传声器。传声器也叫话筒，用来把声压转换成电信号。

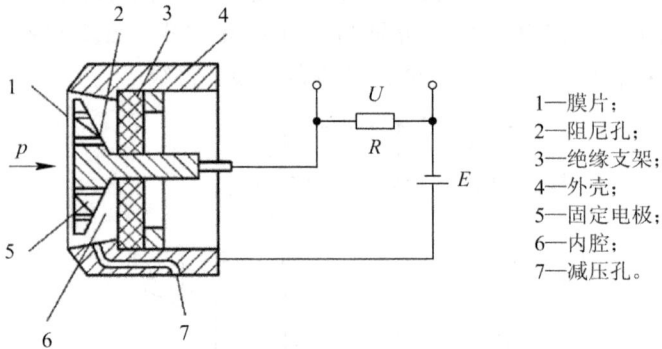

1—膜片；
2—阻尼孔；
3—绝缘支架；
4—外壳；
5—固定电极；
6—内腔；
7—减压孔。

图 5-18 电容式传声器

声电转换分为两步：首先是将声能转换成机械能，由膜片完成，即膜片将感受到的声压变成膜片的振动；然后由传感器将膜片的振动转换成电信号。传声器是由很薄的(4 μm～

6 μm)金属膜片和紧靠着它的固定极板组成的,膜片与固定极板之间留有空气薄层,构成空气介质电容器。当声压作用在膜片上时,膜片内外产生压差,使膜片产生与外界声波信号一致的振动,从而使膜片与固定极板之间的距离改变,引起电容量的变化,此变化通过测量电路变成电压输出。极板上阻尼孔的作用是抑制振膜的振幅,壳体上的减压孔用来平衡振膜两侧的静压力,以防振膜破裂。

习　题　5

1. 简述电容式传感器的工作原理及其类型。

2. 推导差动式变极距型电容式传感器的灵敏度,并将其与单一型传感器做比较。

3. 已知变面积型电容式传感器的两极板间距离为 10 mm,$\varepsilon = 50$ μF/m,两极板几何尺寸一样,为 30 mm×20 mm×5 mm,在外力作用下,其动极板在原位置上向外移动了 10 mm,试求 ΔC 和 K 值。

4. 有一只变极距型平板电容式传感器,当 $d_0 = 1$ mm 时,若要求测量线性度为 0.1%,求允许测量最大变化量。

5. 有一只变极距型电容式传感器,两极板的有效重叠面积为 8×10^{-4} m²,两极板间的距离为 1 mm,已知空气的相对介电常数是 1.0006,试计算该传感器的位移灵敏度。

6. 如何减小温度、边缘效应、寄生电容对电容式传感器的影响?

第6章 压电式传感器

压电式传感器知识点

6.1 压电式传感器的工作原理

6.1.1 压电效应

高铁铁轨超声波探伤的例

压电式传感器是一种利用压电效应工作的传感器。压电效应又有正压电效应和逆压电效应之分。正压电效应是指压电材料受力变形，在表面产生电荷；逆压电效应是指压电材料通电压后，压电材料发生变形。

天然的压电材料有石英；人工压电材料有压电陶瓷、压电高分子材料等。压电式传感器是一种典型的有源传感器，由于压电效应具有可逆性，所以压电式传感器也是一种典型的"双向传感器"。压电式传感器一般具有体积小、固有频率高的特点。

如图 6-1 所示为一压电材料的受压情况。设受压力 F 作用后，压电材料表面产生电荷 Q，则有

$$Q = d \cdot F \tag{6-1}$$

式中，d 为压电常数，单位为 pC/N 。

假设图 6-1 的受力方向为 z 方向，那么压电材料在 z 方向有压电效应。一般情况下，除了 z 方向的压电效应外，在 y、x 方向以及三个剪切方向也有可能产生压电效应，如图 6-2 所示。设在 x、y、z 三个方向产生的电荷分别为 q_1、q_2 和 q_3，其中，q_1 表示垂直于 x 方向的两个端面产生的电荷，q_2 表示垂直于 y 方向的两个端面产生的电荷，q_3 表示垂直于 z 方向的两个端面产生的电荷。微单元上的作用力分别是正应力 σ_1、σ_2、σ_3 和剪切力 τ_1、τ_2、τ_3，统一用应力 σ_j 表示，$\boldsymbol{\sigma} = \begin{bmatrix} \sigma_1 & \sigma_2 & \sigma_3 & \tau_1 & \tau_2 & \tau_3 \end{bmatrix}^T$，则微单元受力后产生的单位面积电荷可表示为

$$q_i = d_{ij}\sigma_j \tag{6-2}$$

其中：$i=1，2，3$ 表示压电晶体极化方向，指的是与产生电荷的平面垂直的方向；$j=1，2，3，4，5，6$ 分别表示 $x，y，z，\tau_1，\tau_2，\tau_3$ 受力方向；d_{ij} 表示在 j 方向受力，在 i 方向产生电

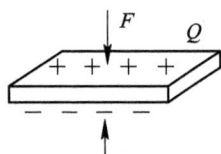

图 6-1 压电材料的受压情况

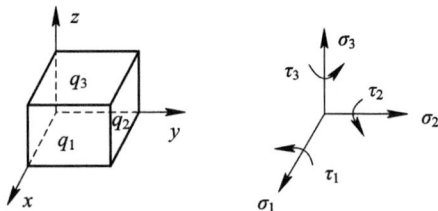

图 6-2 压电材料微单元及其受压分析

荷的压电系数，这里正应力和剪切力统一用 σ_j 表示。例如，q_1 表示法向矢量为 x 方向的两个面产生的电荷；d_{23} 表示 z 方向应力在 y 方向产生压电效应的压电系数；σ_4 表示 x 方向的剪切力 τ_1，等等。

将式(6-2)写成矩阵的形式，有

$$q=\begin{bmatrix}q_1\\q_2\\q_3\end{bmatrix}=\begin{bmatrix}d_{11}&d_{12}&d_{13}&d_{14}&d_{15}&d_{16}\\d_{21}&d_{22}&d_{23}&d_{24}&d_{25}&d_{26}\\d_{31}&d_{32}&d_{33}&d_{34}&d_{35}&d_{36}\end{bmatrix}\cdot\begin{bmatrix}\sigma_1\\\sigma_2\\\sigma_3\\\sigma_4\\\sigma_5\\\sigma_6\end{bmatrix}=D\cdot\sigma \quad (6-3)$$

式中，D 为压电系数矩阵；$\sigma_4=\tau_1$，$\sigma_5=\tau_2$，$\sigma_6=\tau_3$。

实际应用时，往往没有那么复杂，比如压电材料仅仅在 x 方向受到力的作用，压电材料的电荷输出面是 z 方向，则受 x 方向（拉、压）力作用后在 z 方向产生电荷为 $q_3=d_{31}\sigma_1$。又如，受 z 方向力作用后在 z 方向产生电荷为 $q_3=d_{33}\sigma_3$。

表征压电材料压电性能的参数还有如下几种形式：

（1）压电电压常数 g：

$$g=\frac{d}{\varepsilon}$$

式中，ε 为压电材料的介电常数。

（2）压电应变常数 h：

$$h=g\cdot E$$

式中，E 为压电材料的弹性模量。

（3）机电耦合系数 K：

$$K=\sqrt{h\cdot d}=d\cdot\sqrt{\frac{E}{\varepsilon}}$$

它表述了电能与应变能之比，反映了机电转换效率。

压电材料除压电常数外，还有其他几个比较重要的性能指标，如压电材料的机械性能、压电系数的温度和时间稳定性、绝缘阻抗等。温度稳定性指的是温度变化时压电常数的变化情况，一般情况下，对于某种压电材料，当温度超过某一值时，压电性能会急剧下降，这个温度点又称居里点，居里点越高越好。时间稳定性表示压电特性随时间的衰减情况，这种衰减越小越好，因为衰减将导致输出的不稳定，使传感器在某一精度范围内的标定时间缩短。

6.1.2 压电材料

1. 石英

石英的晶体结构为六方晶系，其晶体结构、切片、坐标定义如图 6-3 所示。其坐标定义具体如下：

（1）x 轴：两立向柱面内夹角等分线，垂直此轴压电效应最强，又称为电轴。

（2）y 轴：垂直于 x 轴和第三柱面，该轴方向在电场作用下变形最大，又称为机械轴。

(3) z 轴：无压电效应，又称为中心轴。

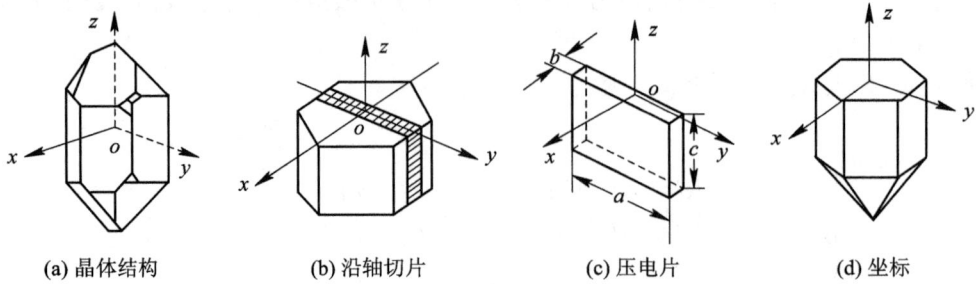

| (a) 晶体结构 | (b) 沿轴切片 | (c) 压电片 | (d) 坐标 |

图 6-3　石英的晶体结构及切片方向

由于压电材料可能在多个方向具有压电效应，因此，为便于这些方向压电效应的具体应用，往往对压电材料采取不同的切片方式。图 6-3(b) 是沿垂直 x 轴的 yoz 平面切片，切片下来的压电片如图 6-3(c) 所示。如果集电荷的电极镀膜在垂直 x 轴的两个端面上，受力为 x 方向，则该压电片对应的压电系数是 d_{11}。

下面分析石英晶体(SiO_2)的压电机理。由石英晶体的分子结构可知，3 个硅离子和 6 个成对的氧离子构成正六边形排列，如图 6-4 所示。

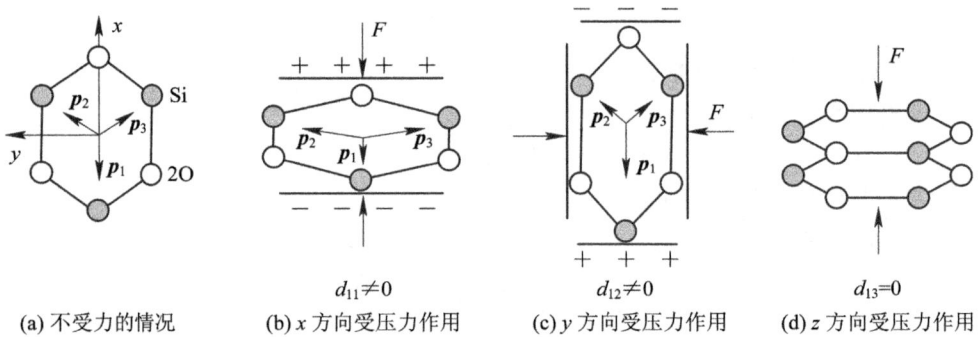

| (a) 不受力的情况 | (b) x 方向受压力作用 | (c) y 方向受压力作用 | (d) z 方向受压力作用 |

图 6-4　石英的压电机理分析

当石英晶体未受外力作用时，如图 6-4(a) 所示，一个正离子 Si^{4+} 和两个负离子 $2O^{2-}$ 正好相间分布在正六边形的顶角上，形成 3 个大小相等、互成 120° 夹角的电偶极矩 p_1、p_2、p_3。未受力时，$p_1 + p_2 + p_3 = 0$，这时，晶体表面不产生电荷。当 x 方向受压力作用时，如图 6-4(b) 所示，晶体沿 x 方向产生压缩变形，电偶极矩在 x 方向不平衡，在 x 的正方向出现正电荷，$d_{11} \neq 0$，其他两个方向不产生电荷。当 y 方向受压力作用时，如图 6-4(c) 所示，晶体沿 y 方向产生压缩变形，电偶极矩在 x 方向不平衡，在 x 的正方向出现负电荷，$d_{12} \neq 0$，其他两个方向不产生电荷。当 z 方向受压力作用时，如图 6-4(d) 所示，晶体沿 z 方向产生压缩变形，由晶体结构可知，电偶极矩仍保持平衡，任何方向都不产生电荷。

依次类推，可以得到石英在各个方向的压电系数，并写成矩阵形式如下：

$$d = \begin{bmatrix} d_{11} & -d_{11} & 0 & d_{14} & 0 & 0 \\ 0 & 0 & 0 & 0 & -d_{14} & -2d_{11} \\ 0 & 0 & 0 & 0 & 0 & 0 \end{bmatrix} \qquad (6-4)$$

2. 压电陶瓷

压电陶瓷是人工制造的多晶压电材料。常用的压电材料有钛酸钡（$BaTiO_3$）、锆钛酸铅（PZT）等。制作时，将粉末材料黏结成需要的形状，经高温烧结得到，其加工工艺类似于陶瓷。这样得到的材料还不具有压电效应，还需要在一定温度下经强直流电场（20 kV/cm～30 kV/cm）2～3 小时的极化，才具有较高的压电系数，其压电系数可达石英晶体的几十倍到几百倍。为了得到稳定的压电性能，极化后的压电材料一般需要一段时间的时效处理。

压电陶瓷的极化过程如图 6-5 所示。压电陶瓷由无数细微的电畴组成，极化前，这些电畴是自发极化的，方向呈任意排列，所以整体上并无压电效应。施加高压电场 E 后，各微单元电畴趋向一致，这种极化现象在电场去掉后被部分保留了下来。当压电陶瓷受外力作用时，电畴的界限发生移动，致使其呈现压电效应。

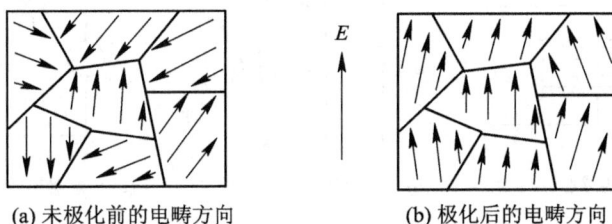

(a) 未极化前的电畴方向　　(b) 极化后的电畴方向

图 6-5　压电陶瓷的极化

与石英晶体相比，压电陶瓷具有压电常数大、制造工艺成熟、能方便地制成不同形状、成本低等特点，但居里点比石英晶体低，压电常数的稳定性也没有石英晶体好。石英晶体的突出优点是性能非常稳定，机械强度高，绝缘性能也相当好。但石英材料价格昂贵，因此一般仅用于标准仪器或要求较高的传感器中。

常用压电材料的压电常数及相关性能参数可查阅有关手册。

3. 新型压电材料

半导体的压电性能近几十年才被发现，如硫化锌（ZnS）、碲化镉（CdTe）和砷化镓（GaAs）等，这些材料的显著特点是既有压电性能又有半导体的特性。利用其压电特性可研制压电传感器，利用其半导体的特性又可制作电子器件，所以用这些材料可以研制压电传感转换电路和放大电路一体化的新型集成压电传感器。

4. 高分子压电材料

某些高分子聚合物，如聚氟乙烯（PVF）、聚偏氟乙烯（PVDF）、聚氯乙烯（PVC）等，经延展拉伸和电极化后具有压电和热释电性能，其电极化过程与压电陶瓷的电极化过程类似。同样，高分子压电材料也需要时效处理，其居里点比压电陶瓷还要低，通常在 100℃以下，这影响了高分子压电传感器的应用范围。但由于高分子压电材料具有质轻柔软、耐冲击、绝缘阻抗高（10^{12} Ω·m 以上）、声阻抗与水及其有机组织接近等优点，因此仍在许多场合得到了广泛的应用。这种高分子聚合物拉伸成薄膜，可以屈曲和大面积成型，所以可以制成形状复杂的传感器和大面积阵列传感器。如在机器人的传感器方面，用 PVDF 可以研制成人工皮肤，它不仅具有触觉感知功能，还具有热敏感能力。

用高分子压电材料 PVDF 还可以制成高性能、低成本的动态微压传感器。传感器采用压电薄膜作为换能材料，动态压力信号通过薄膜变成电荷量，再经传感器内部放大电路转换成电压输出。由于 PVDF 的厚度可以小到 $50~\mu\mathrm{m}$ 以下,再加上其优良的综合机械性能,因此将其与集成电路相结合,将得到灵敏度高、抗过载及冲击能力强、抗干扰性好、体积小、重量轻的集成化传感器,目前已应用于医疗、工业控制、交通、安全防卫等领域。典型应用有脉搏计数探测、触摸键盘、振动冲击和碰撞报警、管道压力波动测量等。

6.1.3 压电元件的等效电路模型

当压电式传感器的压电元件受力时,在压电元件的两侧端面分别产生正负电荷,因此,可以将压电式传感器等效为一个电荷源和传感器自身电容相并联的等效电路,根据电路转换原理,也可以等效为一个电压源和电容相串联的电路,如图 6-6 所示。其中 C_a 为传感器的等效电容,R_a 为传感器的绝缘电阻。

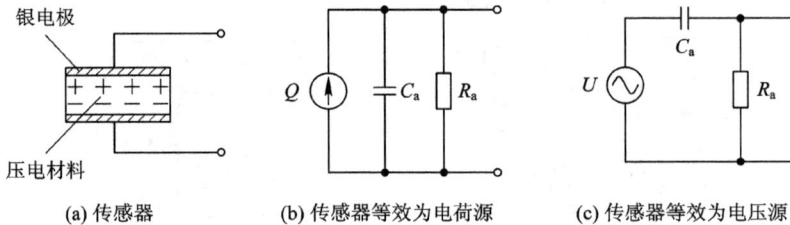

图 6-6　压电式传感器及等效电路

由图 6-6 可知,电压源的输出电压为

$$U = \frac{Q}{C_\mathrm{a}} \tag{6-5}$$

当传感器接入后续放大电路时,电路的输入部分还会受到两个因素的影响:一个是连接电缆,因为电缆有绝缘阻抗和电缆电容;另一个是输入放大器,因为放大器具有输入电阻和输入电容。

6.2　压点式传感器的测量电路

6.2.1 电压放大器测量电路

压电式传感器的电压放大电路如图 6-7 所示。图中,放大器的输入电阻为 R_i,输入电容为 C_i,传输电缆的电容为 C_c,忽略电缆的绝缘电阻对放大器的影响。

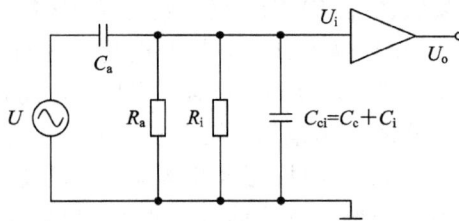

图 6-7　压电式传感器的电压放大电路

为简化起见,后续式中用"$/\!/$"表示并联。令

$$R = R_\mathrm{a}/\!/R_\mathrm{i} = \frac{R_\mathrm{a}\cdot R_\mathrm{i}}{R_\mathrm{a}+R_\mathrm{i}} \tag{6-6}$$

$$C_{ci}=C_c /\!/ C_i=C_c+C_i \tag{6-7}$$

设压电元件受频率为 ω 的交变力作用

$$F=F_m \sin\omega t \tag{6-8}$$

则有

$$U_m=\frac{d_{33}F_m}{C_a} \tag{6-9}$$

$$U=U_m\sin\omega t \tag{6-10}$$

$$U_i=U\cdot\frac{R/\!/\dfrac{1}{j\omega C_{ci}}}{R/\!/\dfrac{1}{j\omega C_{ci}}+\dfrac{1}{j\omega C_a}} \tag{6-11}$$

将式(6-11)化简，得到

$$U_i=d_{33}F\frac{j\omega R}{1+j\omega R(C_{ci}+C_a)} \tag{6-12}$$

令

$$C=C_a+C_c+C_i \tag{6-13}$$

求式(6-12)的幅值与相角，得到输入电压的幅频特性和相频特性如下：

$$\begin{cases}幅频：U_{im}(\omega)=\dfrac{d_{33}F_m\omega R}{\sqrt{1+\omega^2R^2C^2}}\\[3mm]相频：\varphi(\omega)=\dfrac{\pi}{2}-\arctan\omega RC\end{cases} \tag{6-14}$$

由式(6-14)知，当 $\omega\to\infty$ 时有

$$U_{im}(\infty)=\frac{d_{33}F_m}{C} \tag{6-15}$$

当 $\omega\to0$ 时(直流状态)，$U_{im}(0)=0$。

显然，电压放大器不能放大压电传感器静态受力时的输出信号，事实上，当传感器所受力的频率很低时，信号的衰减也非常严重。

令 $k_1(\omega)=\dfrac{U_{im}(\omega)}{U_{im}(\infty)}$ 为幅值响应比，则

$$k_1(\omega)=\frac{\omega RC}{\sqrt{1+\omega^2R^2C^2}} \tag{6-16}$$

幅值响应比随频率变化的曲线如图6-8所示。当 $k_1(\omega)=\dfrac{1}{\sqrt{2}}=0.707$ 时，对应压电传感器的截止频率 ω_L，即

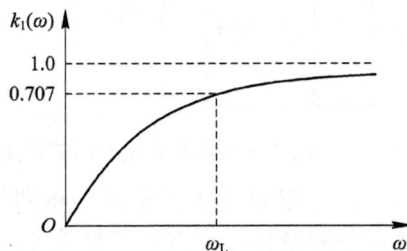

图6-8　电压放大电路的幅频响应

$$\frac{\omega_{\mathrm{L}}RC}{\sqrt{1+\omega_{\mathrm{L}}^2R^2C^2}}=\frac{1}{\sqrt{2}} \tag{6-17}$$

求解式(6-17),可得幅值衰减到 0.707 时的截止频率 ω_{L} 为

$$\omega_{\mathrm{L}}=\frac{1}{RC} \tag{6-18}$$

由此可见,任何低于截止频率的压电信号,当采用电压放大器为放大电路时,信号的衰减将非常明显。

6.2.2 电荷放大器测量电路

电荷放大器电路是压电式传感器更为常用的一种前置放大电路,它将高内阻的电荷源转化为低内阻的电压源,使输出电压正比于输入电荷。

电荷放大器电路由高输入阻抗的高增益运算放大器和反馈电容组成,其等效电路如图 6-9 所示。由于运算放大器的输入阻抗 R_i、传感器的绝缘电阻 R_a 都非常高,故可略去它们的影响,简化为图 6-10 所示电路,其中 C 的定义同式(6-13)。

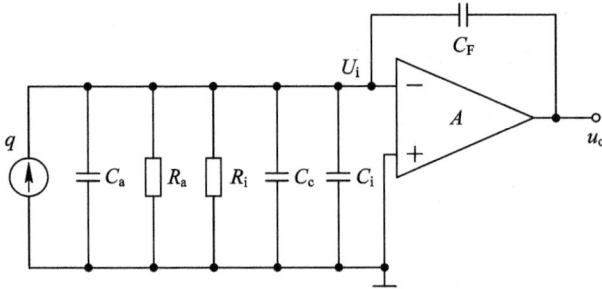

图 6-9 电荷放大器的等效电路   图 6-10 电荷放大器的简化电路

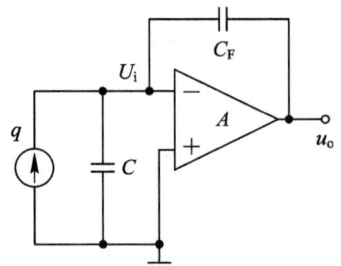

图 6-10 的反馈电容 C_F 可以折算为输入端电容 $(1+A)C_\mathrm{F}$,其等效关系不变,如图 6-11 所示。此时

$$U_{\mathrm{o}}=(-A)\cdot U_{\mathrm{i}}=(-A)\cdot\frac{q}{C+(1+A)C_{\mathrm{F}}} \tag{6-19}$$

通常,放大倍数 A 在 10^6 以上,因此,$C\ll(1+A)C_\mathrm{F}$,式(6-19)进一步可简化为

$$U_{\mathrm{o}}\doteq-\frac{q}{C_{\mathrm{F}}} \tag{6-20}$$

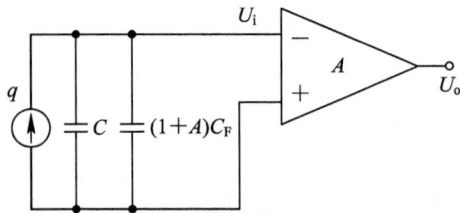

图 6-11 电荷放大器简化电路的等效图

从式(6-20)得知,输出电压 U_o 仅取决于压电式传感器产生的电荷和反馈电容的大小,与传输线的电缆电容 C_c 等影响测量精度的多种因素无关,且压电信号频率 ω 对输出电压 U_o 没有影响(由于作了简化假设,从表达式上看是无关的),所以,电荷放大器与电压放

大器相比，更适宜放大低频的压电信号。由于压电信号一般采用同轴低噪声电缆传输，因此如果采用电压放大器放大，其输出电压与电缆电容有关，所以当使用不同的电缆时，压电测试系统需要重新标定，而电荷放大器的输出与电缆电容无关，这为使用带来了很大的方便。在电荷放大器中，反馈电容 C_F 的精度和稳定性对测量精度有较大的影响，所以一般选择高精度的电容。根据不同量程的需要，范围一般为 100 pF～10^4 pF。

6.3　压电式传感器的应用

压电元件受力产生电荷后，需要由镀附在表面的电极完成输出。压电元件是一个电荷源，同时也是一个以压电材料为介质的电容。电荷只有在电容无泄漏的情况下才能保存，压电元件和后续放大器的输入阻抗尽管很高，但还是不能保证电荷的不泄漏，只是泄漏的速度有快有慢，因此压电式传感器不适宜做静态测量。压电式传感器一般用来检测交变的力信号，如机床切削力的动态测量和振动的测量（压电加速度传感器）。

单片压电元件产生的电荷很小，为了提高响应的灵敏度，在实际使用中常采用两片或多片同类压电元件叠放的结构。由于压电元件产生的电荷是有极性的，因此有串联、并联两种接法。如图 6-12 所示，图（a）是两片压电元件的负端接在一起，中间插入金属电极，成为压电传感器负端输出，外侧的两个正端短接形成压电传感器的正端输出，这种接法类似两个电容的并联，称为并联接法。图（b）是两片压电元件的不同极性的端面接在一起，另外两侧形成压电传感器的正、负端输出，这种接法类似两个电容的串联，称为串联接法。

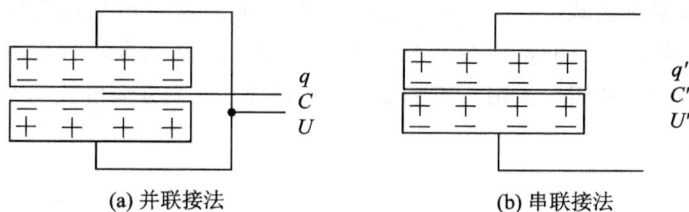

图 6-12　多片压电元件的组合接法

压电元件并联时的电容比单片压电元件增加一倍，串联时的电容比单片压电元件减小一半。如果两者都受同样压力的作用，并联时的电荷 q、电容 C、电压 U，串联时的电荷 q'、电容 C'、电压 U' 之间的相应关系为

$$q=2q' \tag{6-21}$$
$$C=4C' \tag{6-22}$$
$$U=\frac{1}{2}U' \tag{6-23}$$

由此可知，并联接法产生的电荷是串联接法产生电荷的 2 倍，并联接法的电容是串联接法电容的 4 倍，并联接法产生的输出电压是串联接法的二分之一。所以，实际制作传感器时，可以根据不同需要选择不同的接法。

6.3.1　压电式力传感器

由前面的分析得知，由于传感器本身的阻抗和后续放大器的输入阻抗都不可能为无穷大,因此压电式传感器产生的电荷会随时间的推移慢慢泄漏,如果用作静态力的测量,必须采取其他的信号处理办法,原则上压电式传感器不用于静态力的测量。

压电式力传感器有单向、双向、三向力传感器之分,这种力传感器常用作机床动态单向或多向切削力的测量。

如图6-13所示是单向压电式力传感器的结构图。压电片石英晶体采用沿 yoz 平面的切片,利用的压电系数是 d_{11},采用两片并联的接法,压电片的两外侧端面连接后接地,以增强压电式传感器的灵敏度和抗干扰能力。当传感器正面受力后,经传力盖传递至压电片,由电极输出电荷信号。

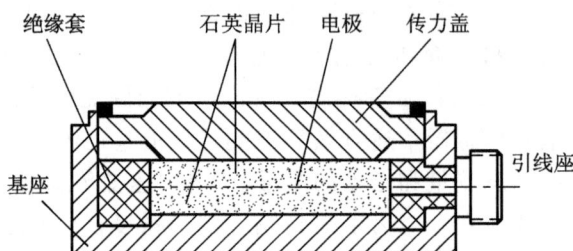

图6-13 单向压电式力传感器

图6-14(a)是压电式三向力传感器的结构示意图。压电片采用三组石英双晶片叠合并接的方式,可以测量作用在传感器上的任何一个或三个方向的力。三组石英晶片的输出极性相同,其中 x、y 方向测力的石英晶片组采用剪切压电效应的切型晶片,即剪切力 τ_3 在 y 方向产生的压电效应对应式(6-4)中的 $-2d_{11}=d_{26}$,而且这一剪切压电效应是 d_{11} 的两倍,x 方向和 y 方向石英晶片组的剪切压电效应相互垂直。z 方向的纵向压电式效应仍采用单向压电式力传感器的晶片组,利用石英的 d_{11} 压电系数。三个方向的受力分析与压电效应如图6-14(b)所示。

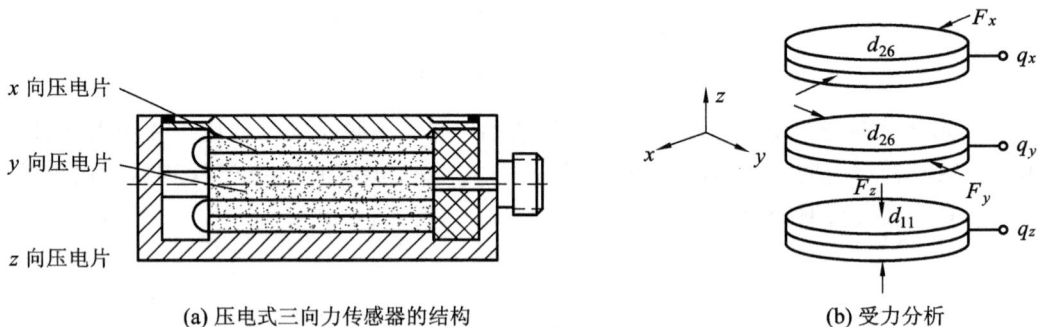

(a) 压电式三向力传感器的结构　　　　　　　(b) 受力分析

图6-14 压电式三向力传感器的结构及压电片的受力分析

6.3.2 压电式加速度传感器

压电式加速度传感器具有高频响应特性良好、结构简单、工作可靠等一系列优点,被广泛应用于振动冲击信号测量和故障诊断等场合。图6-15所示是压电式加速度传感器的结构示意图。传感器由预压弹簧、质量块、压电元件和基座等组成。质量块一般由质量大、物理性能稳定的金属材料制作,预压弹簧使质量块对压电元件产生预紧力,保证作用力变化时压电元件始终受压。压电式加速度传感器采用两片压电元件并接的方式，压电材料的切片与单向压电式力传感器一样。

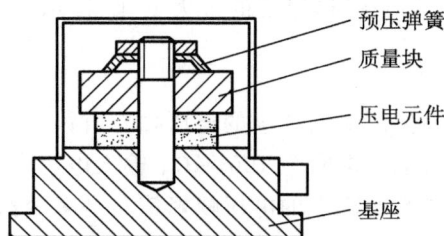

图 6-15　压电式加速度传感器的结构

当加速度传感器和被测物一起受到冲击振动时，压电元件受质量块惯性力的作用。惯性力是加速度的函数，即

$$F = ma \tag{6-24}$$

式中：F 为质量块产生的惯性力；m 为质量块的质量；a 为加速度。

此时惯性力 F 作用于压电元件上，因而产生电荷 q，当传感器选定后，m 为常数，则传感器输出电荷为

$$q = d_{11}F = d_{11}ma \tag{6-25}$$

从式(6-25)可知，q 与加速度 a 成正比。因此，测得加速度传感器输出的电荷便可知加速度的大小。

安防传感器中的玻璃破碎报警器，其实就是压电式加速度传感器的具体应用。它利用传感器检测玻璃破碎时的振动，达到报警的目的。

玻璃破碎报警器的电路原理框图如图 6-16 所示。使用时传感器用胶粘贴在玻璃上，为了提高报警器的灵敏度和抗干扰能力，首先应对玻璃的破碎振动进行必要的检测，以确定玻璃破碎时振动的频率范围。传感器的二次处理电路包括放大、带通滤波、比较电路和报警输出电路。其中带通滤波尤为重要，由于玻璃破碎产生的振动频率在音频和超声波的范围内，因此要求带通滤波器在破碎振动波长范围内的衰减小，而频带外的衰减要尽可能得大。当玻璃破碎发生时，比较电路输出报警信号，驱动报警装置工作。

图 6-16　压电式玻璃破碎报警器电路原理图

习　题　6

1. 什么是正压电效应和逆压电效应？简述压电陶瓷的压电原理。

2. 压电式传感器的结构和应用特点各是什么？能否用压电式传感器测量静态压力？

3. 两端面镀成金属电极的石英晶体构成压电式传感器用于测量交变力，已知传感器的端面面积 $A = 1 \ cm^2$，厚度 $d = 1 \ mm$，石英晶体弹性模量 $E = 9 \times 10^{10} \ Pa$，压电常数 $d_{33} =$

2 pC/N，介电常数 $\varepsilon = 4.5135 \times 10^{-11}$ F/m，端面间电阻为 10^{14} Ω。当作用在传感器上的力为 $F = 0.01\sin(10^3 t)$ N 时，试求：

(1) 在作用力的作用下，石英晶体厚度的最大变化(提示：应力＝应变×弹性模量，其中应力 $\sigma = \dfrac{F}{A}$)；

(2) 无泄漏情况下石英晶体两端面产生的电压峰峰值；

(3) 如果将该传感器接入输入电阻为 100 MΩ、输入电容为 20 pF 的放大电路中，在考虑衰减的情况下，石英晶体两端面产生的电压峰峰值又是多少？

4. 用石英晶体加速度计及电荷放大器测量机器的振动，已知加速度计的灵敏度为 5 pC/g，电荷放大器的灵敏度为 50 mV/pC，当机器达到最大加速度时的相应输出电压为 2 V，试求机器的振动加速度(用重力加速度的相对值表示)。

5. 一压电式力传感器，将它与一只灵敏度 S_v 可调的电荷放大器连接，然后接到灵敏度为 $S_x = 20$ mm/V 的光线示波器上记录，现知压电式压力传感器的灵敏度为 $S_p = 5$ pC/Pa，该测试系统的总灵敏度为 $S = 0.5$ mm/Pa，试问：

(1) 电荷放大器的灵敏度 S_v 应调为何值(V/pC)？

(2) 用该测试系统测 40 Pa 的压力变化时，光线示波器上光点的移动距离是多少？

第7章　磁电式传感器

磁电式传感器知识点

7.1　霍尔传感器

7.1.1　霍尔效应

霍尔传感器是利用霍尔效应实现磁电转换的一种传感器。如图 7-1 所示的导电板，其长度为 l，宽度为 b，厚度为 d，当它被置于磁感应强度为 B 的磁场中（z 方向）时，如果在它相对的两边通以控制电流 I（y 方向），磁场方向与电流方向正交，则在导电板的另外两边（x 方向）将产生一个电势 U_H，这一现象称为霍尔效应，该电势称为霍尔电势。

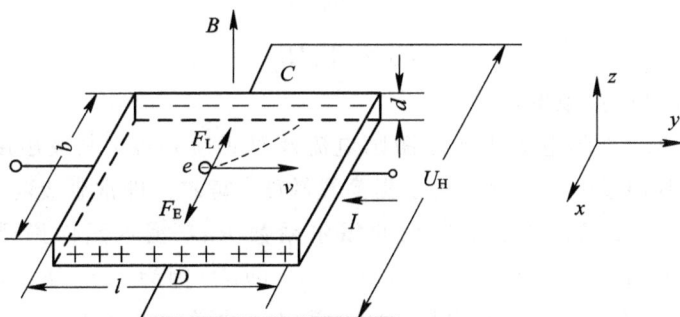

图 7-1　霍尔效应原理图

霍尔效应是导电板中的电子受磁场洛伦兹力作用而产生的。当导电板通以电流 I 时，导电板中的电子受到磁场中洛伦兹力的作用，其方向如图 7-1 所示，大小为

$$F_L = qvB = -evB \tag{7-1}$$

式中：q 为电子的电荷量，$q = -e$；v 为电子运动速度。

电子在洛伦兹力 F_L 作用下向 C 面积聚。这样，在 C 面产生负电荷积累，而在 D 面产生正电荷积累，CD 间形成静电场 E_H，该电场将阻止电荷继续积累，当电场力与洛伦兹力相等时，达到动态平衡，即

$$F_E = F_L \tag{7-2}$$

则

$$-eE_H = -evB \tag{7-3}$$

而

$$E_H = \frac{U_H}{b} \tag{7-4}$$

所以

$$U_H = bvB \qquad (7-5)$$

流过霍尔元件的电流 I 可表示为

$$I = -enbdv \qquad (7-6)$$

式中：bd 为与电流方向垂直的截面积；n 为单位体积内的电子数(载流子浓度)。

由式(7-5)和式(7-6)得

$$U_H = -\frac{IB}{ned} \qquad (7-7)$$

令

$$R_H = -\frac{1}{ne}$$

则

$$U_H = R_H \cdot \frac{IB}{d} \qquad (7-8)$$

式中，R_H 为霍尔传感器的霍尔系数，它由霍尔元件的材料性质决定。设

$$K_H = \frac{R_H}{d} \qquad (7-9)$$

则

$$U_H = K_H IB \qquad (7-10)$$

式中，K_H 为霍尔元件的灵敏度。

由以上分析可见，霍尔电势正比于激励电流及磁感应强度，其灵敏度与霍尔系数 R_H 成正比，而与霍尔片厚度 d 成反比。为了提高灵敏度，霍尔元件常制成薄片形状。

对霍尔片材料的要求，希望有较大的霍尔系数 R_H，霍尔元件激励极间电阻 $R = \rho l/(bd)$，同时 $R = U/I = El/I = vl/(\mu evbd) = l/(\mu nebd)$（因为 $\mu = v/E$，μ 为电子迁移率），其中 U 为加在霍尔元件两端的激励电压，E 为霍尔元件激励极间内电场，v 为电子移动的平均速度，则

$$\frac{\rho l}{bd} = \frac{l}{\mu nebd} \qquad (7-11)$$

解得

$$R_H = \frac{1}{ne} = \mu\rho \qquad (7-12)$$

从式(7-12)可知，霍尔系数等于霍尔片材料的电阻率 ρ 与电子迁移率 μ 的乘积。若要霍尔效应强，就要增大 R_H 值，即要求霍尔片材料有较大的电阻率和载流子迁移率。一般金属材料的载流子迁移率很高，但电阻率很低；而绝缘材料的电阻率极高，但载流子迁移率极低。故只有半导体材料适于制造霍尔片。目前常用的霍尔元件材料有锗、硅、砷化铟、锑化铟等半导体材料。其中 N 型锗容易加工制造，其霍尔系数、温度性能和线性度都较好。N 型硅的线性度最好，其霍尔系数、温度性能同 N 型锗相近。锑化铟对温度最敏感，尤其在低温范围内温度系数大，但在室温时其霍尔系数较大。砷化铟的霍尔系数较小，温度系数也较小，输出特性线性度好。

7.1.2 霍尔元件基本结构和等效电路模型

霍尔元件由霍尔片、引线和壳体组成，如图 7-2(a)所示。霍尔片是一块矩形半导体单晶薄片，引出四根引线。1、1′两根引线加激励电压或电流，称为激励电极；2、2′引线为霍尔输出引线，称为霍尔电极。霍尔元件壳体由非导磁金属、陶瓷或环氧树脂封装而成。在电路中霍尔元件可用两种符号表示，如图 7-2(b)所示。

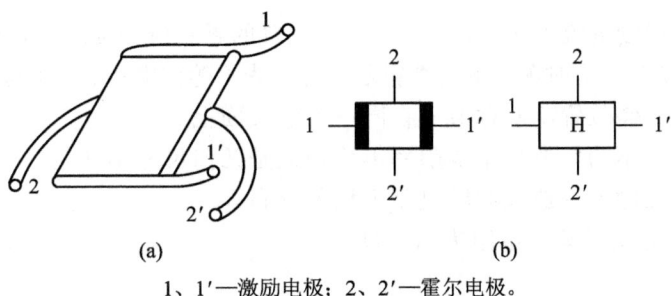

1、1′—激励电极；2、2′—霍尔电极。

图 7-2 霍尔元件

霍尔元件激励电极间的电阻值称为输入电阻。霍尔电极的输出电势对外电路来说相当于一个电压源，其电源内阻即为输出电阻，等效电路模型如图 7-3 所示。图中，R_i 为输入电阻，R_o 为输出电阻，I 为激励电流，U_H 为霍尔电势。

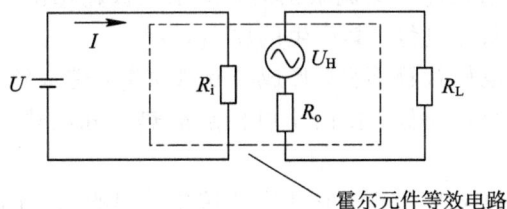

图 7-3 霍尔元件的等效电路模型

例 7-1 已知霍尔元件的灵敏度系数 $K_H=30$ V/(A·T)，输入电阻 $R_i=2000$ Ω，输出电阻 $R_o=3000$ Ω，采用恒压源供电，恒压源电压为 5 V，不考虑恒压源的输出电阻，将霍尔元件置于 $B=0.4$ T 的磁场中，如输出接负载电阻 $R_L=27\,000$ Ω，求负载上的电压。

解：霍尔元件的等效电路如图 7-3 所示，则流经霍尔元件的电流为

$$I=\frac{U}{R_i}=\frac{5\ \text{V}}{2000\ \Omega}=2.5\ \text{mA}$$

霍尔电势为

$$U_H=K_H IB=30\ \text{V/(A·T)}\times2.5\ \text{mA}\times0.4\ \text{T}=30\ \text{mV}$$

负载电阻上的电压为

$$U_L=U_H\cdot\frac{R_L}{R_L+R_o}=30\ \text{mV}\cdot\frac{27\,000\ \Omega}{27\,000\ \Omega+3000\ \Omega}=27\ \text{mV}$$

7.1.3 特性参数

1. 额定激励电流和最大允许激励电流

当霍尔元件自身温升 10℃时所流过的激励电流称为额定激励电流，元件允许最大温升

所对应的激励电流称为最大允许激励电流。因霍尔电势随激励电流的增加而线性增加，所以，使用中希望选用尽可能大的激励电流，因而需要知道元件的最大允许激励电流。改善霍尔元件的散热条件，可以使激励电流增加。

2. 输入电阻和输出电阻

输入电阻和输出电阻值是在磁感应强度为零且环境温度在 20℃±5℃时确定的。

3. 不等位电势和不等位电阻

当霍尔元件的激励电流为 I 时，若元件所处位置的磁感应强度为零，则它的霍尔电势应该为零，但实际不为零。这时测得的空载霍尔电势称为不等位电势。产生这一现象的原因有：

(1) 霍尔电极安装位置不对称或不在同一等电位面上。

(2) 半导体材料不均匀造成了电阻率不均匀或是几何尺寸不均匀。

(3) 激励电极接触不良造成激励电流不均匀分布等。

不等位电势也可用不等位电阻表示，即

$$r_0 = \frac{U_0}{I} \tag{7-13}$$

式中：U_0 为不等位电势；r_0 为不等位电阻；I 为激励电流。

由式(7-13)可以看出，不等位电势就是激励电流流经不等位电阻 r_0 时所产生的电压。

4. 寄生直流电势

当外加磁场为零、霍尔元件用交流激励时，霍尔电极输出除了交流不等位电势外，还有一直流电势，称为寄生直流电势。其产生的原因有：

(1) 激励电极与霍尔电极接触不良，形成非欧姆接触，造成整流效果。

(2) 两个霍尔电极大小不对称，使两个电极点的热容和散热状态不同，从而形成极向温差电势。

寄生直流电势一般在 1 mV 以下，它是影响霍尔片温漂的原因之一。

5. 霍尔电势温度系数

在一定磁感应强度和激励电流下，温度每变化 1℃时，霍尔电势变化的百分率称为霍尔电势温度系数。它同时也是霍尔系数的温度系数。

7.1.4 测量电路

霍尔元件的基本测量电路如图 7-4 所示。控制电流 I 由电压源 E 供给，R 是调节电阻，用以根据要求改变 I 的大小，霍尔电势输出的负载电阻 R_L 可以是放大器的输入电阻或表头内阻等。所施加的外电场 B 一般与霍尔元件的平面垂直。控制电流也可以是交流电。由于建立霍尔效应所需的时间短，因此控制电流的频率可高达 10^9 Hz 以上。

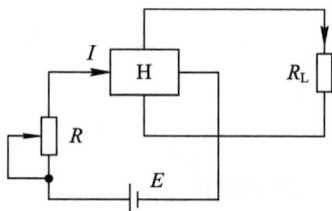

图 7-4 霍尔元件的基本测量电路

7.1.5　误差及补偿

1. 霍尔元件不等位电势补偿

不等位电势与霍尔电势具有相同的数量级，有时甚至超过霍尔电势，而实用中要消除不等位电势是极其困难的，因而必须采用补偿的方法。由于不等位电势与不等位电阻是一致的，因此可以采用分析电阻的方法来找到不等位电势的补偿方法。如图 7-5 所示，其中 A、B 为激励电极，C、D 为霍尔电极，电极分布电阻分别用 R_1、R_2、R_3、R_4 表示。理想情况下，$R_1 = R_2 = R_3 = R_4$，即可使零位电势为零（或零位电阻为零）。实际上，由于不等位电阻的存在，这四个电阻值并不相等，可将其视为电桥的四个桥臂，则电桥不平衡。为使其达到平衡，可在阻值较大的桥臂上并联电阻（如图 7-5(a)所示），或在两个桥臂上同时并联电阻（如图 7-5(b)所示）。

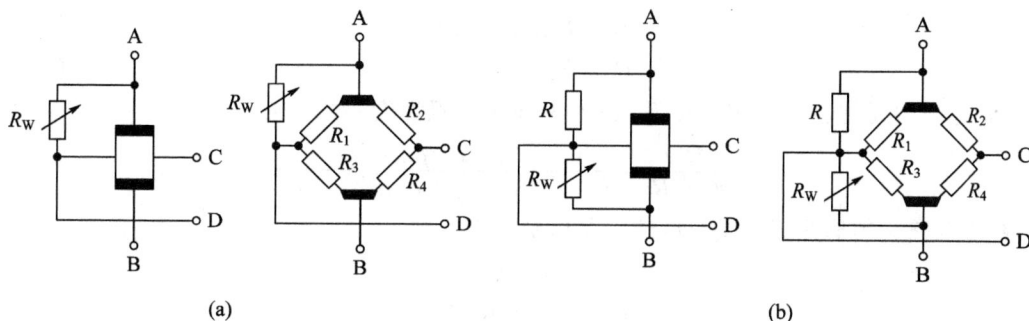

图 7-5　不等位电势补偿电路

2. 霍尔元件温度补偿

霍尔元件是采用半导体材料制成的，因此它的许多参数都具有较大的温度系数。当温度变化时，霍尔元件的载流子浓度、迁移率、电阻率及霍尔系数都将发生变化，从而使霍尔元件产生温度误差。

为了减小霍尔元件的温度误差，除选用温度系数小的元件或采用恒温措施外，由 $U_H = K_H I B$ 可看出，采用恒流源供电是个有效措施，可以使霍尔电势稳定。但也只能减小由于输入电阻随温度变化而引起的激励电流 I 的变化所带来的影响。

霍尔元件的灵敏度系数 K_H 也是温度的函数，它随温度变化，从而引起霍尔电势的变化。霍尔元件的灵敏度系数与温度的关系可写成

$$K_H = K_{H0}(1 + \alpha \Delta T) \tag{7-14}$$

式中：K_{H0} 为温度 T_0 时的 K_H 值；$\Delta T = T - T_0$ 为温度的变化量；α 为霍尔灵敏度温度系数。

大多数霍尔灵敏度的温度系数 α 是正值，它们的灵敏度系数 K_H 随温度的升高而增加。如果在 K_H 增加的同时让激励电流 I 相应地减小，并能保持 $K_H I$ 乘积不变，也就抵消了灵敏度系数 K_H 增加带来的影响。图 7-6 就是按此思路设计的一个既简单又有较好补偿效果的电路。电路中用一个分流电阻 R_p 与霍尔元件的激励电极相并联。当霍尔元件的输入电阻因温度升高而增加时，旁路分流电阻 R_p 自动地加强分流，减少了霍尔元件的激励电流 I，从而达到补偿的目的。

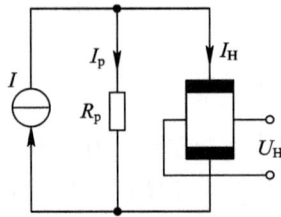

图 7-6　恒流温度补偿电路

在图 7-6 所示的温度补偿电路中，设初始温度为 T_0，霍尔元件的输入电阻为 R_{i0}，灵敏度系数为 K_{H0}，分流电阻为 R_{p0}，根据分流概念得

$$I_{H0}=\frac{R_{p0}I}{R_{i0}+R_{p0}}\qquad(7-15)$$

当温度升至 T 时，电路中各参数变为

$$R_i=R_{i0}[1+\delta\Delta T]\qquad(7-16)$$

$$R_p=R_{p0}[1+\beta\Delta T]\qquad(7-17)$$

式中：δ 为霍尔元件输入电阻温度系数；β 为分流电阻温度系数。则

$$I_H=\frac{R_pI}{R_i+R_p}=\frac{R_{p0}[1+\beta\Delta T]I}{R_{i0}[1+\delta\Delta T]+R_{p0}[1+\beta\Delta T]}\qquad(7-18)$$

补偿电路必须满足温升前、后的霍尔电势不变，即

$$U_{H0}=U_H$$

$$K_{H0}I_{H0}B=K_HI_HB\qquad(7-19)$$

则

$$K_{H0}I_{H0}=K_HI_H\qquad(7-20)$$

将式(7-14)、式(7-15)、式(7-18)代入式(7-20)，经整理并略去 $\alpha\beta(\Delta T)^2$ 高次项后得

$$R_{p0}=\frac{\delta-\beta-\alpha}{\alpha}\cdot R_{i0}\qquad(7-21)$$

当霍尔元件选定后，它的输入电阻 R_{i0} 和温度系数 δ 及霍尔灵敏度温度系数 α 是确定值。由式(7-21)即可计算出分流电阻 R_{p0} 及所需的温度系数 β 值。为了满足 R_{p0} 及 β 两个条件，分流电阻可取温度系数不同的两种电阻进行串、并联组合，这样虽然麻烦但效果较好。

7.1.6　霍尔传感器的应用

1. 霍尔式位移传感器

霍尔式位移传感器的结构如图 7-7(a)所示，在极性相反、磁场强度相同的两个磁钢的气隙间放置一个霍尔元件，当控制电流 I 恒定不变时，霍尔电势 U_H 与外磁感应强度成正比。若磁场在一定范围内沿 x 方向的变化梯度 $\mathrm{d}B/\mathrm{d}x$ 为一常数，如图 7-7(b)所示，则当霍尔元件沿 x 方向移动时，霍尔电势变化为

$$\frac{\mathrm{d}U_H}{\mathrm{d}x}=R_H\cdot\frac{I}{d}\cdot\frac{\mathrm{d}B}{\mathrm{d}x}=K\qquad(7-22)$$

由式(7-22)知，霍尔电势与位移量呈线性关系，且磁场梯度越大，灵敏度越高；磁场梯度越均匀，输出线性度越好。当 $x=0$ 时，元件置于磁场中心位置，$U_H=0$。输出极性反

映了元件的位移方向，这种位移传感器可测量 1 mm～2 mm 的微小位移。

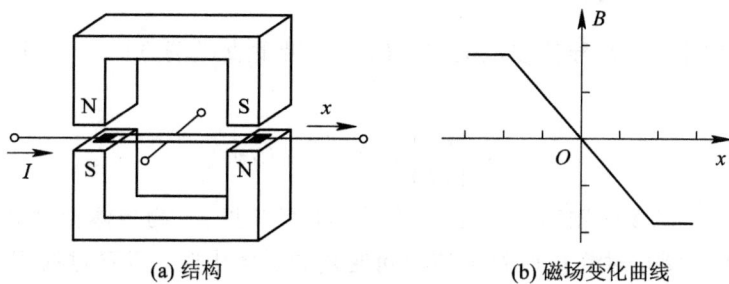

(a) 结构   (b) 磁场变化曲线

图 7-7 霍尔式位移传感器的结构及磁场变化曲线

2. 霍尔式转速传感器

图 7-8 所示为几种不同结构的霍尔式转速传感器。磁性转盘的输入轴与被测转轴相连，当被测转轴转动时，磁性转盘随之转动，固定在磁性转盘附近的霍尔传感器便可在每一个小磁铁通过时产生一个相应的脉冲，检测出单位时间的脉冲数，便可计算出被测转速。磁性转盘上小磁铁数目的多少决定了传感器测量转速的分辨率。

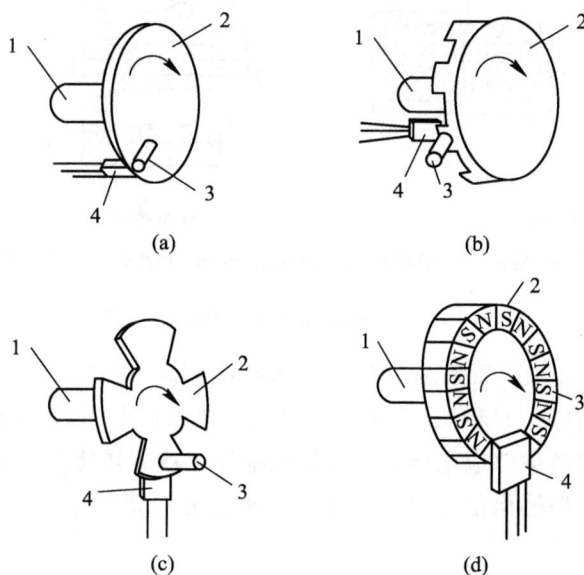

(a)   (b)

(c)   (d)

1—输入轴；2—转盘；3—小磁铁；4—霍尔传感器。

图 7-8 几种霍尔式转速传感器的结构

7.2 磁电感应式传感器

磁电感应式传感器是利用电磁感应定律将被测量转换成感应电势输出的一种传感器。这种传感器不需要辅助电源，所以是一种有源传感器，也称作磁电式传感器或电动式传感器。

7.2.1　磁电感应式传感器的工作原理

根据电磁感应定律，当导体在稳恒均匀磁场中沿垂直磁场方向运动时，导体内产生的感应电势为

$$e=\left|\frac{\mathrm{d}\phi}{\mathrm{d}t}\right|=Bl\frac{\mathrm{d}x}{\mathrm{d}t}=Blv \qquad (7-23)$$

式中：B 为稳恒均匀磁场的磁感应强度；l 为导体有效长度；v 为导体相对磁场的运动速度。

当一个 W 匝线圈相对静止地处于随时间变化的磁场中时，设穿过线圈的磁通为 ϕ，则线圈内的感应电势 e 与磁通变化率 $\mathrm{d}\phi/\mathrm{d}t$ 有如下关系：

$$e=-W\frac{\mathrm{d}\phi}{\mathrm{d}t} \qquad (7-24)$$

根据以上原理，人们设计出两种磁电式传感器：变磁通式磁电传感器和恒磁通式磁电传感器。变磁通式磁电传感器又称为磁阻式磁电传感器，用来测量旋转物体的角速度，图7-9所示是变磁通式磁电传感器的结构图。

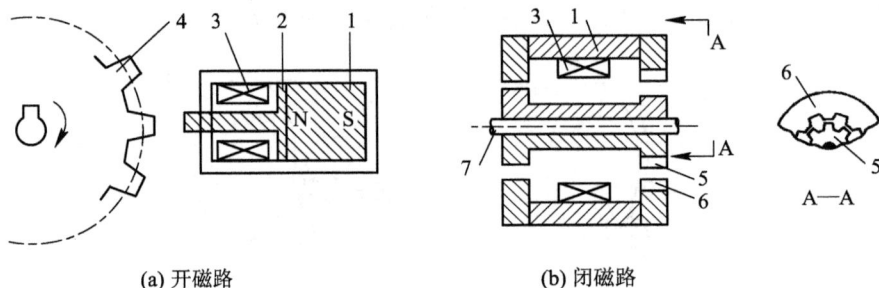

(a) 开磁路　　　　　　(b) 闭磁路

1—永久磁铁；2—软磁铁；3—感应线圈；4—铁齿轮；5—内齿轮；6—外齿轮；7—转轴。

图7-9　变磁通式磁电传感器结构图

图7-9(a)所示为开磁路变磁通式磁电传感器，线圈、磁铁静止不动，测量齿轮安装在被测旋转体上，随被测体一起转动。每转动一个齿，齿的凹凸引起磁路磁阻变化一次，磁通也就变化一次，线圈中产生感应电势，其变化频率等于被测转速与测量齿轮上齿数的乘积。这种传感器结构简单，但输出信号较小，且因高速轴上加装齿轮较危险而不宜测量高转速的旋转体。

图7-9(b)所示为闭磁路变磁通式传感器，它由装在转轴上的内齿轮和外齿轮、永久磁铁和感应线圈组成，内外齿轮齿数相同。当转轴连接到被测转轴上时，外齿轮不动，内齿轮随被测轴的转动而转动，内、外齿轮的相对转动使气隙磁阻产生周期性变化，从而引起磁路中磁通的变化，使线圈内产生周期性变化的感应电势。显然，感应电势的频率与被测转速成正比。

图7-10所示为恒磁通式磁电传感器典型结构图。它由永久磁铁、线圈、弹簧、金属骨架等组成。

由于磁路系统中产生恒定的直流磁场，磁路中的工作气隙固定不变，因而气隙中的磁通也是恒定不变的。恒磁通式磁电传感器可分为动圈式和动铁式两种，前者的运动部件是

线圈(如图 7 - 10(a)所示),后者的运动部件是磁铁(如图 7 - 10(b)所示)。动圈式和动铁式的工作原理是完全相同的。当壳体随被测振动体一起振动时,由于弹簧较软,壳体质量相对较大,因此当振动频率足够高(远大于传感器固有频率)时,振动能量几乎全被弹簧吸收,永久磁铁与线圈之间的相对运动速度接近于振动体振动速度,磁铁与线圈的相对运动切割磁力线,从而产生的感应电势为

$$e = -B_0 l W v \tag{7-25}$$

式中:B_0 为工作气隙磁感应强度;l 为每匝线圈平均长度;W 为线圈在工作气隙磁场中的匝数;v 为相对运动速度。

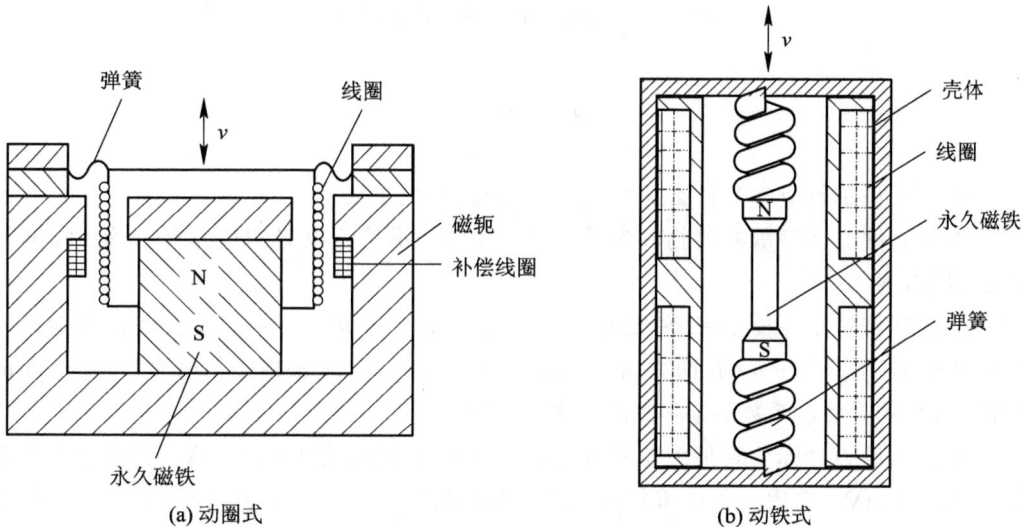

图 7 - 10   恒磁通式磁电传感器结构图

由上述原理可知,磁电感应式传感器只适用于动态测量,可直接测量振动物体的速度或旋转体的角速度。磁电感应式传感器直接输出感应电势,能输出较大的信号,所以对转换电路要求不高,一般交流放大器就能满足要求。若要获取被测位移或加速度的值,则需要结合使用积分或微分电路。

7.2.2   磁电感应式传感器的应用

下面以磁电式振动速度传感器为例,介绍磁电感应式传感器的应用。图 7 - 11 所示是磁电式振动速度传感器的结构示意图。永久磁铁 3 通过铝架 4 和圆筒形导磁材料制成的壳体 7 固定在一起,形成磁路系统,壳体还起屏蔽作用。磁路中有两个环形气隙,右气隙中放有工作线圈 6,左气隙中放有用铜或铝制成的圆环形阻尼器 2,它们与心轴 5 连在一起组成质量块,用圆形弹簧片 1 和 8 支承在壳体上,壳体与被测体固连在一起。

当被测体振动时,壳体将与其一起振动,质量块将产生惯性力,而弹簧片又非常柔软,因此当被测频率 $\omega \gg \omega_0$ 时,线圈在磁路系统中相对永久磁铁运动,它以振动体的振动速度切割磁力线而产生感应电势,通过引线 9 接到测量电路中。同时阻尼器 2 的运动产生电涡流,形成阻尼力,起衰减固有频率 ω_0 和扩展频率范围的作用。

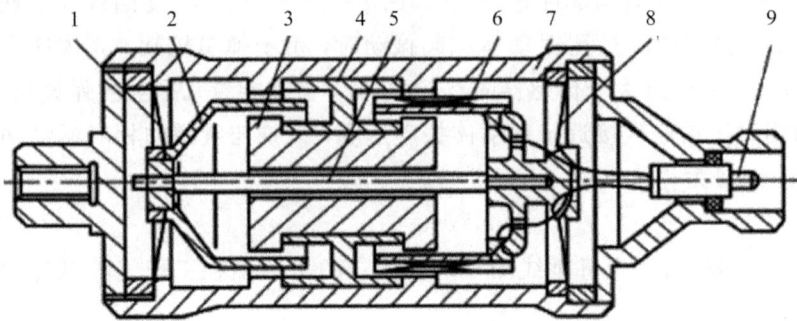

1、8—圆形弹簧片;
2—圆环形阻尼器;
3—永久磁铁;
4—铝架;
5—心轴;
6—工作线圈;
7—壳体;
9—引线。

图 7-11　磁电式振动速度传感器结构

习　题　7

1. 什么是霍尔效应？为什么霍尔元件都做成薄片？

2. 霍尔元件能够测量哪些物理参数？霍尔元件的不等位电势的概念是什么？温度补偿的方法有哪几种？

3. 已知某霍尔元件长 $L=100$ mm，宽 $b=3.5$ mm，厚 $d=1$ mm。沿长度 L 方向通以电流 $I=1.0$ mA，在垂直于 $b \times L$ 两方向上加均匀磁场 $B=0.3$ T，输出霍尔电势 $U_H=6.55$ mV。求该霍尔元件的灵敏度系数 K_H 和载流子浓度 n 是多少？

4. 某霍尔压力计弹簧管最大位移为 ± 1.5 mm，控制电流 $I=10$ mA，要求变送器输出电动势为 ± 20 mV，选用 HZ-3 霍尔片，其灵敏度系数 $K_H=1.2$ mV/(mA·T)。求所要求的线性磁场梯度至少应多大？

5. 设计一个采用霍尔传感器的液位控制系统，画出原理图并说明工作原理。

第8章　热电式传感器

热电式传感器知识点

热电式传感器是指将温度和与温度有关的参数的变化转换为电量变化的元件或装置。热电式传感器有许多种类，本章主要介绍热电偶和热电阻及其应用。

8.1　热　电　偶

热电偶的基本工作原理是热电效应，即将温度变化转换为热电势变化。热电偶传感器结构简单，测温范围宽，热惯性小，准确度高，应用广泛。

国产大飞机发动机温度检测的例子

8.1.1　热 电 效 应

如图 8-1 所示，以两种不同性质的导体或半导体材料 A、B 串接成一个闭合回路，如果两导体或半导体的接合点处的温度不同，即 $T \neq T_0$，则在两导体或半导体间产生热电势，也称热电动势，常用 $E_{AB}(T, T_0)$ 表示。同时在回路中有一定大小的电流，这种现象称为热电效应。

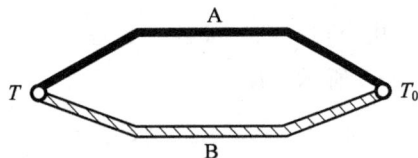

图 8-1　热电偶结构示意图

热电效应涉及以下几个相关概念。

（1）热电极：闭合回路中的导体或半导体 A、B。

（2）热电偶：闭合回路中的导体或半导体 A、B 的组合。

（3）工作端：两个结点中温度高的一端。

（4）参比端：两个结点中温度低的一端。

（5）热电势：两导体或半导体的接触电势和单一导体或半导体的温差电势之和。

尽管半导体热电偶具有更高的热电效应和抗氧化性能，但制备工艺难度大、成本高。本书以金属导体热电偶为例。

1. 接触电势

产生接触电势的主要原因是：不同材料具有不同的自由电子密度；两种不同材料的导体接触时，接触面会发生电子扩散。

当扩散达到动态平衡时，在接触区形成一个稳定的电位，称为接触电势，表示为

$$e_{AB}(T) = \frac{kT}{e} \ln \frac{N_A}{N_B} \tag{8-1}$$

其中：k 为玻尔兹曼常数，$k = 1.38 \times 10^{-23}$ J/K；T 为结点所处温度；e 为电子电荷，$e = 1.6 \times 10^{-19}$ C；N_A、N_B 为导体 A、B 的电子浓度。

若 $N_A > N_B$，则 $e_{AB}(T) > 0$，反之亦然。因此电子浓度高的材料电位也高。

2. 温差电势

产生温差电势的主要原因是：导体中自由电子在高温端具有较大的动能；电子从高温端向低温端扩散，因而高温端带正电，低温端带负电，形成静电场，并阻碍电子扩散。

当扩散达到动态平衡时，两端产生一个相应的电位差，称为温差电势，表示为

$$e_A(T, T_0) = \int_{T_0}^{T} \sigma_A dT \tag{8-2}$$

式中：σ_A 为汤姆逊系数，表示单一导体两端单位温度差为 1℃时所产生的温差电势，与材料性质和两端温度有关。

若 $T > T_0$，则 $e_A(T, T_0) > 0$，反之亦然。

3. 接触电势和温差电势的性质

$$e_{AB}(T) = -e_{BA}(T) \tag{8-3}$$

$$e_{AB}(T) + e_{BC}(T) = e_{AC}(T) \tag{8-4}$$

$$e_A(T, T_0) = -e_A(T_0, T) \tag{8-5}$$

4. 回路总电势

用小写 e 表示接触或温差电势，用大写 E 表示回路总电势，且 $T > T_0$，$N_A > N_B$，则如图 8-2 所示，有

$$E_{AB}(T, T_0) = e_{AB}(T) + e_B(T, T_0) + e_{BA}(T_0) + e_A(T_0, T)$$

$$= e_{AB}(T) + e_B(T, T_0) - e_{AB}(T_0) - e_A(T, T_0)$$

$$= \frac{kT}{e} \ln \frac{N_{AT}}{N_{BT}} - \frac{kT_0}{e} \ln \frac{N_{AT_0}}{N_{BT_0}} + \int_{T_0}^{T} (\sigma_B - \sigma_A) dT \tag{8-6}$$

式中：σ_A、σ_B 为导体 A、B 的汤姆逊系数；N_{AT}、N_{AT_0} 为导体 A 在结点温度为 T、T_0时的电子密度；N_{BT}、N_{BT_0} 为导体 B 在结点温度为 T、T_0时的电子密度。

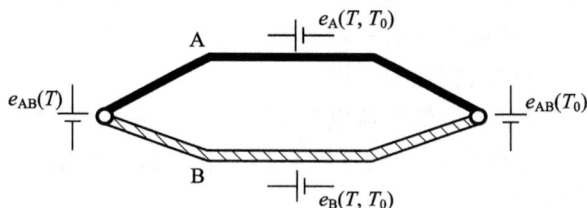

图 8-2　回路总电势示意图

讨论：

(1) 当热电偶材料相同时，有 $N_A = N_B$，$\sigma_A = \sigma_B$。由式(8-1)得 $e_{AB}(T) = e_{AB}(T_0) = 0$，又由式(8-2)得 $e_A(T, T_0) = e_B(T, T_0)$，所以由式(8-6)得 $E_{AB}(T, T_0) = 0$。

(2) 当两个结点所处的温度相同时，有 $T = T_0$，由式(8-2)得 $e_A(T, T_0) = e_B(T, T_0) = 0$，而由式(8-1)得 $e_{AB}(T) = e_{AB}(T_0)$，所以由式(8-6)得 $E_{AB}(T, T_0) = 0$。

因此形成热电势的两个必要条件是：两种导体的材料不同；结点所处的温度不同。

（3）金属导体内温差电势极小，可忽略，回路中接触电势起决定作用，式（8-6）可改为

$$E_{AB}(T，T_0)=e_{AB}(T)-e_{AB}(T_0) \tag{8-7}$$

（4）工程实际中，标定热电偶时，冷端温度通常取 0℃，因此令

$$e_{AB}(T_0)=f(T_0)=f(0℃)=c$$

则

$$E_{AB}(T，T_0)=e_{AB}(T)-c=f(T)-c \tag{8-8}$$

$E_{AB}(T，T_0)$ 是 T 的单值函数。

5. 测温系统简图

热电偶的简单测温系统示意图如图 8-3 所示

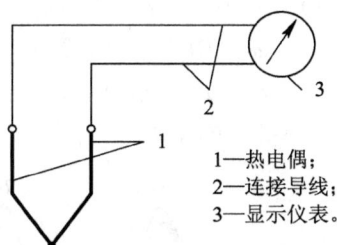

1—热电偶；
2—连接导线；
3—显示仪表。

图 8-3　热电偶测温系统简图

8.1.2　热电偶的基本定律

1. 中间导体定律

中间导体定律是指在热电偶回路中接入第三种材料的导体（如传感器的引出导线等），只要其两端温度相等，则回路总电势不变。如图 8-4 所示。

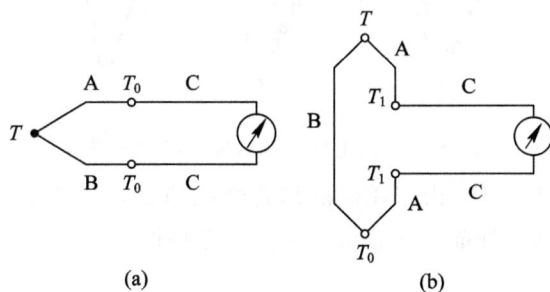

图 8-4　热电偶中间导体定律示意图

在图 8-4(a)中，有

$$E_{ABC}(T，T_0)=e_{AB}(T)+e_B(T，T_0)+e_{BC}(T_0)+e_C(T_0，T_0)+e_{CA}(T_0)+e_A(T_0，T)$$

因为

$$e_C(T_0，T_0)=0$$
$$e_{BC}(T_0)+e_{CA}(T_0)=e_{BA}(T_0)$$

所以

$$E_{ABC}(T，T_0)=e_{AB}(T)+e_B(T，T_0)+e_{BA}(T_0)+e_A(T_0，T)$$
$$=E_{AB}(T，T_0) \tag{8-9}$$

由图 8-4(b)所示的回路,可以得到相同的结论。同理,只要保证加入导体的两端温度相等,则热电偶回路中即使加入第三种、第四种或更多导体,回路总电势也不变。中间导体定律表明了接入仪表测量线的方法。

2. 参考电极定律(标准电极定律)

设结点温度为 T、T_0,则用导体 A、B 组成的热电偶产生的热电势等于由导体 A、C 组成的热电偶和导体 C、B 组成的热电偶产生的热电势的代数和,此即为参考电极定律。如图 8-5 所示,有

$$E_{AB}(T, T_0) = E_{AC}(T, T_0) + E_{CB}(T, T_0) \qquad (8-10)$$

其中,C 为参考电极,或称标准电极,一般由铂制成。证明过程如下:

$$E_{AC}(T, T_0) + E_{CB}(T, T_0) = e_{AC}(T) + e_C(T, T_0) - e_{AC}(T_0) - e_A(T, T_0) +$$
$$e_{CB}(T) + e_B(T, T_0) - e_{CB}(T_0) - e_C(T, T_0)$$
$$= e_{AB}(T) + e_B(T, T_0) - e_{AB}(T_0) - e_A(T, T_0)$$
$$= E_{AB}(T, T_0)$$

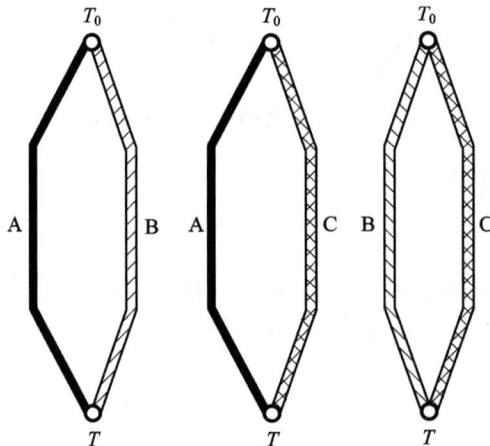

图 8-5　热电偶参考电极定律示意图

参考电极定律的意义在于,由于铂丝的理化性能稳定,如果能实验测得各种材料热电极对铂丝的热电特性,就不难推得任意材料间的热电特性。

3. 中间温度定律

中间温度定律是指热电偶在结点温度为 (T, T_0) 时的热电势等于该热电偶在结点温度为 (T, T_n) 和 (T_n, T_0) 时相应热电势的代数和,其中,T_n 称为中间温度。如图 8-6 所示,有

$$E_{AB}(T, T_0) = E_{AB}(T, T_n) + E_{AB}(T_n, T_0)$$

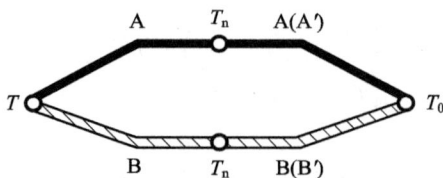

图 8-6　热电偶中间温度定律示意图

因为

$$E_{AB}(T,\ T_n) = e_{AB}(T) - e_{AB}(T_n) + \int_{T_n}^{T} (\sigma_B - \sigma_A)\mathrm{d}T$$

$$E_{AB}(T_n,\ T_0) = e_{AB}(T_n) - e_{AB}(T_0) + \int_{T_0}^{T_n} (\sigma_B - \sigma_A)\mathrm{d}T$$

所以

$$E_{AB}(T,\ T_n) + E_{AB}(T_n,\ T_0) = e_{AB}(T) - e_{AB}(T_0) + \int_{T_0}^{T} (\sigma_B - \sigma_A)\mathrm{d}T$$

即得

$$E_{AB}(T,\ T_0) = E_{AB}(T,\ T_n) + E_{AB}(T_n,\ T_0) \tag{8-11}$$

当 $T_0 = 0$ 时，有

$$E_{AB}(T,\ 0) = E_{AB}(T,\ T_n) + E_{AB}(T_n,\ 0) \tag{8-12}$$

中间温度定律为制定热电偶的分度表奠定了理论基础。从分度表(见各种传感器使用手册)查出参考端为 0℃时的热电势，即可求得参考端温度不为 0℃时的热电势。

同理，如果 $A'-B'$ 热电偶和 $A-B$ 热电偶有相同的热电特性，以导体 A′和 B′分别替代导体 A 和 B，有 $E_{AB}(T,\ T_0) = E_{AB}(T,\ T_n) + E_{A'B'}(T_n,\ T_0)$，该式为补偿导线的应用提供了理论依据，使廉价金属可以代替贵金属完成远距离布线。

例 8-1　用镍铬-镍硅热电偶测量热处理炉的炉温。冷端温度 $T_0 = 30℃$，此时测得热电势 $E(T,\ T_0) = 39.17\ \mathrm{mV}$，则实际炉温是多少?

解：由 $T_0 = 30℃$ 查表 8-1 所示的热电偶分度表得

$$E(30,\ 0) = 1.2\ \mathrm{mV}$$

则

$$E(T,\ 0) = E(T,\ 30) + E(30,\ 0) = 39.17\ \mathrm{mV} + 1.2\ \mathrm{mV} = 40.37\ \mathrm{mV}$$

再由 40.37 mV 查分度表，得实际炉温 $T = 977℃$。

表 8-1　镍铬-镍硅热电偶分度表(冷端温度：0℃；热电势单位：mV)

工作端温度/℃	0	1	2	3	4	5	6	7	8	9
⋮	⋮	⋮	⋮	⋮	⋮	⋮	⋮	⋮	⋮	⋮
20	0.80	0.84	0.88	0.92	0.96	1.00	1.04	1.08	1.12	1.16
30	1.20	1.24	1.28	1.32	1.36	1.41	1.45	1.49	1.53	1.57
40	1.61	1.65	1.69	1.73	1.77	1.82	1.86	1.90	1.94	1.98
⋮	⋮	⋮	⋮	⋮	⋮	⋮	⋮	⋮	⋮	⋮
940	38.93	38.97	39.01	39.05	39.09	39.13	39.16	39.20	39.24	39.28
⋮	⋮	⋮	⋮	⋮	⋮	⋮	⋮	⋮	⋮	⋮
970	40.10	40.14	40.18	40.22	40.26	40.30	40.33	40.37	41.41	41.45
⋮	⋮	⋮	⋮	⋮	⋮	⋮	⋮	⋮	⋮	⋮

8.1.3　常用热电耦

理论上讲，任何两种不同材料的导体或半导体都可以组成热电偶，但为了测量可靠，对热电偶的材料有以下基本要求：① 测温范围内，热电性质稳定，物理化学性质稳定，不易氧化、腐蚀；② 电阻温度系数小，导电率高，比热小；③ 测温时，产生的热电势大，且热电势与温度之间呈线性或接近线性的单值函数关系；④ 材料复制性好，机械强度高，制造工艺简单，价格便宜。

1. 热电偶类型

1）铂铑-铂热电偶：S 型热电偶

S 型热电偶的特点是复制精度高，测量准确性高，可用于精密测量，可作为标准热电偶。在氧化性和中性介质中物理、化学性质稳定。但 S 型热电偶热电势小，高温时易变质。

2）镍铬-镍硅热电偶：K 型热电偶

K 型热电偶是最常用的一种热电偶，其特点是稳定性高，复制性好，线性好，产生的热电势大，价格便宜。但其精度偏低，在还原性介质中易受腐蚀。

3）镍铬-考铜热电偶：E 型热电偶

E 型热电偶的特点是灵敏度高，价格便宜，但测温范围窄而低，多用于常温测量，不易得到均匀的线性关系。

4）铂铑$_{30}$-铂铑$_6$热电偶：B 型热电偶

B 型热电偶的特点是精度高，性能稳定，适用于氧化性或中性介质中使用，冷端热电势小，40℃以下可不修正。但价格高，输出小。

5）铜-康铜热电偶：T 型热电偶

T 型热电偶的特点是低温稳定性好，但复制性差。

2. 热电偶的结构形式

为了适应不同的测温要求和条件，热电偶的结构形式有普通型热电偶、铠装热电偶和薄膜热电偶等。

1）普通型热电偶

普通型热电偶在工业上应用最多，如图 8-7 所示，由热电极、绝缘套管、保护管和接线盒组成。

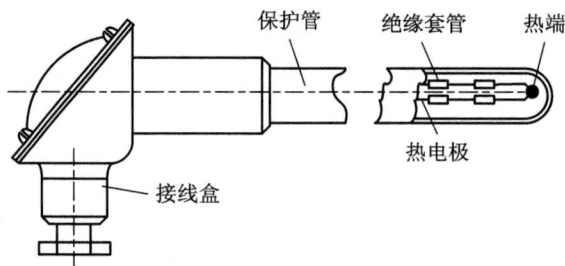

图 8-7　普通型热电偶结构

2）铠装热电偶

铠装热电偶又称套管热电偶，如图 8-8 所示。它是由热电极、绝缘材料和金属套管拉伸而成的组合体，可以制成细长形状，使用中能任意弯曲。其特点是测温端热容量小，动态特性好，机械强度高，挠性好，适用于复杂安装结构。

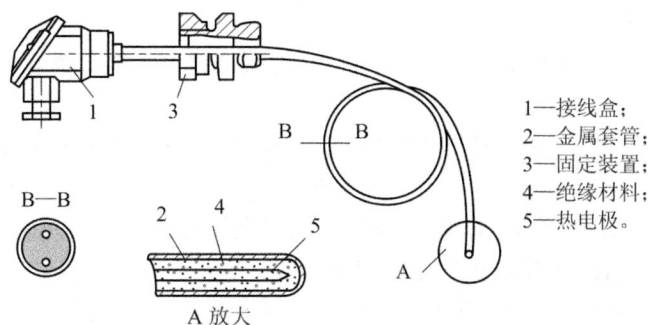

1—接线盒；
2—金属套管；
3—固定装置；
4—绝缘材料；
5—热电极。

图 8-8　铠装热电偶结构

3）薄膜热电偶

薄膜热电偶是一种特殊热电偶，如图 8-9 所示，它是通过将两种薄膜热电极材料用真空蒸镀、化学涂附等方法蒸镀到绝缘基板上制成的。其特点是热接点小，热容量小，响应速度快，适用于微小面积上的温度测量和动态温度测量。

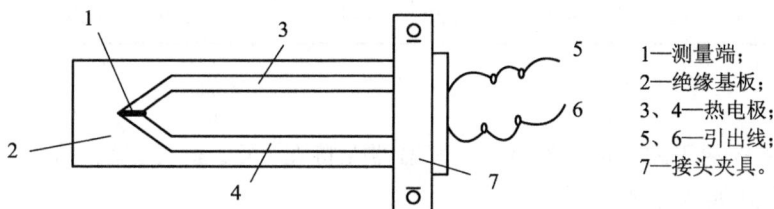

1—测量端；
2—绝缘基板；
3、4—热电极；
5、6—引出线；
7—接头夹具。

图 8-9　薄膜热电偶结构

8.1.4　热电偶的冷端补偿

1. 补偿原因

从前述分析可知，只有当热电偶冷端温度保持不变时，热电势才是被测温度的单值函数；另外，测温时由于冷端暴露在空气中，往往和工作端又比较接近，故冷端温度易波动；而且热电偶分度表是以 0℃ 为参考温度的，因此，实际应用中必须进行冷端温度补偿。

2. 补偿方法

1）导线补偿法

导线补偿法的目的是使冷端远离工作端，和测量仪表一起放到恒温或温度波动小的地方。最简单的实现方法是直接延长热电偶的长度，但安装不便，费用高，实际应用中往往不允许这样操作，而是采用合适的补偿导线。

通常，补偿导线要求在 0℃～100℃ 范围内和所连接的热电偶有相同的热电性能，且补偿导线的材料是廉价金属。

值得注意的是，冷端需有自动补偿装置，补偿导线才有意义，且连接处温度应低于100℃，补偿导线不能选错。如：铂铑-铂热电偶用铜-镍铜作为补偿导线；镍铬-镍硅热电偶用铜-康铜作为补偿导线。

2) 冷端温度计算校正法

(1) 热电势修正法：冷端温度不为零时，运用热电偶分度表修正，修正方法如前例所述。

(2) 温度修正法：设 T' 为仪表指示温度，T_0 为冷端温度，则被测实际温度 T 为

$$T = T' + kT_0$$

式中，k 为热电偶修正系数，与热电偶的种类和测温范围相关，有表可查。

例 8 - 2 用冷端温度计算校正法求解例 8 - 1。

解： 指示温度 $T' = 946℃$（当 $E(T, T_0) = 39.17$ mV 时，查表 8 - 1 所示的热电偶分度表可得），冷端温度 $T_0 = 30℃$，查表 8 - 2 所示的热电偶修正系数表可得 $k = 1.00$，则实际炉温为

$$T = T' + kT_0 = 946℃ + 1.00 × 30℃ = 976℃$$

和热电势修正法所得炉温相差 1℃。

表 8 - 2 镍铬-镍硅热电偶修正系数表

工作端温度/℃	0	20	100	200	300	400	500	600	700	800	900	1000	1100
修正系数 k	1.00	1.00	1.00	1.00	0.98	0.98	1.00	0.96	1.00	1.00	1.00	1.07	1.11

3) 冰浴法

冰浴法是指冷端用冰水混合物或 0℃ 恒温器保持在 0℃。这种方法可避免校正的麻烦，但使用不便，多在实验室使用。

3. 补偿电桥

补偿电桥如图 8 - 10 所示。补偿电桥由桥臂电阻（r_1、r_2、r_3 和补偿电阻 r_{Cu}）、限流电阻 R_s 和稳压电源组成。补偿电桥与冷端处于相同的温度场，当冷端温度变化引起热电势变化时，补偿电阻将调整电桥输出电压 U_{ab} 以补偿热电势 e_x 的变化。补偿的效果取决于桥臂电阻和桥路电流的选择。

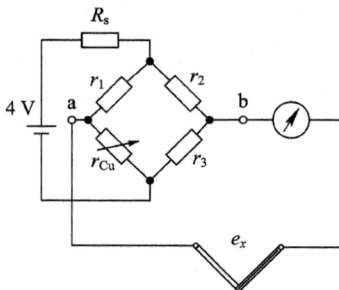

图 8 - 10 补偿电桥

8.1.5 热电偶的应用

1. 热电偶测温系统

典型热电偶测温系统的结构框图如图 8 - 11 所示，图(a)是普通测温结构，图(b)是带有补偿器的测温结构，图(c)是具有温度变送器的测温结构，图(d)是带有一体化温度变送

器的测温结构。

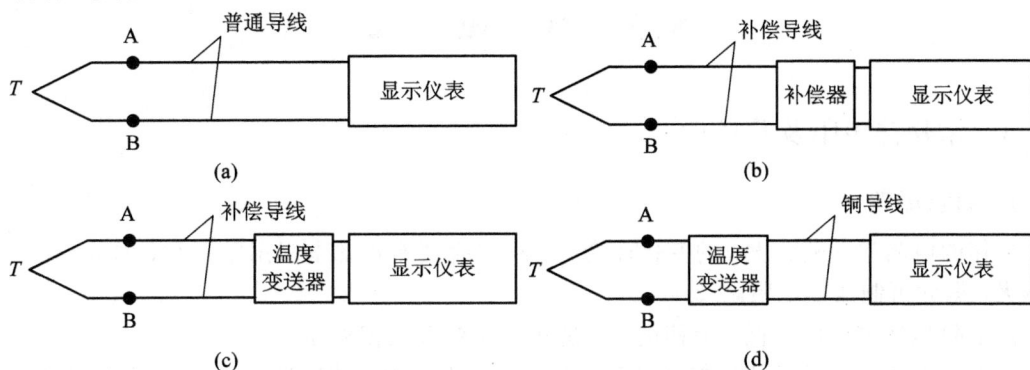

图 8-11　典型热电偶测温系统结构框图

2. 热电偶冷端补偿电路

热电偶冷端补偿电路如图 8-12 所示，AD590 与热电偶冷端处于同一温度下。AD580 是一个三端稳压器，其输出电压为 2.5 V。电路工作时，调整电阻 R_2，使得

$$I_1 = T_0 \times 10^{-3} \text{ mA} \tag{8-13}$$

这样在电阻 R_1 上就产生了一个随冷端温度 T_0 变化的补偿电压 $U_1 = I_1 R_1$。

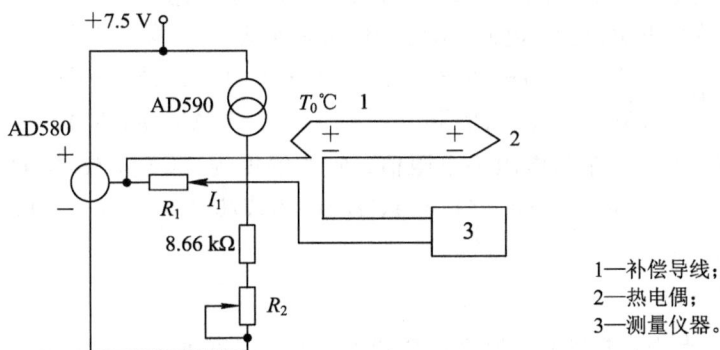

1—补偿导线；
2—热电偶；
3—测量仪器。

图 8-12　热电偶冷端补偿电路

3. 热电偶连接

在特殊情况下，同一分度号的热电偶在冷端温度相同时可以串联和并联使用，如图 8-13 所示。正向串联的热电偶可增加热电势输出，提高灵敏度；并联可测量平均温度；反向串联可测两点温差。

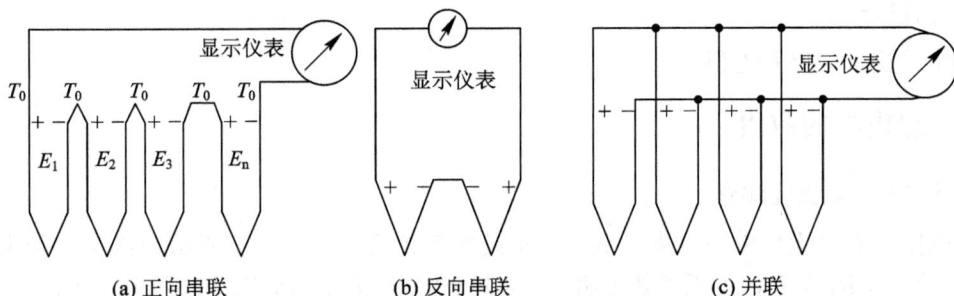

图 8-13　热电偶串联和并联电路

8.2 热 电 阻

8.2.1 常用热电阻及其特性

1. 测温原理

导体的电阻率 ρ 随温度 t 的变化而变化。很多金属有正的电阻温度系数,温度越高,电阻越大,据此可制成热电阻。

热电阻虽然灵敏度较低,但精度高,适用于常温和低温测量。

通常制作热电阻的导体材料需满足以下几个条件:① 电阻温度系数大,电阻随温度变化保持单值,线性好;② 热容量小;③ 电阻率尽量大,以减小元件的尺寸;④ 工作范围内,物理、化学性能稳定;⑤ 材料复制性好,价格便宜。

2. 常用热电阻

常用热电阻有铂热电阻和铜热电阻等。

1) 铂热电阻

铂热电阻的特点为:在氧化性介质中,高温下的物理、化学性质稳定;在还原性介质中,电阻-温度特性会发生改变。电阻-温度特性可表示为

$$R_t = \begin{cases} R_0[1+At+Bt^2+C(t-100)t^3] & (-200℃\sim0℃) \\ R_0[1+At+Bt^2] & (0℃\sim850℃) \end{cases} \tag{8-14}$$

式中:R_t 为温度为 t℃时,铂热电阻的电阻值;R_0 为温度为 0℃时,铂热电阻的电阻值;在 ITS$-$90 中规定,$A=3.9083\times10^{-3}(1/℃)$,$B=-5.775\times10^{-7}(1/℃^2)$,$C=-4.183\times10^{-12}(1/℃^4)$。

2) 铜热电阻

铜热电阻的特点为:电阻值与温度近似线性,电阻温度系数大,易加工,价格便宜,但电阻率小,温度超过 100℃时易被氧化,测温范围一般在 $-50℃\sim+100℃$。电阻-温度特性可表示为

$$R_t = R_0(1+\alpha t) \tag{8-15}$$

式中:R_t 为温度为 t℃时,铜热电阻的电阻值;R_0 为温度为 0℃时,铜热电阻的电阻值;α 为铜热电阻的电阻温度系数。

3. 测量电路

常用的测量电路是电桥。

8.2.2 热电阻的应用

1. 汽车水箱温度测量

热电阻具有较大的电阻温度系数,因此灵敏度较高。图 8-14 所示为汽车水箱温度检测电路。其中,R_T 为负温度系数热电阻,R 为限流电阻,L_1、L_2 为表头的两个线圈。用于温度显示的表头为电磁式表头,汽车水箱温度测量范围较小,精度要求不高,电路也比较简单。

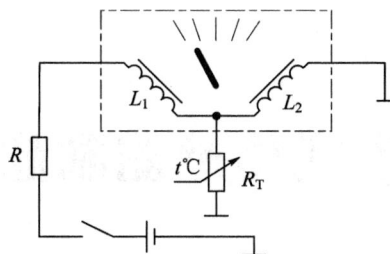

图 8-14　汽车水箱温度检测电路

2. 温度补偿

热电阻用于温度补偿是其应用的一个重要方面。温度补偿原理是利用热电阻的电阻-温度特性补偿电路中某些温度特性相反的元件,以改善电路对环境温度变化的适应能力。如图 8-15 所示,利用负温度系数的热电阻补偿晶体管的温度特性。温度升高使晶体管集电极电流 I_c 增加,也使 NTC 热电阻 R_T 的阻值相应减小,则晶体管基极电位 U_b 下降,从而使基极电流 I_b 减小,达到稳定静态工作点的目的。

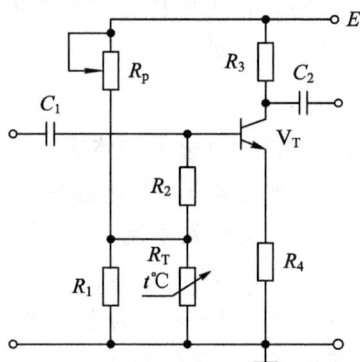

图 8-15　晶体管静态工作点补偿电路

习　题　8

1. 什么是热电效应? 什么是接触电势和温差电势? 接触电势和温差电势有哪些性质?
2. 试论述热电偶的三个基本定律。
3. 用热电偶测温时为什么要进行冷端温度补偿? 其冷端温度补偿的方法有哪几种?
4. 热电阻的测温原理是什么? 试论述铂热电阻、铜热电阻的电阻-温度特性。
5. 将一灵敏度为 0.08 mV/℃ 的热电偶与电位计相连接测量其热电势,电位计接线端是 30℃,若电位计上读数是 60 mV,则热电偶的热端温度是多少?

第9章 光电式传感器和超声波传感器

9.1 光 电 器 件

光电式传感器知识点

光电式传感器是将被测量的变化转换为光量变化的元件或装置,可用于检测直接引起光量变化的非电量,如温度、气体成分等,也可用于检测能转换为光量变化的非电量,如零件直径、表面粗糙度、应变、位移、振动、速度、加速度以及物体形状等。

光电器件是光电式传感器的主要部件,其基本工作原理是光电效应。

光电效应是指物体吸收了光能后转换为该物体中某些电子的能量而产生的电效应。光电效应可分为外光电效应和内光电效应两种。

1. 外光电效应

在光的作用下,物体内的电子(光电子)逸出物体表面向外发射的现象,称为外光电效应。如光电管、光电倍增管等就属于外光电效应光电器件。

光束由光子组成,光子是以光速运动的粒子流,具有能量,每个光子的能量为

$$E = h\nu \qquad (9-1)$$

式中:h 为普朗克常数,$h = 6.626 \times 10^{-34}$ J・s,ν 为光的频率(s^{-1})。

可见,光的波长越短,频率就越高,光子的能量也越大;反之,频率越低,光子的能量越小。

光照射物体时,相当于用一定能量的光子轰击物体,当物体中电子吸收的入射光子能量超过逸出功 A_0 时,电子就会逸出物体表面,形成光电子发射,光子能量超过逸出功的部分表现为逸出电子的动能。由于能量守恒,有

$$h\nu = \frac{1}{2}mv_0^2 + A_0 \qquad (9-2)$$

式中:m 为电子质量;v_0 为电子逸出速度。

由此可见,只有当光子能量大于逸出功时才能产生光电子。

另外,入射光频谱成分不变时,产生的光电子与光强成正比。光强越大,即入射光子数目越多,逸出的电子数也越多。

由于光电子具有初始动能,因此对于外光电效应器件,如光电管,即使不加初始阳极电压,也会有光电流。欲使初始光电流为零,需加负的截止电压。

2. 内光电效应

在光线作用下,受光照物体的导电率发生变化,或产生光生电动势的现象,称为内光电效应。内光电效应又分为光电导效应和光生伏特效应。

1）光电导效应

在光照时，半导体材料吸收了入射光子能量。当光子能量大于或等于半导体材料的禁带宽度时，就激发电子-空穴对，增加了载流子浓度，半导体电导率增大，该现象称为光电导效应。如光敏电阻、光敏二极管、光敏晶体管等都是利用光电导效应工作的。

2）光生伏特效应

物体受光照而产生一定方向的电动势的现象，称为光生伏特效应。如光电池等都可产生光生伏特效应。

9.1.1　光敏电阻

1. 光敏电阻的原理与结构

光敏电阻又称光导管，由半导体材料制成，是纯电阻器件，其结构原理如图 9-1 所示。光敏电阻不受光照时，电阻值很大，电路中电流很小；受到一定波长的光照射时，阻值急剧减小。

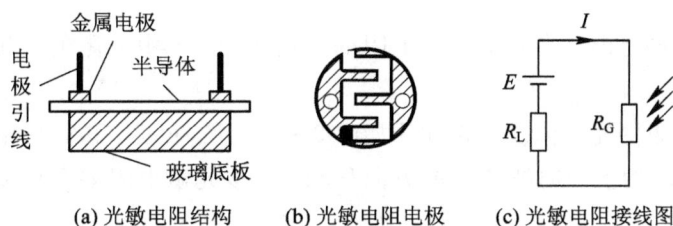

图 9-1　光敏电阻结构原理图

光敏电阻在不受光照射时的电阻称为暗电阻，此时流过的电流称为暗电流；在受光照射时的电阻称为亮电阻，此时流过的电流称为亮电流。亮电流与暗电流之差称为光电流。

通常，暗电阻越大越好，亮电阻越小越好，即光敏电阻的灵敏度高。实际光敏电阻的暗电阻一般在兆欧级，亮电阻在几千欧以下。

图 9-1(a)所示是金属封装的硫化镉光敏电阻的结构示意图。玻璃底板上均匀涂敷了一层薄薄的半导体物质，形成光导层；金属电极安装在半导体两端，由电极引线引出，形成光敏电阻；为防止周围介质的影响，光导层上覆盖漆膜，但漆膜的成分应保证在光敏层最敏感的波长范围内透射率最大。图 9-1(b)所示是光敏电阻电极的形式，为提高灵敏度，采用梳状电极。图 9-1(c)所示是光敏电阻接线简图。

2. 光敏电阻的基本特性

1）伏安特性

伏安特性是指在一定照度下，光敏电阻两端的电压与电流的关系。

硫化镉光敏电阻的伏安特性曲线如图 9-2 所示。可见，$I-U$ 曲线在一定的电压范围内呈直线，说明阻值与电压、电流无关，只与入射光量有关。

2）光谱特性

光谱特性也称光谱响应，指光敏电阻的相对灵敏度与入射波长的关系。

几种不同材料光敏电阻的光谱特性如图 9-3 所示。可见，对于不同的波长，光敏电阻的灵敏度也不同。硫化镉光敏电阻的光谱响应的峰值在可见光区域，常用于光度量测量，如照度计；硫化铅光敏电阻响应于近红外和中红外区，常用于火焰探测器。

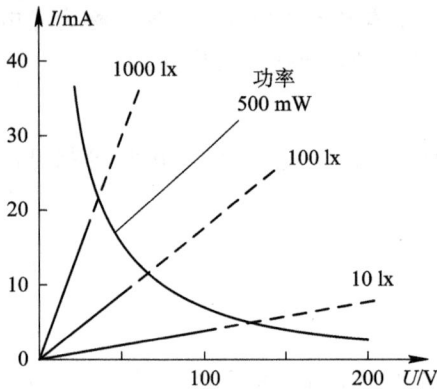

图9-2 硫化镉光敏电阻的伏安特性

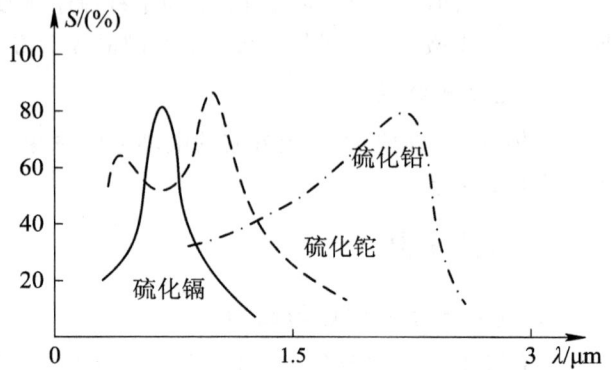

图9-3 光敏电阻的光谱特性

3）温度特性

温度特性反映的是温度变化对光敏电阻的光谱响应、光敏电阻的灵敏度、暗电阻等的影响。

硫化铅光敏电阻的光谱温度特性曲线如图9-4所示。可见，该光敏电阻受温度影响很大，其峰值随着温度的上升向波长短的方向移动，故该光敏电阻要在低温、恒温的条件下使用。

4）光照特性

光照特性描述光电流和光照强度之间的关系。

硫化镉光敏电阻的光照特性曲线如图9-5所示。可见，光照特性曲线呈非线性，因此不宜作为测量元件，多用于开关信号的传递。不同材料的光敏电阻，其光照特性也不同。

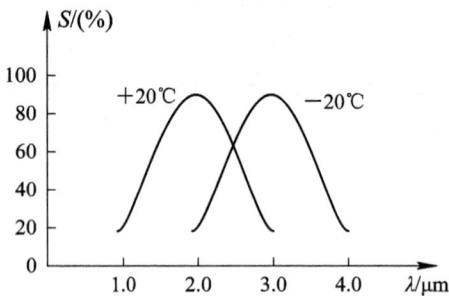

图9-4 硫化铅光敏电阻的光谱温度特性

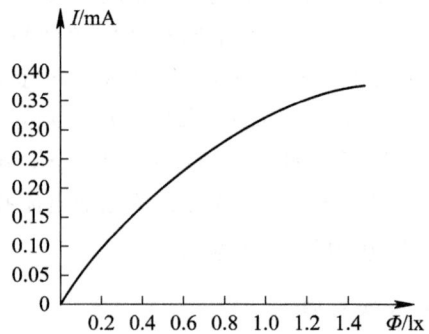

图9-5 硫化镉光敏电阻的光照特性曲线

5）频率特性

多数光敏电阻的光电流不能随光强改变而立即变化，有一定的惰性，即时间常数较大。不同材料的光敏电阻，其时间常数也不同。硫化镉和硫化铅光敏电阻的频率特性曲线如图9-6所示。

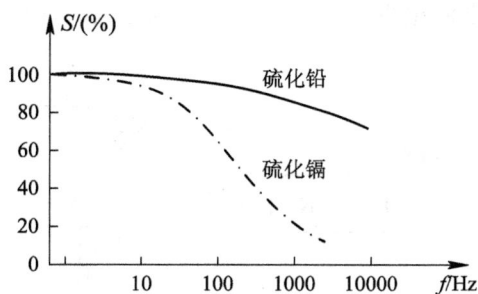

图 9-6　光敏电阻的频率特性

可见，光敏电阻允许的光电流大，光谱特性好，灵敏度高，但参数一致性较差，光照特性为非线性，常用于对精度要求不高的场合。

9.1.2　光敏二极管和晶体管

1. 结构及工作原理

1) 光敏二极管

光敏二极管的结构简图和符号如图 9-7 所示。光敏二极管装在透明玻璃外壳中，PN 结装在管的顶部，可以直接受到光照射。

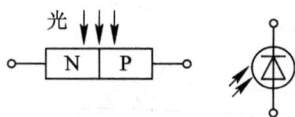

图 9-7　光敏二极管结构简图和符号

光敏二极管在电路中一般是处于反向工作状态，如图 9-8 所示。无光照射时，反向电阻很大，反向电流很小；光照射在 PN 结上时，PN 结附近产生光生电子和光生空穴对，在 PN 结处内电场的作用下做定向运动，形成光电流。光的照度越大，光电流越大。

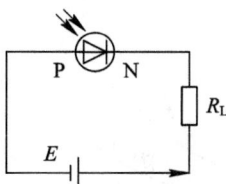

图 9-8　光敏二极管接线图

因此，光敏二极管在不受光照射时，处于截止状态；受光照射时，处于导通状态。

2) 光敏晶体管

NPN 型光敏晶体管的结构简图和基本电路如图 9-9 所示。光敏晶体管有两个 PN 结，发射极做得很大，以扩大光的照射面积，大多数光敏晶体管的基极无引出线。

当集电极加上相对于发射极为正的电压而不接基极时，集电结就是反向偏压；当光照射在集电结上时，产生电子-空穴对，从而形成光电流，相当于三极管的基极电流。由于基极电流的增加,集电极形成输出电流,是光生电流的 β 倍。可见,光敏晶体管也具有放大作用。

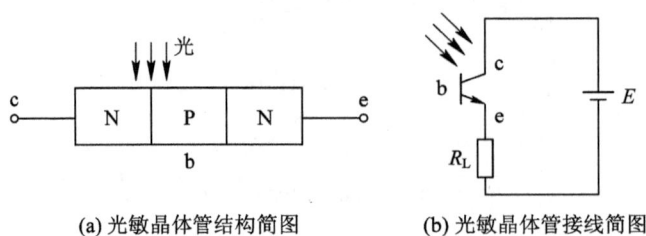

(a) 光敏晶体管结构简图　　　　　(b) 光敏晶体管接线简图

图 9 - 9　NPN 型光敏晶体管结构简图和基本电路

2. 基本特性

1) 伏安特性

硅光敏管在不同照度下的伏安特性曲线如图 9 - 10 所示。光敏晶体管在不同照度下的伏安特性和晶体管在不同基极电流下的输出特性一样。

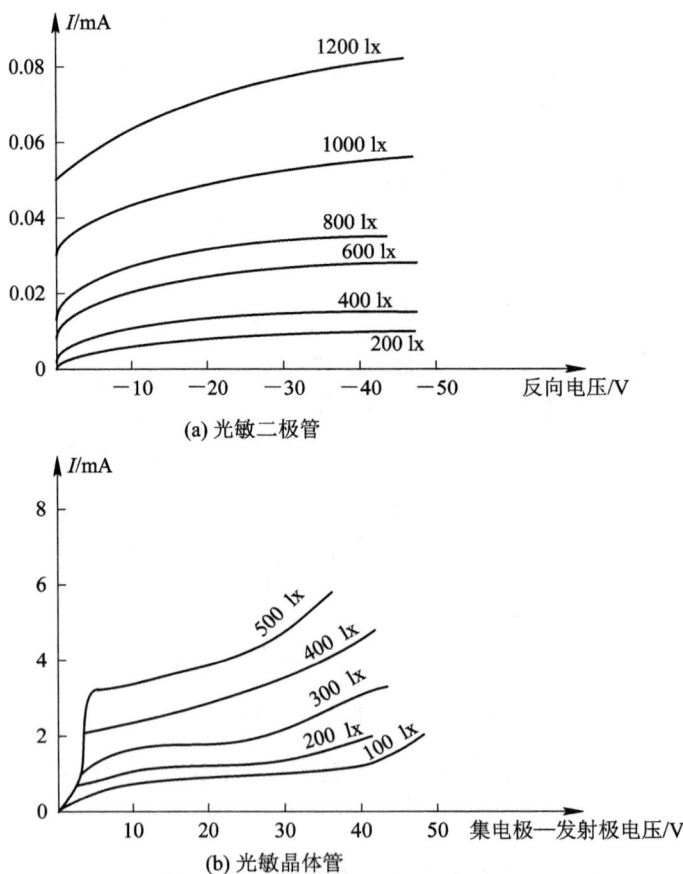

(a) 光敏二极管

(b) 光敏晶体管

图 9 - 10　硅光敏管的伏安特性

图 9 - 10(a)所示是硅光敏二极管的伏安特性。反向电流随光照强度的增大而增大,不同照度下,曲线几乎平行,不受偏压影响。

图 9-10(b)所示是硅光敏晶体管的伏安特性。和图 9-10(a)相比，由于晶体管的放大作用，同样的照度下，光敏晶体管输出的光电流比相同管型的二极管大上百倍。

2）光谱特性

光敏二极管和晶体管的光谱特性曲线如图 9-11 所示，峰值处灵敏度最大。可见，硅的峰值波长约为 0.9 μm，锗的峰值波长约为 1.5 μm，都在近红外区域。当入射光的波长自峰值处增加或缩短时，硅和锗的相对灵敏度均下降。实际应用时，可见光或炽热状态物体的探测，一般都用硅管；对红外光的探测，锗管较适合。相对而言，锗管的暗电流较大，性能较差。

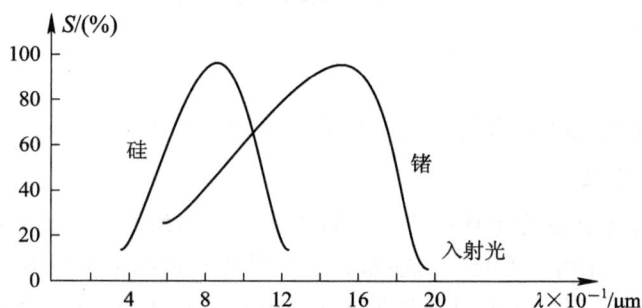

图 9-11　光敏二极管（晶体管）的光谱特性

3）频率特性

频率特性指光敏管输出的相对灵敏度或光电流随频率变化的关系。光敏晶体管的频率特性如图 9-12 所示。

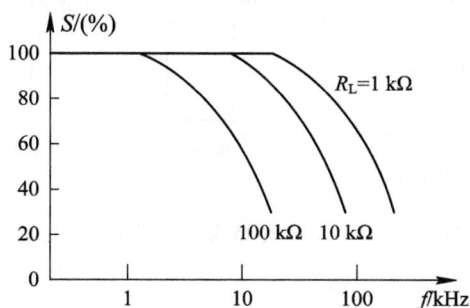

图 9-12　光敏晶体管的频率特性

可见，光敏晶体管的频率特性和负载电阻相关，减小负载电阻可提高频率响应范围，但输出电压响应亦减小。在半导体光电器件中，光敏二极管的频率特性最好，普通的响应时间就可达 10 μs。

4）温度特性

温度特性是指光敏管的暗电流及光电流与温度的关系。光敏晶体管的温度特性如图 9-13 所示。

可见，温度变化对光电流影响很小，对暗电流影响很大。故在电子线路中应对暗电流进行温度补偿，否则将导致输出误差。

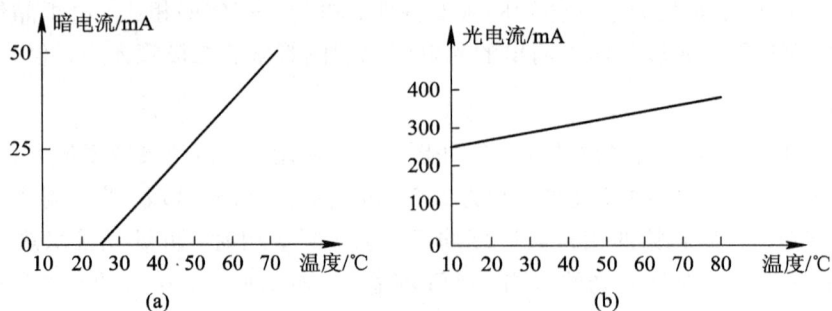

图 9-13　光敏晶体管的温度特性

9.1.3　光电池

光电池可直接将光能转换为电能，是光线作用下的电源。

1. 结构及工作原理

光电池的工作原理就是光生伏特效应，如图 9-14(a)所示，等效电路如图 9-14(b)所示。当入射光照射 PN 结时，若光子的能量大于半导体材料的禁带宽度，则可以在 PN 结内产生电子-空穴对，并从表面向内迅速扩散，在结电场的作用下，空穴移向 P 型区，电子移向 N 型区，最后建立一个与光照强度有关的电动势。

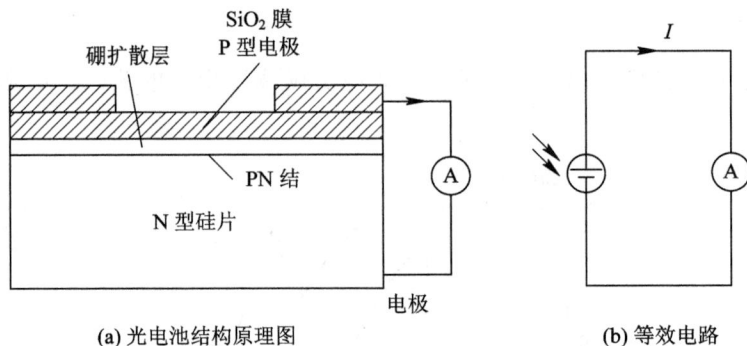

(a) 光电池结构原理图　　　(b) 等效电路

图 9-14　硅光电池结构原理图及等效电路

2. 光电池的基本特性

1）光谱特性

硅光电池和硒光电池的光谱特性曲线如图 9-15 所示。

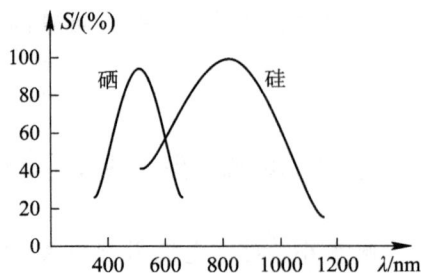

图 9-15　硅、硒光电池的光谱特性

可见，不同材料的光电池，光谱响应峰值所对应的入射光波长不同，光谱响应波长范围也不同。硅光电池响应峰值在 $0.8\ \mu m$ 附近，而硒光电池在 $0.5\ \mu m$ 附近；硅光电池的光谱响应波长范围约为 $0.4\ \mu m \sim 1.2\ \mu m$，而硒光电池约为 $0.38\ \mu m \sim 0.75\ \mu m$，硅光电池的响应范围较宽。

2）光照特性

光照特性是指在不同的光照度下，光电池的光电流和光生电动势之间的关系。硅光电池的开路电压和短路电流与光照的关系曲线如图 9-16 所示。

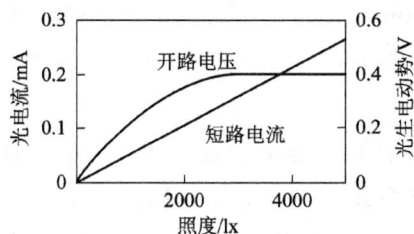

图 9-16　硅光电池的光照特性

可见，短路电流在很大范围内与光照度呈线性关系，但开路电压与光照度呈非线性关系，且当照度在 2000 lx 时趋于饱和。因此，光电池作为测量元件时，应当作电流源，不宜作电压源。

3）频率特性

光电池的频率特性反映光的交变频率和光电池输出电流的关系。硅光电池和硒光电池的频率特性如图 9-17 所示，横坐标是光的调制频率。可见，硅光电池有很高的频率响应，可用于高速计数等方面。

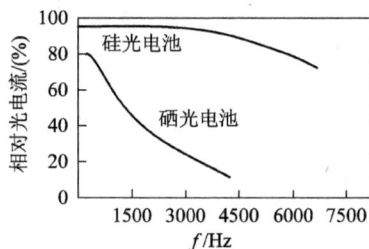

图 9-17　硅、硒光电池的频率特性

4）温度特性

温度特性主要描述光电池的开路电压和短路电流随温度变化的情况，如图 9-18 所示为光照度 3000 lx 下的温度特性。

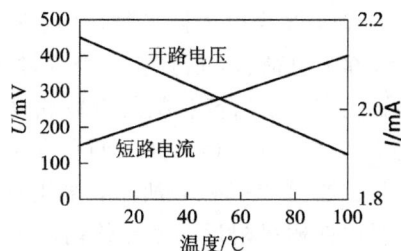

图 9-18　硅光电池的温度特性

可见，开路电压随温度升高而下降的速度较快，而短路电流随温度升高而缓慢增加。由于温度对光电池的工作有很大影响，因此把它作为测量器件应用时，关系到仪器和设备的温度漂移、测量精度和控制精度，最好能保证温度恒定或采取温度补偿措施。

硅光电池的最大开路电压约为 600 mV，在照度相等的情况下，光敏面积越大，输出的光电流也越大。硅光电池性能稳定，光谱范围宽，频率特性好，转换效率高，耐高温辐射。

9.1.4　电荷耦合器件

电荷耦合器件(Charge Couple Device，CCD)，是一种金属氧化物半导体(MOS)集成电路器件，以电荷作为信号，基本功能是进行电荷的存储和转移。

1. CCD 的结构

电荷耦合器件由若干个电荷耦合单元组成。其基本单元是 MOS 电容器，用来存储电荷，如图 9-19(a)所示。以 P 型或 N 型半导体为衬底，其上覆盖一层约 120 nm 的 SiO_2，再在 SiO_2 上沉积一层金属电极，即构成 MOS 电容转移器件，称为一个光敏元或一个像素。一个 MOS 阵列加上输入输出结构即构成 CCD 器件。

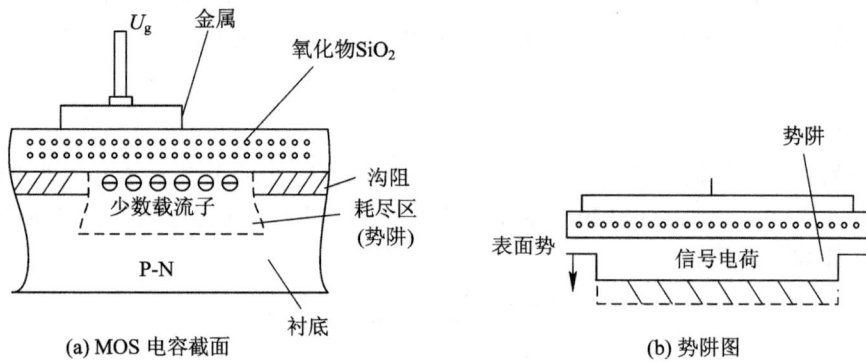

图 9-19　MOS 电容器

2. 工作原理

1) 表面势阱的形成

在金属电极上施加一个正电压 U_g 时，MOS 电容器中 P 型硅的空穴被排斥，而电子被吸引到 P 型硅界面处，在电极下的界面附近形成一个带负电荷的耗尽层，即表面势阱。对电子而言，耗尽层是低势能区域，如图 9-19(b)所示。

2) 势阱对电子的存储

光照射硅片，产生电子-空穴对，光生电子被势阱存储，所存储的光生电子数量与入射光强成正比，存储了电荷的势阱称为电荷包，所产生的空穴被排出耗尽区。一定条件下，正电压 U_g 越大，耗尽层越深，表面势越大，所能容纳的少数载流子电荷的量也越大。

信号电荷的产生方法有光信号注入和电信号注入两种方法。

光信号注入接收的是光信号。如图 9-20(a)所示，采用背面光注入方法，多用于固态图像传感器。光照射时，CCD 器件在栅极附近的半导体内产生电子-空穴对，多数载流子被排斥到衬底，少数载流子被收集到势阱，形成电荷信号并存储。存储电荷的多少正比于入射光强,反映图像的明暗,实现光-电信号的转换。

电信号注入是 CCD 通过输入结构对信号电流或电压进行采样,并转换成信号电荷。如图 9-20(b)所示,用来实现电注入的输入二极管,是在输入栅 IG 的衬底上扩散形成的。当输入栅上加上宽度为 Δt 的正脉冲时,输入二极管 PN 结的少数载流子通过输入栅下的沟道注入 $\varPhi_1$ 电极下的势阱中,注入电荷量为

$$Q = I_D \cdot \Delta t \tag{9-3}$$

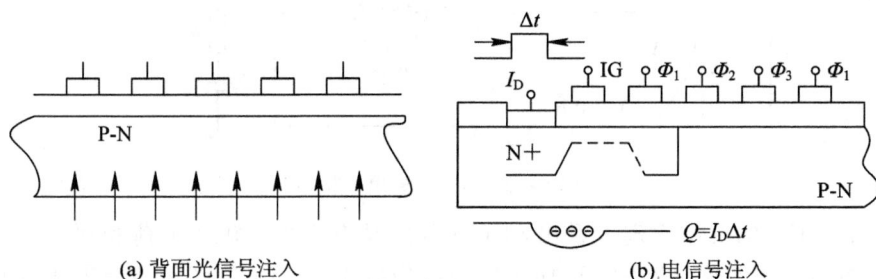

(a) 背面光信号注入   (b) 电信号注入

图 9-20 电荷注入方法

3) 电荷的耦合与转移

CCD 的最基本结构是一系列非常靠近的 MOS 电容器,电容器用同一半导体衬底制成,衬底上面涂敷一层氧化层,其上制作若干相应金属电极,各电极按三相(也有二相和四相)方式连接,如图 9-21 所示。电极间的距离极小,以保证相邻势阱间的耦合及电荷的转移。

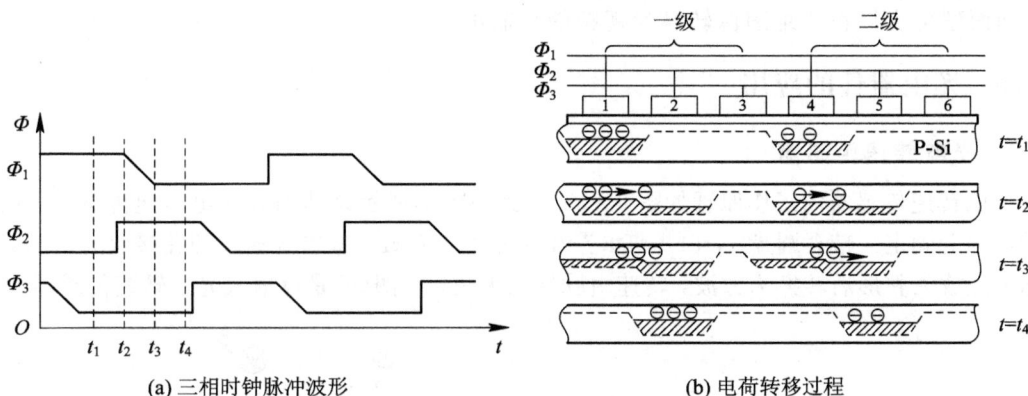

(a) 三相时钟脉冲波形   (b) 电荷转移过程

图 9-21 三相 CCD 时钟电压与电荷转移的关系

图 9-21(a)所示是三个相位不同的控制电压 $\varPhi_1$、$\varPhi_2$、$\varPhi_3$ 的波形,耦合及转移过程如图 9-21(b)所示。

当 $t = t_1$ 时,$\varPhi_1$ 高,$\varPhi_2$、$\varPhi_3$ 低,电极 1、4 下面有势阱,存储电荷。

当 $t = t_2$ 时,$\varPhi_1$、$\varPhi_2$ 高,$\varPhi_3$ 低,电极 2、5 下面有势阱,相邻势阱耦合,电极 1、4 下的电荷向电极 2、5 下转移。随 $\varPhi_1$ 下降,1、4 势阱变浅。

当 $t = t_3$ 时,更多的电荷向电极 2、5 下转移。

当 $t = t_4$ 时,$\varPhi_1$、$\varPhi_3$ 低,$\varPhi_2$ 高,电荷全部转移到电极 2、5 下。

依此类推,实现了电荷的耦合与转移。

4）信号的输出

CCD输出端结构如图9-22所示。CCD末端的衬底上制作一个输出二极管,当二极管加反向偏压时,终端电荷在时钟脉冲的作用下移向输出二极管,在负载R_L上形成与电荷数成正比的脉冲电流I_o,并由负载电阻R_L转换为电压输出U_o。

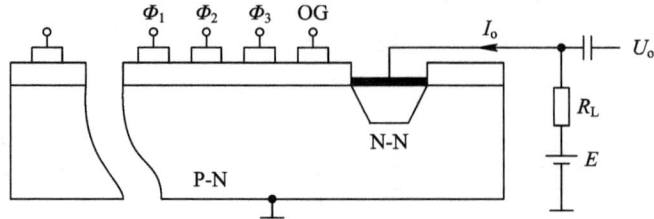

图9-22 CCD输出结构

通过上述CCD的工作原理可看出,CCD器件具有存储、转移电荷和逐一读出信号电荷的功能,在固态图像传感器中,可作为摄像或像敏器件。CCD图像传感器主要用于摄像机、测试、传真和光学文字识别技术等方面。

CCD固态图像传感器由感光部分和移位寄存器两部分组成。感光部分是半导体衬底上的若干光敏单元,通常称像素,光敏单元将光图像转换成电信号,即将光强的空间分布转换成与光强成比例的电荷包空间分布;移位寄存器实现电信号的传送和输出。

按照光敏元件的排列形式,CCD固态图像传感器分为线型和面型两类。线型CCD只能直接将一维光信号转换为视频信号输出,若要采集二维图像信号,必须用扫描的方法实现;而面型可直接将二维图像转换为视频信号输出。

9.1.5 光电器件的应用

1. 光电转速传感器

光电转速传感器的工作原理如图9-23所示。图(a)所示是透射式光电转速传感器,在待测转速轴上固定一带孔圆盘1,白炽灯2产生恒定光,光敏二极管3通过圆孔接收光信号,输出脉冲经放大整形后转换为方波,转速由脉冲频率决定。图(b)是反射式光电转速传感器。

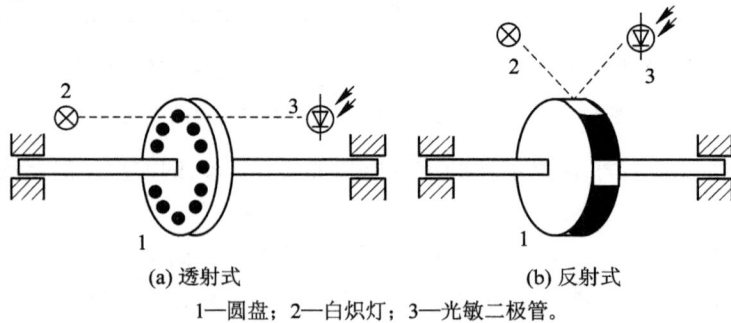

(a) 透射式   (b) 反射式

1—圆盘;2—白炽灯;3—光敏二极管。

图9-23 光电转速传感器工作原理图

转速n与脉冲频率f的关系为

$$n = 60 \times \frac{f}{N}(\text{r/min}) \tag{9-4}$$

式中：N 为孔数或黑/白条纹数目。

　　光电转换电路如图 9-24 所示。光线照射 V_1 时，使 R_1 上压降增大，V_2 导通，触发由晶体管 V_3 和 V_4 组成的射极耦合触发器，U_o 为高。反之，U_o 为低，产生计数脉冲。

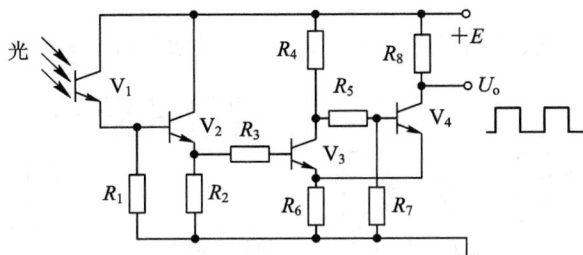

图 9-24　光电转换电路

2. 光控水龙头

　　光控水龙头的电路如图 9-25 所示。IC_1 组成的 40 kHz 的多谐振荡器驱动红外发光二极管 VD_1 发光，经凸透镜聚焦后由 VD_2 接收。IC_2 是专用红外线接收放大器，内含前置放大、滤波、积分、检波及整形电路，并可为 VD_2 提供偏置电压。IC_2 的中心频率由 R_5 确定，为 40 kHz。当 VD_2 未接收红外调制光时，IC_2 第 7 脚变为低电平，V_1 截止，继电器 K 不工作，水龙头处于关闭状态。有人洗手时，VD_1 的红外光由手反射至 VD_2，IC_2 第 7 脚由低电平变为高电平，V_1 导通，继电器 K 工作，触点闭合，电磁阀 DF 自动打开水龙头；手离开后，电磁阀关闭。

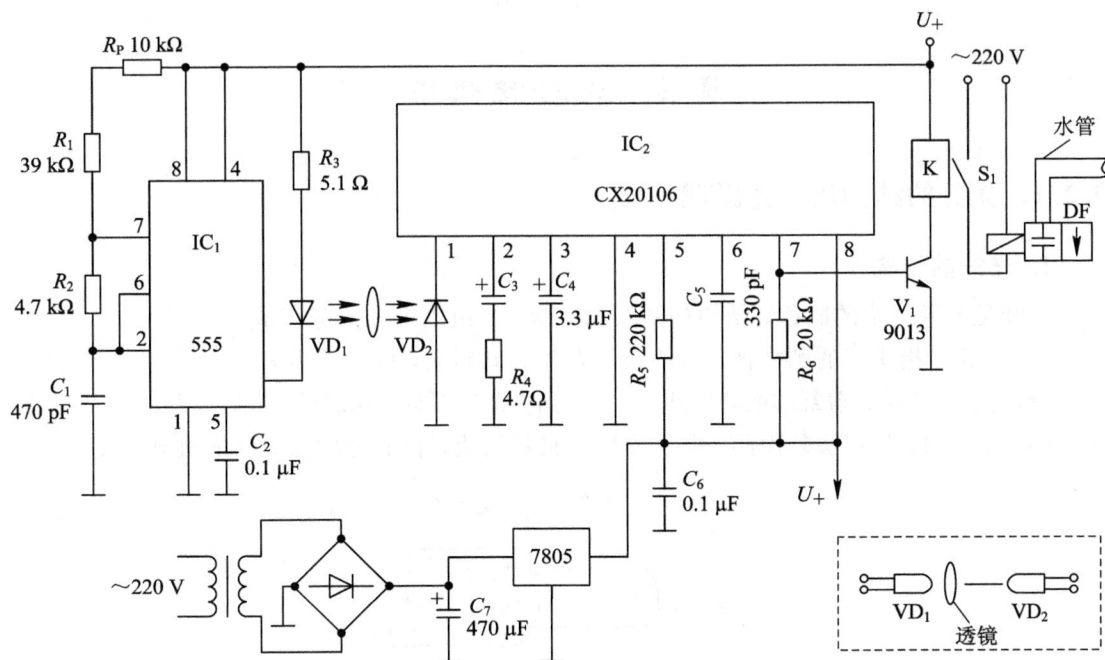

图 9-25　光控水龙头电路图

3. CCD 器件微小尺寸检测装置

　　对微小尺寸的检测一般采用激光衍射法。当激光照射细丝或小孔时，会产生衍射图像，用光电器件测出衍射图像暗纹的间距,即可计算出细丝或小孔的尺寸。

检测系统结构框图如图9-26所示。衍射图像暗纹的间距d为

$$d = \frac{L\lambda}{a} \tag{9-5}$$

式中:L为细丝到接收光敏阵列器件的距离;λ为入射激光波长;a为被测细丝直径。

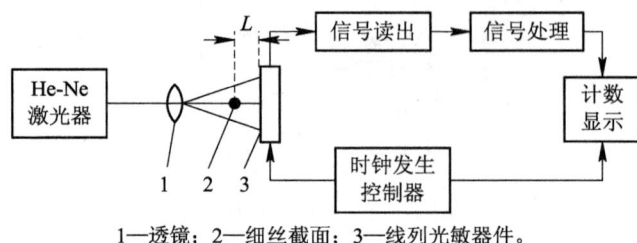

1—透镜;2—细丝截面;3—线列光敏器件。

图9-26 细丝直径检测系统结构

用线列光敏器件将衍射光强信号转换为脉冲电信号,根据脉冲电信号两个极小值之间的线列光敏器件移位脉冲数N和线列光电器件单元的间距l,即可算出衍射图像暗纹之间的间距为

$$d = Nl \tag{9-6}$$

代入式(9-5),可得被测细丝的直径a为

$$a = \frac{L\lambda}{d} = \frac{L\lambda}{Nl} \tag{9-7}$$

9.2 光纤传感器

9.2.1 光纤的结构及传光原理

1. 光纤的结构

光纤是光导纤维的简称,结构如图9-27所示,由以下几部分组成:

(1)纤芯:指中心的圆柱体,由掺杂的石英玻璃制成,折射率为n_1。

(2)包层:指围绕着纤芯的圆形外层,由不同掺杂的石英玻璃制成,折射率为$n_2(n_1 > n_2)$。

(3)保护层:指包层外面的一层,由尼龙材料制成,目的是增强光纤的机械强度。

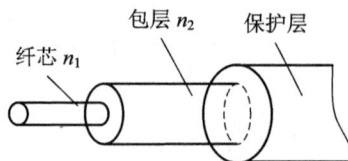

图9-27 光纤的基本结构

2. 光纤的传光原理

光纤传输基于光的全内反射,基本原理如图9-28所示,两个端面均为光滑的平面。当

光线射入一个端面并与圆柱的轴线成 θ_i 角时,在光纤内折射成 θ' 角,然后以 φ_i 角入射至纤芯与包层的界面,光线一部分透射到包层,一部分反射回纤芯。若要在界面上发生全反射,则纤芯包层与界面的光线入射角 φ_i 应使出射角 φ' 大于临界角 φ_c。根据斯涅耳(Snell)光的折射定律,有

$$n_0 \sin\theta_i = n_1 \sin\theta' \tag{9-8}$$

$$n_1 \sin\varphi_i = n_2 \sin\varphi' \tag{9-9}$$

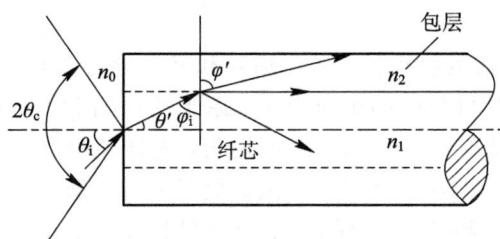

图 9-28　光纤的传光原理

欲发生全反射,应使

$$\varphi' \geqslant \varphi_c = 90°（临界折射角）$$

$$n_1 \sin\theta' = n_1 \sin\left(\frac{\pi}{2} - \varphi_i\right) = n_1 \cos\varphi_i$$

$$= n_1 \sqrt{1 - \sin\varphi_i^2} = n_1 \sqrt{1 - \left(\frac{n_2}{n_1}\sin\varphi'\right)^2} \tag{9-10}$$

当 $\varphi' = \varphi_c = 90°$ 时,有

$$n_1 \sin\theta' = \sqrt{n_1^2 - n_2^2} \tag{9-11}$$

由式(9-8)和式(9-11)可得,光纤端面的入射角 θ_i 应满足如下式:

$$\theta_i \leqslant \theta_c = \arcsin\left(\frac{1}{n_0}\sqrt{n_1^2 - n_2^2}\right) \tag{9-12}$$

光纤处于空气中时,$n_0 = 1$,有

$$\theta_i \leqslant \theta_c = \arcsin\sqrt{n_1^2 - n_2^2} \tag{9-13}$$

因此,当入射角 θ_i 小于临界入射角 θ_c 时,光在纤芯和包层的界面上反复逐次全反射,以锯齿波形状在纤芯内向前传播,最后从光纤的另一端面射出,此即光纤的传光原理。

3. 光纤的基本特性

1) 数值孔径(NA)

光纤数值孔径定义为

$$NA = \sin\theta_c = \frac{1}{n_0}\sqrt{n_1^2 - n_2^2} \tag{9-14}$$

数值孔径 NA 表征了光纤的集光能力,NA 越大,集光能力越强,耦合效率越高。但 NA 过大时,会造成光信号畸变。通常石英的 NA 取 0.2～0.4。

2) 光纤模式

光纤模式指光波传播的途径和方式。根据光纤模式的不同,可将光纤分为单模光纤和多模光纤。

(1) 单模光纤:纤芯直径为 2 μm~12 μm,只能传输一种模式。其畸变小,线性好,容量大,灵敏度高,但制造、连接、耦合困难,多用于相位调制型和偏振调制型的光纤传感器。

(2) 多模光纤:纤芯直径为 50 μm~100 μm,性能较差,但易制造、连接、耦合,多用于光强度调制型或传光型光纤传感器。

光纤传光时,信号模式数量越少越好,因为以多种模式传播同一光信号,会使部分光信号分为多个不同时间到达接收端的小信号,导致信号畸变。

3) 光纤传输损耗

光纤传输损耗主要包括吸收损耗、散射损耗和光波导弯曲损耗。

(1) 吸收损耗:因光纤材料中的杂质离子、原子的缺陷对光的吸收而产生的损耗。

(2) 散射损耗:因光纤材料密度和浓度不均匀,光纤和包层的界面不光滑、污染等产生的损耗。散射损耗与波长的四次方成反比,因此波长越短,散射越严重。

(3) 光波导弯曲损耗:因使用时光纤弯曲而产生的损耗。弯曲半径大于 10 cm 时,可忽略。

9.2.2 光纤传感器的工作原理及应用

1. 光纤传感器的工作原理及组成

1) 工作原理

光纤传感器的工作原理是:通过外界信号(温度、压力、应变、位移、振动等)对光进行调制,引起光的强度、波长、频率、相位、偏振态等性质的变化,即光被外界参数调制。

光纤传感器一般分为功能型(传感型)传感器和非功能型(传光型)传感器两类。

(1) 功能型传感器:又称为传感型传感器,利用光纤本身的特性或功能把光纤作为敏感元件,被测量对光纤内传输的光进行调制,使传输的光的强度、相位、频率或偏振态等特性发生变化,再通过对被调制过的信号进行解调,从而得出被测信号。

(2) 非功能型传感器:又称为传光型传感器,利用其他敏感元件感受被测量的变化,光纤作为信息的传输介质。

2) 组成结构

如图 9-29 所示,光纤传感器由光源、敏感元件(光纤、非光纤)、光探测器、信号处理系统及光纤组成。

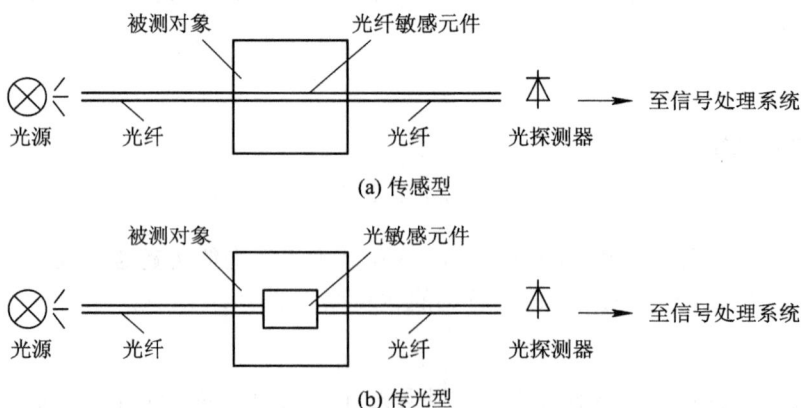

(a) 传感型

(b) 传光型

图 9-29　光纤传感器组成示意图

3）工作过程

光源发出的光，通过光纤传到敏感元件；被测参数作用于敏感元件，在光的调制区内，光的某一性质受到被测量的调制；调制后的光经接收光纤耦合到光探测器，将光信号转换为电信号，然后进行相应的信号处理后得到被测量值。

2. 光纤传感器的应用

1）光纤传感器的液位检测

采用光纤传感器检测液位的工作原理如图 9 - 30 所示。系统采用两组光纤传感器，一组完成液面上限控制，另一组完成液面下限控制，分别按某一角度装在玻璃筒的两侧。

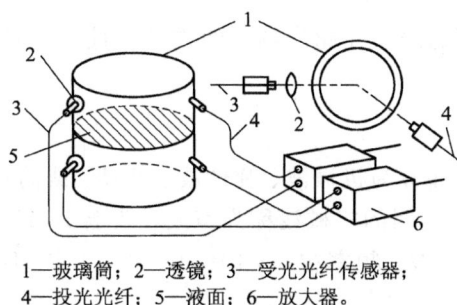

1—玻璃筒；2—透镜；3—受光光纤传感器；
4—投光光纤；5—液面；6—放大器。

图 9 - 30　液位检测原理图

当投光光纤与光纤传感器之间有液体时，由于液体对光的折射，光纤传感器接收到光信号，并由放大器内的光敏元件转换成电信号输出。无液体时，光纤传感器接收不到投光光纤发出的光。液面的控制精度可达±1 mm。

2）光纤旋涡流量传感器

光纤旋涡流量传感器结构示意图如图 9 - 31 所示。将一根多模光纤垂直装入流体管道，当液体或气体流经与其垂直的光纤时，流体流动受到光纤阻碍，根据流体力学原理，光纤的下游两侧将产生有规则的旋涡，旋涡的频率 f 近似与流体的流速成正比，即

$$f = S_t \frac{v}{d} \tag{9 - 15}$$

式中：v 为流速；d 为流体中物体的横向尺寸大小；S_t 为斯特罗哈尔（Strouhal）系数，无量纲常数。

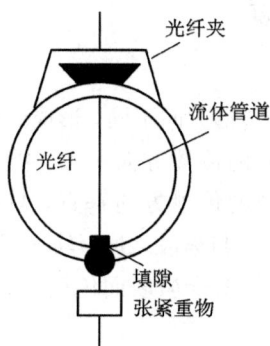

图 9 - 31　光纤旋涡流量传感器结构示意图

在多模光纤的输出端,各模式的光形成干涉光斑,没有外界扰动时干涉图样是稳定的,受到外界扰动时,干涉图样的明暗相间的斑纹或斑点会发生随着振动周期而变化的移动,测得相应的频率信号 f,即可推算出流体的流速。

光纤旋涡流量传感器可测量液体和气体的流量,没有活动部件,测量可靠,对流体流动不产生阻碍作用,压力损耗非常小。

9.3 超声波传感器

9.3.1 超声波传感器的工作原理

超声波传感器是指利用超声波在超声场中的物理特性而实现信息转换的装置,又称为超声波换能器或探测器。

1. 超声波的特性

振动在弹性介质内的传播称为机械波、弹性波、波动,或简称波。

频率在 16 Hz～20 kHz 之间的机械波称为声波;低于 16 Hz 的机械波称为次声波;高于 20 kHz 的机械波称为超声波。频率在 3×10^8 Hz～3×10^{11} Hz 之间的波,称为微波。如图 9 - 32 所示。

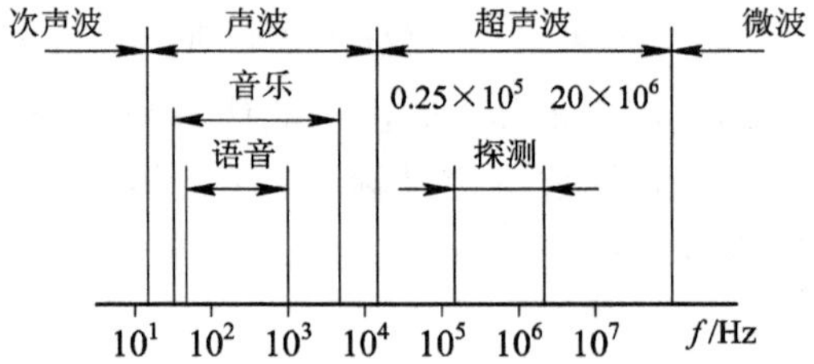

图 9 - 32 机械波的频率界限图

按振动强度不同,超声波可分为检测超声波和功率超声波两种。检测超声波振动强度较低,用来探测信息;功率超声波振动强度高,用以改变传声媒质的状态、性质及结构,也称高能超声波。

当超声波由一种介质入射到另一种介质时,由于在两种介质中传播速度不同,在介质分界面上会产生反射、折射和波型转换等现象。

2. 超声波的波型及其传播速度

1) 波型

质点的振动方向与波在介质中的传播方向不同,形成的声波波型也不同。通常有以下几种:

(1) 纵波:质点的振动方向与波的传播方向一致,能在固体、液体和气体介质中传播。

(2) 横波:质点的振动方向与波的传播方向垂直,只能在固体介质中传播。

(3) 表面波:质点的振动介于横波与纵波之间,轨迹是椭圆形,椭圆的长轴垂直于传播方向,短轴平行于传播方向,表面波只沿着介质表面传播,其振幅随深度的增加而迅速衰减。

2) 波型转换

当纵波以某一角度入射到第二固体介质的界面上时,除有纵波的反射、折射外,还发生横波的反射、折射，有些情况下还能产生表面波。

3）传播速度

超声波的传播速度取决于介质密度和弹性。在气体和液体中传播时，因为不存在剪切应力，所以仅有纵波的传播，其传播速度 c 为

$$c=\sqrt{\frac{1}{\rho B_a}} \qquad (9-16)$$

式中：ρ 为介质的密度；B_a 为绝对压缩系数。

上述的 ρ、B_a 都是温度的函数，因此超声波在介质中的传播速度随温度的变化而变化。

在固体中，纵波、横波及表面波的速度相互关联：横波速度为纵波的一半，表面波速度为横波速度的 90%。气体中纵波速度为 344 m/s，液体中纵波速度为 900 m/s～1900 m/s。

3. 超声波的反射和折射

声波从一种介质传播到另一种介质时，在两种介质的分界面上一部分声波发生反射，另一部分发生折射，并透射过界面，在另一种介质内部继续传播。如图 9-33 所示。

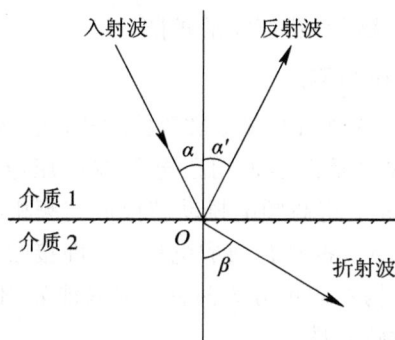

图 9-33　超声波的反射和折射

依物理学理论，波反射时，入射角 α 与反射角 α' 的正弦之比等于波速之比；折射时，入射角 α 与折射角 β 的正弦之比等于入射波波速 c_1 与折射波波速 c_2 之比，即

$$\frac{\sin\alpha}{\sin\beta}=\frac{c_1}{c_2} \qquad (9-17)$$

声波的反射系数 R 和透射系数 T 分别为

$$R=\frac{I_r}{I_i}=\left[\frac{\rho_2 c_2 \cos\alpha - \rho_1 c_1 \cos\beta}{\rho_2 c_2 \cos\alpha + \rho_1 c_1 \cos\beta}\right]^2 \qquad (9-18)$$

$$T=\frac{I_t}{I_i}=\frac{4\rho_1 c_1 \cdot \rho_2 c_2 \cdot \cos\alpha \cdot \cos\beta}{(\rho_1 c_1 \cos\beta + \rho_2 c_2 \cos\alpha)^2} \qquad (9-19)$$

式中：I_i、I_r、I_t 分别为入射波、反射波、透射波的声强；α、β 分别为声波的入射角和折射角；c_1、c_2 分别为反射波和折射波的速度；$\rho_1 c_1$、$\rho_2 c_2$ 分别为两介质的声阻抗。

当超声波垂直界面入射，即 $\alpha=\beta=0$ 时，则

$$R=\left(\frac{1-\dfrac{\rho_2 c_2}{\rho_1 c_1}}{1+\dfrac{\rho_2 c_2}{\rho_1 c_1}}\right)^2 \qquad (9-20)$$

$$T = \frac{4\rho_1 c_1 \cdot \rho_2 c_2}{(\rho_1 c_1 + \rho_2 c_2)^2} \tag{9-21}$$

若 $\rho_2 c_2 \approx \rho_1 c_1$，则反射系数 $R \approx 0$，透射系数 $T \approx 1$，声波几乎全透射；

若 $\rho_2 c_2 \gg \rho_1 c_1$，则反射系数 $R \approx 1$，声波在界面上几乎全反射；

若 $\rho_1 c_1 \gg \rho_2 c_2$，则反射系数 $R \approx 1$，声波在界面上几乎全反射。

4. 超声波的衰减

声波在介质中传播时，随着传播距离的增加，能量逐渐衰减，声压和声强的衰减规律为

$$P_x = P_0 e^{-ax} \tag{9-22}$$

$$I_x = I_0 e^{-2ax} \tag{9-23}$$

式中：P_x、I_x 分别为距声源 x 处的声压和声强；x 为声波与声源间的距离；a 为衰减系数。

声波在介质中传播时，能量衰减的程度与声波的扩散、散射及吸收等因素有关。扩散衰减指因声波传播距离的增加而引起的声能减弱；散射衰减指固体介质中的颗粒界面或流体介质中的悬浮粒子改变了部分声能的传播方向而造成的能量损耗；吸收衰减是由于介质具有黏滞性，使超声波传输时引起质点间的摩擦，从而使一部分声能转换成热能，导致损耗。

在理想介质中，声波的衰减仅来自声波的扩散。

5. 超声波传感器的类型和结构

超声传感器按其工作原理可分为压电式、磁致伸缩式、电磁式等，其中压电式最为常用。

压电式超声波传感器的敏感元件多采用压电晶体和压电陶瓷，利用压电效应进行工作。发射探头利用了逆压电效应，将高频电振动转换成高频机械振动，形成超声波发射；接收探头利用正压电效应，将超声波振动转换成电信号，即接收了超声波。

超声波探头按敏感元件结构不同可分为两种，即只能发射或只能接收的单向敏感元件和既可发射又可接收的可逆敏感元件。

压电式超声波传感器的结构如图 9-34 所示，由压电晶片、吸收块(阻尼块)、保护膜、接线片等组成。

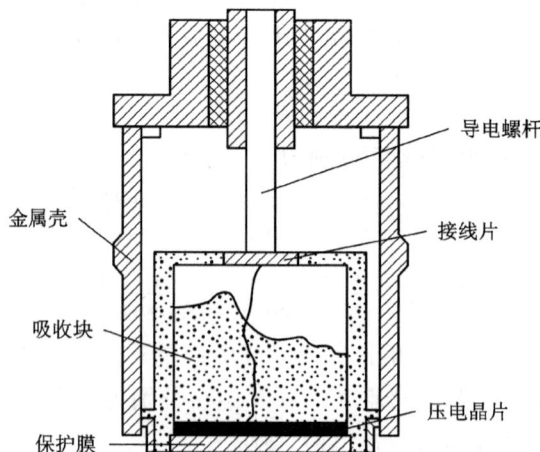

图 9-34 压电式超声波传感器结构

超声波频率 f 与压电晶片厚度 δ 成反比，压电晶片两面镀银，作为导电极板。阻尼块的作用是吸收声能量，提高分辨率。

9.3.2　超声波传感器的应用

1. 超声波流量检测

超声波传感器利用超声波在静止流体和流动流体中的传播速度的不同检测流体速度，再根据管道流体的截面积计算出流体流量。

超声波流量检测计原理如图 9-35 所示。在流体中相距 L 处各设置一个超声波传感器，既可以发射也可以接收超声波。设顺、逆流方向的传播时间分别为 t_1、t_2，流体静止时超声波的传播速度为 c，流体流动速度为 v，则

$$t_1 = \frac{L}{c+v} \tag{9-24}$$

$$t_2 = \frac{L}{c-v} \tag{9-25}$$

超声波传播时间差为

$$\Delta t = t_2 - t_1 = \frac{2Lv}{c^2 - v^2} \tag{9-26}$$

由于流体的流速远小于超声波在流体中的传播速度，即 $c \gg v$，则得到流体的流速为

$$v = \frac{c^2}{2L} \Delta t \tag{9-27}$$

实际应用时，超声波传感器安装在管道外部，如图 9-36 所示，超声波的传输时间为

$$t_1 = \frac{\frac{D}{\cos\theta}}{c + v\sin\theta} \tag{9-28}$$

$$t_2 = \frac{\frac{D}{\cos\theta}}{c - v\sin\theta} \tag{9-29}$$

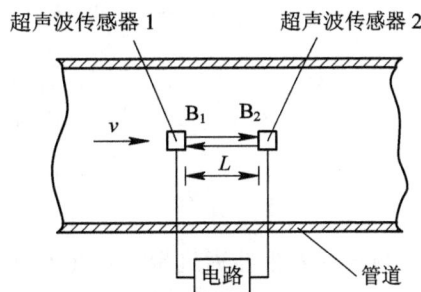

图 9-35　超声波流量检测计的原理

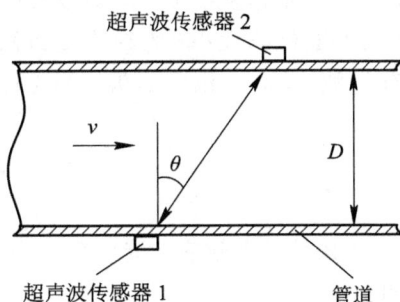

图 9-36　超声波流量传感器安装示意图

2. 超声波探伤

1）透射式

透射式探伤是根据超声波穿透工件后能量的变化来判断工件内部质量。透射式探伤工作原理如图 9-37 所示，两探头置于工件相对两面，一个发射，一个接收。发射波可以是连续波，也可以是脉冲波。

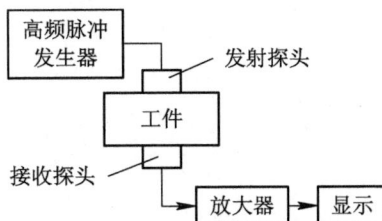

图 9-37　透射式探伤原理图

工件内无缺陷时，接收能量大，因而输出电压也大；工件内有缺陷时，因部分能量被反

射,接收能量小,因而输出电压也小。由此可判断有无缺陷。

此法灵敏度较低,无法识别小缺陷,也无法定位,对两探头的相对距离和位置要求较高。

2)反射式

反射式探伤是以声波在工件中反射后能量的不同来探测缺陷,其原理如图9-38所示。

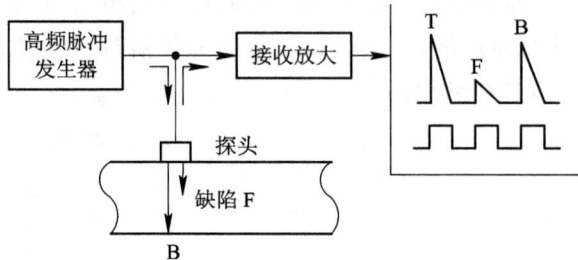

图9-38 反射式探伤原理图

高频脉冲发生器通过探头产生超声波,向工件内部传播,一部分被缺陷反射回来,另一部分传至工件底面也被反射回来,被探头接收后变为电压脉冲。发射波T、缺陷波F及底波B被放大后,在荧光屏上显示。荧光屏上的水平亮线为扫描线(时间基准),其长度与时间成正比。根据发射波、缺陷波及底波在扫描线上的位置,可求出缺陷位置。由缺陷波的幅值,可判断缺陷大小。当缺陷截面积大于声束面时,声波全部由缺陷处反射回来,荧光屏上只有T波、F波,没有B波。当工件无缺陷时,荧光屏上只有T波、B波,没有F波。

习　题　9

1. 什么是光电效应?光电效应可分为哪几种?试论述每种光电效应的含义,并各举一例说明。

2. 简述光敏电阻、光敏二极管、光敏三极管和光电池的工作原理。

3. 什么是电荷耦合器?试论述其基本结构和工作原理。

4. 依据光纤的基本结构,论述光纤的工作原理,并说明数值孔径NA的作用。

5. 试论述光纤流量传感器的工作原理。

6. 试论述超声波流量检测计的原理及安装方式。

第 10 章　智能检测技术

智能检测技术知识点

10.1　智能检测系统

10.1.1　智能检测系统的组成

智能检测系统的典型结构如图 10-1 所示,其主要由传感器、信号采集调理系统、计算机、基本 I/O 系统、交互通信系统、控制系统等组成。

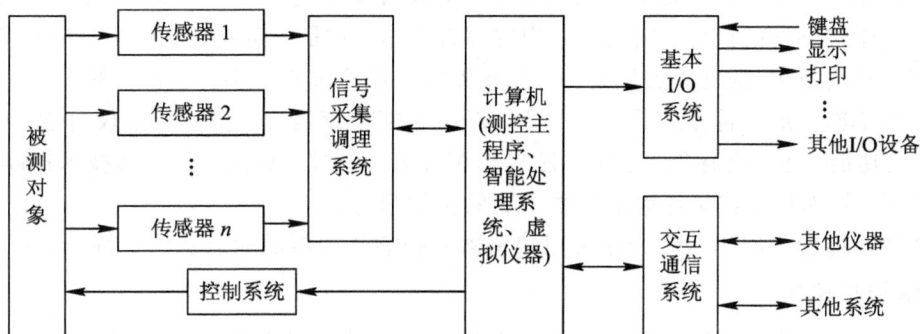

图 10-1　智能检测系统的典型结构

传感器是智能检测系统的信息来源,是能够感受规定的被测量,并按照一定的规律转换成可用输出信号的器件或装置。

信号采集调理系统接收和采集来自传感器的各种信号和信息,经过计算分析和判断处理,输出相应信号给计算机。信号采集调理系统的硬件主要包括前置放大器、抗混叠低通滤波器、采样/保持器和多路模拟开关、程控放大器、A/D 转换器等。输入按输入信号的不同可分为模拟量输入和数字量输入。模拟量输入是检测系统中最常用的也是最复杂的,被测信号经传感器拾取后变成电信号,再经信号采集调理系统对输入信号进行放大、滤波、非线性补偿、阻抗匹配等功能性调节后送入计算机。数字量输入则通过通道测量、采集各种状态信息,将这些信息转换为字节或字的形式后送入计算机。由于信号可能存在瞬时高压、过电压、噪声及触点抖动,因此数字输入电路通常包括信号转换、滤波、过压保护、电隔离及消除抖动等电路,以消除这些因素对信号的影响。

计算机是整个智能检测系统的核心,对整个系统起监督、管理、控制作用,同时进行复杂信号的处理、控制决策、产生特殊的检测信号、控制整个检测过程等。此外,利用计算机强大的信息处理能力和高速的运算能力,可实现命令识别、逻辑判断、非线性误差修正、系统动态特性的自校正以及系统自学习、自适应、自诊断、自组织等功能。智能检测系统通过机器学习、人工神经网络、数据挖掘等人工智能技术，可实现环境识别处理和信息融合，从而达到高级智能化水平。

基本 I/O 系统用于实现人-机对话、输入或修改系统参数、改变系统工作状态、输出测试结果、动态显示测控过程以及以多种形式输出、显示、记录、报警等功能。

交互通信系统用于实现与其他仪器仪表等系统的通信与互连。依靠交互通信系统可根据实际问题需求灵活构造不同规模、不同用途的智能检测系统，如分布式测控系统、集散型测控系统等。通信接口的结构及设计方法与采用的总线技术、总线规范有关。

控制系统实现对被测对象、被测试组件、测试信号发生器，甚至对系统本身和测试操作过程的自动控制。根据实际需要，大量接口以各种形式存在于系统中，接口的作用是完成与它所连接的设备之间的信号转换（如进行信号功率匹配、阻抗匹配、电平转换和匹配）和交换、信号（如控制命令、状态数据信号、寻址信号等）传输、信号拾取，以及对信号进行必要的缓冲或锁存，以增强智能检测系统的功能。

10.1.2 智能检测系统中的传感器

传感器作为智能检测系统的主要信息来源，其性能决定了整个检测系统的性能。传感器技术是关于传感器的设计、制造及应用的综合技术，它是信息技术（传感与控制技术、通信技术和计算机技术）的三大支柱之一。传感器的工作原理多种多样，种类繁多，近年来随着新技术的不断发展，涌现出了各种类型的新型智能传感器，使传感器不仅有视、嗅、触、味、听觉的功能，还具有存储、逻辑判断和分析等人工智能，从而使传感器技术提高到了一个新的水平。智能传感器是传感器技术发展的必然趋势。

本节从智能检测应用角度介绍常用传感器和智能传感器的功能及应用特点。

1. 常用传感器

（1）应变式传感器：利用电阻应变效应将被测量转换成电阻的相对变化的一种装置，它是目前最常用的一种测量力和位移的传感器，在航空、船舶、机械、建筑等领域里获得了广泛应用。

（2）电感式传感器：利用电磁感应原理将被测量转换成电感量变化的一种装置，其广泛应用于位移测量以及能转换成位移的各种参量（如压力、流量、振动、加速度、比重、材料损伤等）的测量。其中，电涡流式电感传感器还可进行非接触式连续测量。这种传感器能实现信息的远距离传输、记录、显示和控制，在工业自动控制系统中被广泛采用。

（3）电容式传感器：将被测量转换成电容量变化的一种装置，其广泛应用于压力、差压、液位、振动、位移、加速度、成分含量等方面的测量。

（4）压电式传感器：利用某些材料的压电效应将力转变为电荷或电压输出的一种装置，其在各种动态力、机械冲击与振动测量，以及声学、医学、力学、宇航等方面得到了非常广泛的应用。

（5）磁电式传感器：通过电磁感应原理将被测量转换为电信号的一种装置，其广泛应用于电磁、压力、加速度、振动等方面的测量。

（6）光电式传感器：利用光电元件将光能转换成电能的一种装置，可用于检测许多非电量。由于光电式传感器响应快、结构简单、使用方便，而且具有较高的可靠性，因此在检测、自动控制及计算机等方面应用非常广泛。

（7）热电传感器：一种将温度转换成电量的装置，包括电阻式温度传感器、热电偶传感器、集成温度传感器等。热电偶传感器是工程上应用最广泛的温度传感器，其构造简单，使用方便，具有较高的准确度、稳定性及复现性，温度测量范围宽，动态性能好，在温度测量中占有重要的地位。

（8）超声波传感器：利用超声波的传播特性进行工作，已广泛应用于超声波探伤及液位、厚度等的测量。超声波探伤是无损探伤的重要工具之一。

2. 智能传感器

智能传感器集成了微处理器，具有检测、判断、信息处理、信息记忆和逻辑思维等功能。它主要由传感器、微处理器及相关电路组成。微处理器能按照给定的程序对传感器实施软件控制，把传感器从单一功能变成多功能，具有自诊断、自校准、自适应性功能；能够自动采集数据，并对数据进行预处理；能够自动进行检验、自选量程、自寻故障等。

智能传感器与传统的传感器相比具有以下特点：

（1）扩展了测量范围和功能，组态功能可实现多传感器多参数综合测量。

（2）具有逻辑判断、信息处理功能，可对检测数据进行分析、修正和误差补偿，大大提高了测量精度。

（3）具有自诊断、自校准、自适应性以及数据存储功能，能够进行选择性的测量和排除外界的干扰，提高了测量的稳定性和可靠性。

（4）在相同精度的需求下，多功能智能传感器与单一功能普通传感器相比，性价比明显提高。

（5）具有数据通信接口，能够直接将数据送入远程计算机进行处理，具有多种数据输入形式，适配各种应用系统。

智能传感器是微电子技术、计算机技术和自动测试技术的结晶，其特点是能输出测量数据及相关的控制量，适配各种微控制器。它是在硬件的基础上通过软件来实现检测功能，软件在智能传感器中占据了主要成分，智能传感器通过各种软件对测量过程进行管理和调节，使之工作在最佳状态，并对传感器测量数据进行各种处理和存储，提高了传感器性能指标。智能传感器的智能化程度与软件的开发水平成正比，利用软件能够实现硬件难以实现的功能，以软件代替了部分硬件，降低了传感器的制造难度。

10.1.3　智能检测系统中的硬件

典型的智能检测系统硬件由传感器、前置放大器、抗混叠低通滤波器、采样/保持电路和多路开关、A/D 转换器、RAM、EPROM、调理电路控制器、信息总线等组成，如图 10-2 所示。

前置放大器的主要作用是将来自传感器的低电压信号放大到系统所要求的电压，同时可以提高系统的信噪比，减少外界干扰。

抗混叠低通滤波器用以滤除信号中的高频分量。由采样定理可知，当采样频率小于有用信号频带上限频率的二倍时，采样信号的频谱将产生频谱重叠现象，造成信号失真。一般采用抗混叠滤波器滤除采样频率大于最高频率 3～5 倍的高频分量。

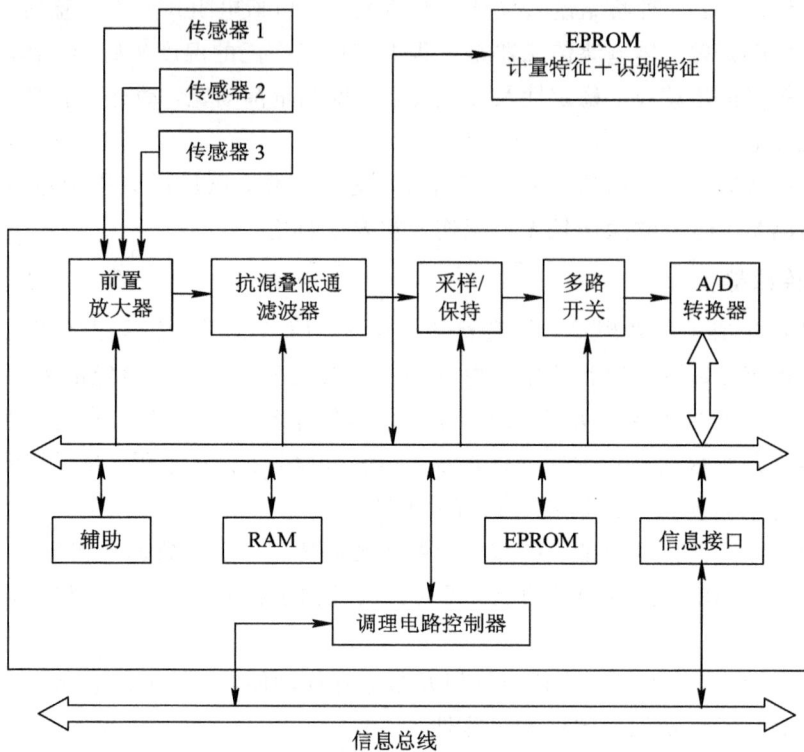

图 10-2 典型智能检测系统硬件构成

检测系统中采用较多的 A/D 转换器主要有逐次比较式 A/D 转换器、双积分式 A/D 转换器和Σ-Δ式 A/D 转换器。逐次比较式 A/D 转换器在精度、速度和价格上都比较适中,是最常用的 A/D 转换器。双积分式 A/D 转换器具有精度高、抗干扰性好、价格低廉等优点,与逐次比较式 A/D 转换器相比,转换速度较慢,近年来在单片机应用领域中得到了广泛应用。Σ-Δ式 A/D 转换器具有双积分式 A/D 转换器与逐次比较式 A/D 转换器的双重优点,它对工业现场的串模干扰具有较强的抑制能力,并且有着比双积分式 A/D 转换器更快的转换速度,与逐次比较式 A/D 转换器相比,有较高的信噪比,分辨率高,线性度好,且不需要采样/保持电路。由于上述优点,Σ-Δ式 A/D 转换器逐渐得到了应用,已有多种Σ-Δ式 A/D 转换芯片可供用户选用。A/D 转换器按照输出数字量的有效位数分为 4 位、8 位、10 位、12 位、14 位、16 位并行输出以及 3 位半、4 位半、5 位半 BCD 码输出等多种。

A/D 转换器完成一次完整的转换过程是需要时间的,因此对变化速度较快的模拟信号来说,如果不采取相应措施,将引起转换误差。为此在 A/D 转换器之前需要接入一个采样/保持电路,在通道切换前,使其处于采样状态,在切换后的 A/D 转换周期内使其处于保持状态,以保证在 A/D 转换期间输入到 A/D 转换器的信号不变。目前有不少 A/D 转换芯片内部集成了采样/保持电路。

调理电路控制器是智能检测系统的控制中枢,计算机则是系统中的决策中枢。调理电路控制器接收来自计算机的控制信息并通过信息总线和信息接口向系统中的各个功能模块发出控制命令,同时系统中 A/D 转换器的输出数据也要通过信息总线和信息接口实时地传输到计算机中。

10.1.4　智能检测系统中的软件

1. 软件组成

智能检测系统中的软件取决于智能检测系统的硬件支持和检测功能的复杂程度。智能检测系统中的软件按功能一般可包括数据采集、数据处理、数据管理、系统控制、系统管理、网络通信、虚拟仪器等，如图 10-3 所示。

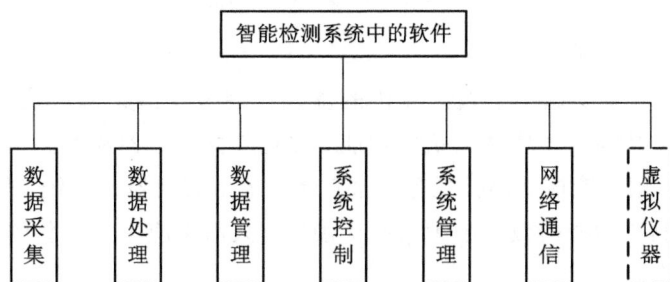

图 10-3　智能检测系统中的软件组成

数据采集软件有初始化系统、收集实验信号与采集数据等功能，将所需的数据参数提取至检测系统中。

数据处理软件将数据进行实时分析、信号处理、识别分类，包括对数据进行数字滤波、去噪、回归分析、统计分析、特征提取、智能识别、几何建模与仿真等功能模块。

数据管理软件包括对采集数据进行显示、打印、存储、回放、查询、浏览、更改、删除等功能模块。

系统控制软件可根据预定的控制策略通过控制参数设置进而实现控制整个系统。控制软件的复杂程度取决于系统的控制任务。计算机控制任务按设定值性质可分为恒值调节、伺服控制和程序控制三类。常见的控制策略有程序控制、PID 控制、前馈控制、最优控制与自适应控制等。

系统管理软件包括系统配置、系统功能测试诊断、传感器标定校准功能模块等。其中系统配置软件对配置的实际硬件环境进行一致性检查，建立逻辑通道与物理通道的映射关系，生成系统硬件配置表。

网络通信软件完成检测系统的内外部通信。

2. 虚拟仪器

随着计算机技术的高速发展，传统仪器开始向计算机化方向发展。以计算机为核心，计算机软件技术与测试软件系统的有机结合，产生了虚拟仪器。美国国家仪器公司 NI (National Instruments) 在 20 世纪 80 年代提出了虚拟仪器 (Virtual Instrument，VI) 的概念，它是指通过应用程序将通用计算机与功能化硬件结合起来，用户可通过友好的图形界面来操作这台计算机，就像在操作自己定义和设计的一台单个仪器一样，从而完成对被测量的采集、分析、判断、显示、数据存储等。与传统仪器一样，虚拟仪器同样划分为数据采集、数据分析处理、显示结果三大功能模块，如图 10-4 所示。虚拟仪器以透明方式把计算机资源与仪器硬件的测试功能相结合，实现仪器的功能运作。

插入式 DAQ 卡		信号处理		网络传输
GPIB 仪器	→	数字滤波	→	硬复制
VXI 仪器	←	统计	←	文件 I/O
RS-232C		分析		图形用户接口
采集处理		数据分析		结果表达

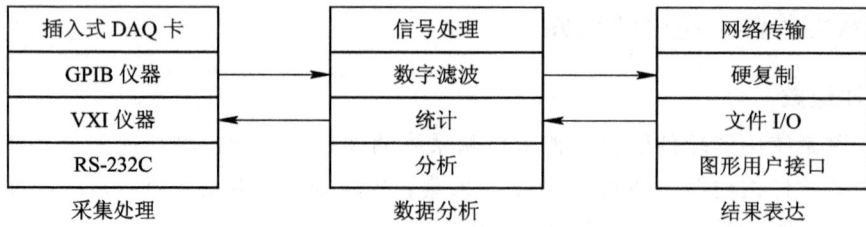

图 10-4　虚拟仪器的内部功能划分

虚拟仪器具有如下优点:

(1) 性价比较高。基于通用个人计算机的虚拟仪器和仪器集成系统,可以实现多种仪器共享计算机资源,从而大大增强了仪器功能,并且降低了仪器成本。

(2) 开放系统。用户能根据测控任务,随心所欲地组成仪器或系统。仪器扩充和升级十分简便,配置新的测试功能模板甚至无需改变硬件,只需将应用模块化的软件包重新搭配,便可构成新的虚拟仪器。

(3) 智能化程度高。虚拟仪器是基于计算机的仪器,其软件具有强大的分析、计算、逻辑判断功能,可以在计算机上建立一个智能专家系统。

(4) 界面友好,使用简便。数台仪器及仪器功能显示于虚拟仪器面板上,用鼠标即可完成一切操作,人机界面极其友好。仪器功能选择、参数设置、数据处理、结果显示等均能通过友好对话进行。

(5) 虚拟仪器在使用中,人们可以随时获得计算机给予的帮助提示信息。

10.2　智能检测方法

10.2.1　基于支持向量机的智能检测

对检测样本数据进行训练并寻找规律,利用这些规律对输出的数据或者无法观测的数据进行预测是基于统计学的基本思想。传统的统计学研究的内容是样本趋于无穷大时的渐进理论,即当样本数趋于无穷大时的极限特征。然而,在基于传感器的智能检测中样本数量通常是有限的,因此这时候就需要一种能够很好地处理小数据样本的统计学方法。支持向量机(Support Vector Machines,SVM)是 Vapnik 等人根据统计学习理论中结构最小风险化原则提出的。SVM 具有严格的数学理论基础、直观的几何解释和良好的泛化能力,能够提高学习机的推广能力,在处理小样本数据时具有独特的优点,弥补了传统统计学的不足,由有限数据集得到的判别函数对独立的测试集仍然能够得到较小的误差。不仅如此,与统计学习中的另一种主流方法神经网络相比,SVM 避免了神经网络中的局部最优解和拓扑结构难以确定的问题,并有效克服了维度灾难,也被逐渐应用到智能检测、信号处理等领域。

SVM 是从线性可分情况下的最优分类面发展而来的,其主要思想可用图 10-5 来说明。

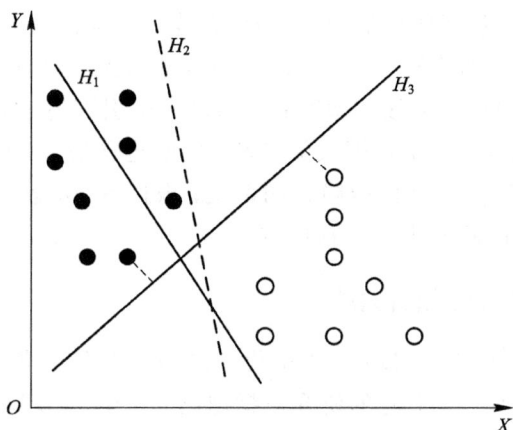

图 10-5 划分超平面将两类数据分开

图 10-5 中实心圆和空心圆代表两类数据样本。直观上看，H_2 和 H_3 可以将两类数据样本正确分开，但是 H_2 只有很小的间隔，H_3 以最大的间隔将它们分开，根据经验，H_3 的分类效果是最好的。所以，在寻找最优超平面时，首先要做到使不同的数据样本正确分开，使训练错误率达到最小，保证经验风险最小；其次要做到使分类间隔最大，保证推广性的界中的置信范围最小，从而使真实风险最小。这样的超平面所产生的分类结果是最鲁棒的，对未见样本的泛化能力最强，对训练样本的局部扰动产生的影响也最小。

如图 10-6 所示是一种基于支持向量机的传感器故障检测流程图，其主要分为模型建立阶段和故障检测阶段。模型建立阶段主要有：建立包含故障样本和正常样本的训练集；

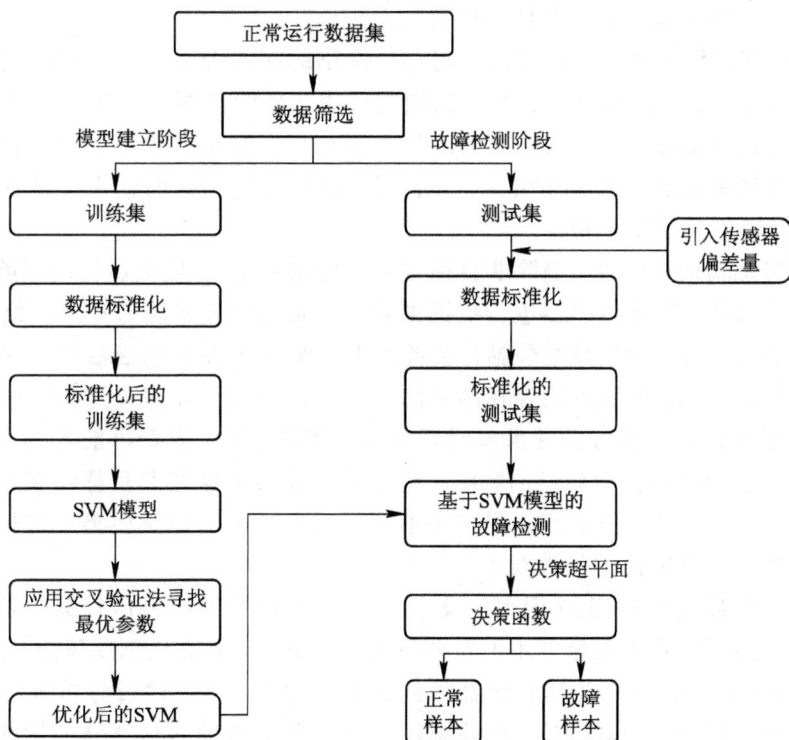

图 10-6 基于支持向量机的传感器故障检测流程图

对训练集进行标准化处理(包括传感器信号 A/D 转换、单位化、滤波降噪、坐标化等);将标准化后的数据输入 SVM 训练机进行训练;用交叉验证法寻找最优参数;基于最优参数建立最优 SVM 模型。故障检测阶段主要有:在测试集中引入传感器偏差量;对融合的测试集进行训练集等同的标准化处理;根据最优 SVM 模型建立基于 SVM 的故障检测系统;将标准化后的测试集输入基于 SVM 的故障检测系统;根据 SVM 数学特征求出超平面和决策函数;根据决策函数划分故障样本与正常样本。

10.2.2　基于神经网络的智能检测

神经网络技术是国际上从 20 世纪 80 年代中期以来迅速发展和崛起的一个新研究领域,成为当今的一个研究热点。对它的研究包括理论、模型、实现和应用等各个方面,目前已经取得了较大的成果。其中神经网络技术在信号处理领域中的应用更引人注目,特别是在目标识别、图像处理、语音识别、自动控制、通信等方面有极为广阔的应用前景,并可望取得重大的突破。

在信号处理领域,无论是信号的检测、识别、变换,还是滤波、建模与参数估计,都是以传统的数字计算机为基础的。由于这种计算是基于串行程序的原理和特征,使得它在信号处理的许多领域中很难发挥作用。例如在信号检测、估计与滤波中,要求的最优处理与需要的运算量之间存在着很大的矛盾,也就是说,要达到最优处理性能,需要完成的计算量通常大到不可接受的地步。为此人们就期望着有一种新的理论和技术来解决诸如此类的问题。神经网络技术就是在对人类大脑信息处理研究成果的基础上提出来的。利用神经网络的高度并行运算能力,就可以实现难以用数字计算机实现的最优信号处理。神经网络不仅是信号处理的有效工具,而且也是一种新的方法论。

目前,在智能检测领域中广泛开展了对神经网络的深入研究,主要应用包括实时控制、故障诊断、参数估计、传感器模型、模式识别与分类、环境监测与治理及光谱与化学分析等。在实际智能检测系统中,传感器的输出特性不仅仅是目标参量的函数,它还受到环境参量的影响,而且参量之间常常存在着交互作用,这使得传感器的输出大都为非线性并存在静态误差,从而影响了测量精度。

为了提高传感器的稳定性,消除非目标参量对传感器输入/输出特性的影响,减小传感器的静态误差,通常利用多传感器进行数据融合。多元回归分析法与神经网络法是两种主流的数据融合方法。前者通过建立包括待消除的非目标参量在内的函数解析式来消除非目标参量对传感器的影响。但该方法存在两个局限性:① 该方法需建立严格的包括非目标参量在内的函数解析式;② 该方法在求解时,方程为多维矩阵,方程可能为病态方程。神经网络法同样是为了消除非目标参量的影响,建模时需要检测这些非目标参量,进行多变量标定实验以获得学习样本;但是神经网络法不需要建立精确的数学模型,其非线性映射能力也满足传感器非线性输出的特性要求。

本节以受两个环境变量(工作温度 t 及电流波动 γ)影响的压力传感器为例,介绍基于神经网络法的多传感器数据融合技术的智能压力检测方法。此方法利用压力、温度、电流 3 种传感器,并采用神经网络理论对传感器的数据进行融合处理,通过分析 3 种传感器提供的信息来建立样本进行学习和训练,消除温度变化和电流波动对传感器的影响,提高传感器对压力参量的测量准确度。

采用神经网络进行多传感器数据融合的智能压力传感器系统由传感器模块和神经网络模块两大部分组成，如图 10-7 所示。

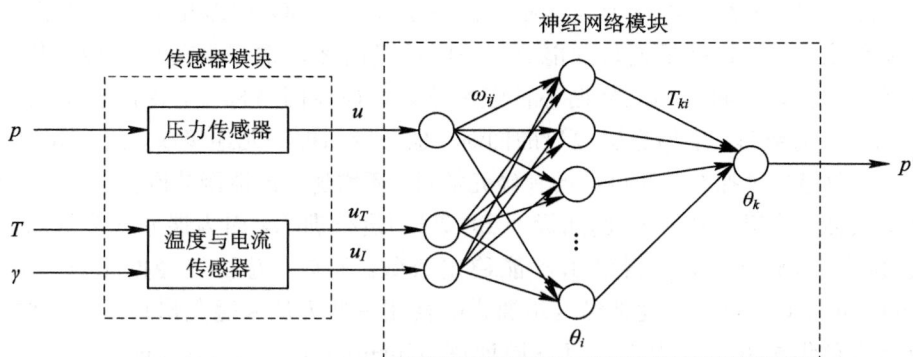

图 10-7　基于神经网络的智能压力传感器系统

传感器模块中有 3 个传感器：一个是主传感器，即压力传感器，用来测量被测压力 p（目标参量），输出电压信号为 u；另外两个是辅助传感器，即温度与电流传感器，主要用来监测非目标参量温度与电流，输出电压信号分别为 u_T 和 u_I。u、u_T 和 u_I 作为神经网络模块的输入量，p' 为误差修正后压力传感器的输出，ω_{ij} 为输入层和中间层间的连接权值，T_{ki} 为中间层和输出层间的连接权值，θ_i、θ_k 分别为中间层和输出层的节点阈值。其中输出值 p' 具有以下两个特点：① p' 仅为被测压力 p 的单值函数，这样就消除了温度和电流两个非目标参量的影响；② 在工作温度和电流同时波动的情况下，要求 p' 在某个允许偏差内逼近被测目标参量 p，从而实现测量系统目标参量 p 的目的。要实现上述要求，需对神经网络进行训练，网络训练样本由三维标定实验数据来提供。

神经网络误差修正方法的步骤如下：

（1）采集被测压力 p 和工作环境温度 T 以及电流波动 γ，并通过传感器将它们分别转换成 u、u_T 和 u_I。

（2）对这些原始数据进行归一化处理，使其落在[0，1]之内，这些数据构成网络的训练样本。

（3）初始化网络，确定网络参数。

（4）训练网络，直至满足要求为止。

10.2.3　基于深度学习的智能检测

深度学习（Deep Learning，DL）是机器学习的分支，是一种以人工神经网络为架构，对数据进行表征学习的算法。观测值（例如一幅图像）可以使用多种方式来表示，如每个像素强度值的向量，或者更抽象地表示成一系列边、特定形状的区域等，而使用某些特定的表示方法更容易从实例中学习任务（例如，人脸识别或面部表情识别）。随着云计算、大数据时代的到来，强大的计算机运算能力解决了深度学习训练效率低的问题，训练数据的大幅增加则降低了过拟合风险。因此，深度学习也开始受到人们的关注，并且在智能检测、图像处理等方面具有优越的性能。本节主要介绍深度学习的一些基础知识，并介绍深度学习在智能检测中应用的例子。

典型的深度学习模型就是深度神经网络，例如深度置信网络（Deep Belief Network，DBN）、深度卷积神经网络（Deep Convolutional Neural Network，DCNN）等。与浅度神经网络类似，深度神经网络也能够为复杂非线性系统提供建模，但多出的层次为模型提供了更高的抽象层次，因而提高了模型的能力。深度神经网络通常都是前馈神经网络，但也有语言建模等方面的研究将其拓展到循环神经网络。对神经网络模型，提高容量的一个简单办法是增加隐层的数目。增加隐层数目的同时，也会增加神经元连接权、阈值等参数，另外增加隐层数不仅增加了拥有激活函数的神经元数目，还增加了激活函数嵌套的层数。然而，深度神经网络很难直接用经典算法（例如标准 BP 算法）进行训练，因为误差在多隐层内逆传播时往往会"发散"（Diverge），使得输出不能稳定收敛。所以，卷积神经网络（Convolutional Neural Network，CNN）等深度神经网络通常会使用一些方法来避免出现上述问题。

一种有效的训练方法称为无监督逐层训练（Unsupervised Layer-wise Training）。其基本思想是每次训练一层隐结点，训练时将上一层隐结点的输出作为输入，而本层隐结点的输出作为下一层隐结点的输入，这一过程称为"预训练"（Pre-training）；在预训练全部完成后，再对整个网络进行"微调"（Fine-tuning）训练。

另一种降低训练成本的方法是"权共享"（Weight Sharig），即让一组神经元使用相同的连接权。CNN 网络复合多个"卷积层"和"采样层"对输入信号进行加工，然后在连接层实现与输出目标之间的映射。每一个卷积层都包含多个卷积映射（Feature Map），每个卷积映射则是由多个神经元构成的"平面"。如图 10-8 所示中第一个卷积层由 6 个特征映射构成，每个特征映射是一个 28×28 的神经元阵列，其中每个神经元通过卷积滤波器提取局部特征。采样层亦称为"池化"层（Pooling）或"汇合"层，其作用是基于局部相关性原理进行亚采样，从而在减少数据量的同时保留有用信息，通常的操作为"平均"或"最大"。图 10-8 中第一个池化层有 6 个 14×14 的特征映射，其中每个神经元与上一层中对应特征映射的 2×2 邻域相连，并据此计算输出。通过复合卷积层与池化层，将原始图像映射为 120 维特征向量，最后通过连接层和输出层完成检测任务。CNN 可用 BP 算法进行训练，但在训练中无论是卷积层还是采样层，其每一组神经元（即图 10-8 中的每个"平面"）都采用相同的连接权，从而大幅减少了需要训练的参数数目。

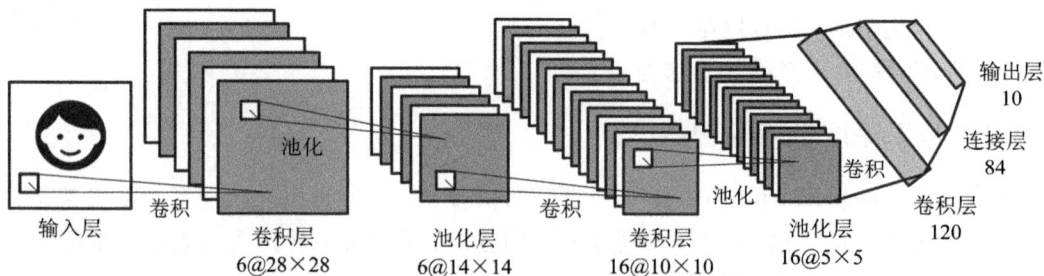

图 10-8　卷积神经网络（CNN）对检测信号的处理流程

从另一个角度来说，采用多隐层堆叠和每层对上一层的输出进行处理这一机制的深度神经网络，对输入信号进行逐层加工，将初始的、与输出目标之间联系不太密切的输入表示转化成与输出目标联系更密切的表示，使得普通神经网络基于最后一层输出映射难以完成的任务成为可能。换言之，通过多层处理，逐渐将初始的"低层"特征表示转化为"高层"

特征表示后，用"简单模型"即可完成复杂的分类等学习任务。由此可将深度学习理解为进行"特征学习"(Feature Learning)或"表示学习"(Presentation Learning)。

深度学习正逐渐取代"人工特征＋机器学习"的方法，成为主流的图像检测方法，其原因是：互联网的普及使获取大量训练数据成为可能，分布式系统及高性能计算技术带来的计算能力提升大幅缩短了神经网络模型训练的耗时以及算法领域提出了一些适合深度神经网络训练的技巧(例如 Relu 激活函数、全局平均池化层等降低模型训练难度、防止过拟合的技术)。随着深度学习技术的兴起，许多智能检测任务的准确率得到很大的提高。在计算机视觉领域中，卷积神经网络取得了良好的性能。然而，DL 技术存在的问题是它们需要大量的训练数据。训练数据越多，神经网络的层次越深，所拥有的性能就越良好。

在如今的生活中，基于深度学习的传感器信号智能检测技术在我们身边随处可见：摄像头的人脸检测、停车场的车牌检测、自动解析用于构建人脑三维图的显微镜图像、AI 回复与语音检测、用于围棋竞赛的"阿尔法狗"等。本节以车牌检测为例，介绍一种基于改进 Lenet－5 深度卷积神经网络检测车牌的方法。

典型的 Lenet－5 网络结构主要包含七个层级结构：一个全连接层、一个输出层、三个卷积层、两个采样层。该网络层次结构有着广泛的应用。首先，在图像检测领域，该网络有非常高的准确性；其次，在相同硬件条件下，该网络有较快的运行速度；最后，可以很容易地训练检测新的字符样式和字体，且其检测精度不易因分辨率较低以及其他外部环境干扰而导致图像模糊。

在训练网络的过程中，通常将图像进行像素归一化后输入神经网络进行迭代训练。在每次训练的过程中，通过分析损失曲线和准确率曲线来改变超参数(非学习参数，如：基学习率和正则化)，以优化下一次训练迭代。当损失达到期望值后，可以将该模型应用于摄像头传感器的智能检测中。基于深度学习的车牌智能检测流程如图 10－9 所示。

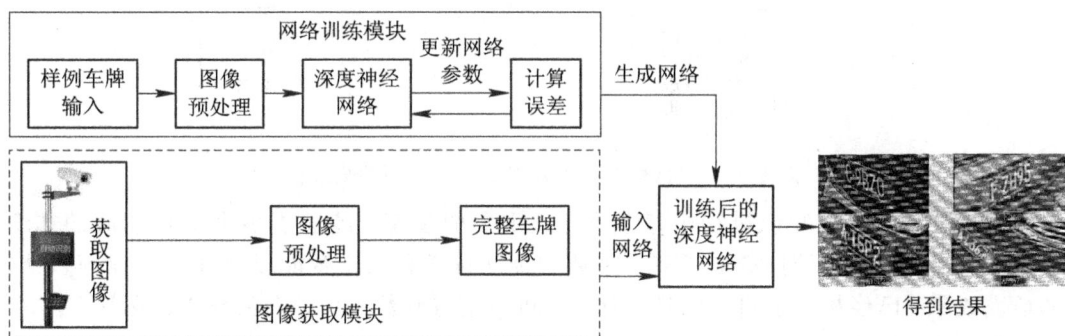

图 10－9　基于深度学习的车牌智能检测流程

10.2.4　基于数据挖掘的智能检测

20 世纪 60 年代，数字方式数据采集技术已经实现。随后，能够适应动态按需分析数据的结构化查询语言迅速发展起来。人类社会进入信息时代后，计算机软件、硬件的快速发展使得数据采集和数据存储成为可能，在计算机中保存的文件及数据数量成倍增长，用户也期望从这些庞大的数据中获得最有价值的信息。尽管各商业公司、部门、科研院所积累了海量数据，但是这些数据只有很少的一部分被有效利用。信息用户面临着数据丰富而知识匮乏的问题,迫切需要能自动化、高效率地从海量数据中提取有用数据的新型处理技术。在这样的需求背景下,数据挖掘技术应运而生。将传统数据分析方法和处理海量数据的复杂算法结合的数据挖掘技术,使从数据库中高效提取有用信息成为可能,为现今信息技术的发展奠定了基础。

数据挖掘技术(Data Mining,DM)或称从数据库中发现知识(Knowledge Discovery in Databases,KDD),其定义为从数据库中发现潜在的、隐含的、先前不知道的有用的信息,也被定义为从大量数据中发现正确的、新颖的、潜在有用,并能够被理解的知识过程。KDD侧重于目的和结果,是将未加工的数据转换为有用信息的整个过程;DM则侧重于处理过程和方法,是KDD通过特定的算法在可接受的计算效率限制内生成特定模式的一个步骤。事实上,在现今的文献中,这两个术语经常不加区分的使用。

数据库知识发现过程如图10-10所示,主要由以下三个步骤组成:

(1)数据预处理:将未加工的输入数据转换成适合分析的形式,为挖掘工作准备数据。数据清洗用于清除不一致的和有噪声的数据;数据选择用于从数据库中抽取和挖掘与任务相关联的数据集;数据集成用于把多种数据源组合在一起;数据变换用于规范数据形式,以适合数据挖掘。由于收集和存储的数据形式多种多样,因此,数据预处理在知识发现过程中可能是最费力、最耗时的步骤。

(2)数据挖掘:最基本的步骤,也是最重要的步骤,使用智能方法,自动、高效地发现有用知识,提取挖掘模式。

(3)模式评估:根据某种评价标准,识别表示知识的真正有用的模式,并确保只将有效的和有用的挖掘结果集成到专家系统中。

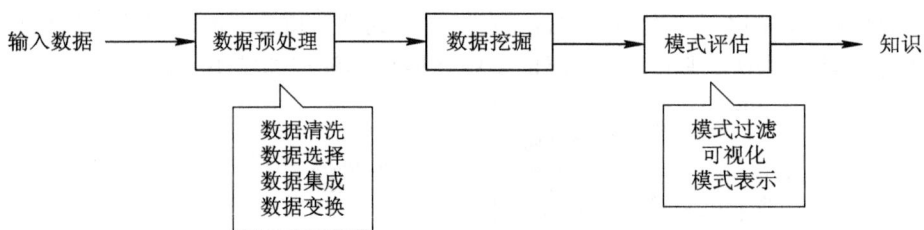

图10-10 从数据库中发现知识(KDD)的全过程

数据挖掘作为发现知识过程中最基本、最重要的步骤,涵盖了多个学科领域的知识,受多个学科影响。数据挖掘截取了多年来数理统计技术和人工智能以及知识工程等多个领域的研究成果,已经构建了自己的理论体系,可以集成到数据库、人工智能、数理统计、可视化、并行计算机技术等中。

在数据挖掘中,主要用到以下五种方法:

(1)预测建模方法:包括分类和回归两类。分类是把新的数据推广到已知结构的任务;回归是试图找到能够以最小误差对该数据建模的函数,如决策树、神经网络、最近邻分类等。

(2)关联分析方法:发现隐藏在不同数据之间的相互关系,用以提示此事件和彼事件之间的联系,如Apriori算法、DHP算法、DIC算法等。

(3)聚类分析方法:在未知数据的结构下,发现数据的类别与结构。其可以发现数据的分布模式以及可能的数据属性之间的相互关系,例如划分法、层次法、基于网格法、基于密度法等。算法的选择由数据类型、聚类目的和应用决定。

（4）异常检测方法：异常检测也称偏差检测，是为了发现与其他大部分数据点不同的数据点，如基于邻近度法、基于模型法等。

（5）Web 页挖掘：从互联网的海量信息中提取各种有用模式和数据。企业通过 Web 页挖掘、分析用户访问网站的模式，发现与经营相关的社会环境信息、市场信息、竞争对手信息、客户信息等，及时对外部挑战和内部经营做出反馈和决策，以最佳方式解决面临的危机和潜在问题。

传感器在使用过程中，由于电子元器件的老化等问题会导致测量和数据采集的准确度和精度下降，因此对于传感器信息的检测是十分重要的。图 10-11 所示是一个基于数据挖掘的传感器信息检测系统的结构图。

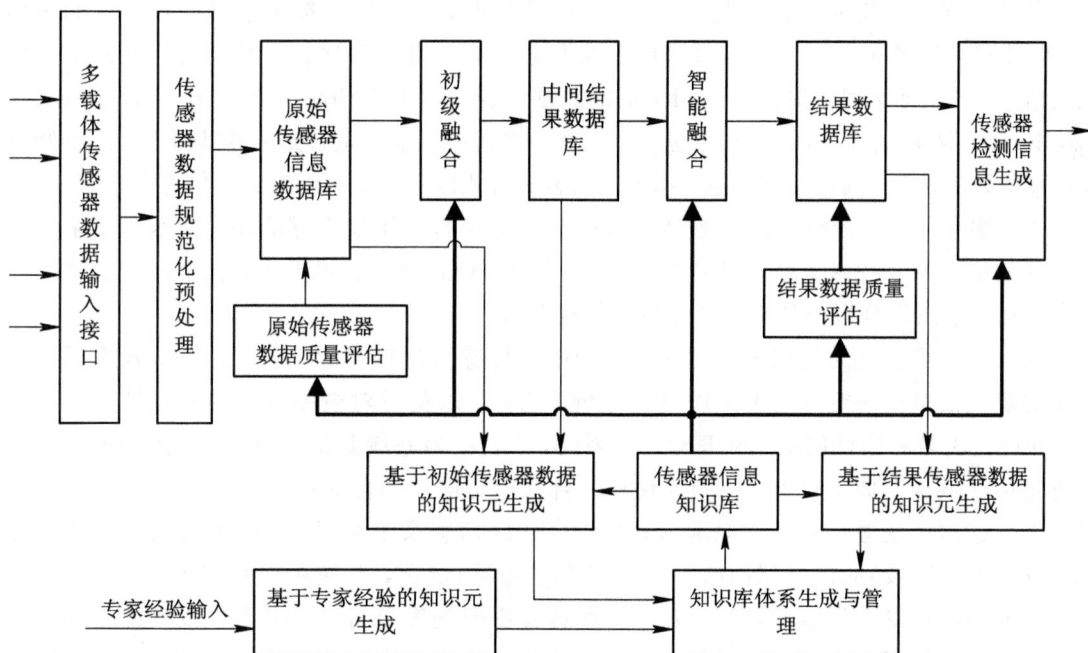

图 10-11　基于数据挖掘的传感器信息检测系统结构图

基于数据挖掘的传感器信息检测系统结构图各部分功能如下：

（1）多载体传感器数据输入接口为送来的各种载体形式的传感器数据提供输入接口。

（2）传感器数据规范化预处理为进入原始传感器数据库的数据记录进行规范化的变换和预处理。

（3）原始传感器数据质量评估在传感器信息知识库的支持下对原始传感器数据的质量进行评估，综合考查传感器数据的来源与背景、技术特征参数的波动范围与测量精度，以及其他数据的可信度、完整性及时效性等，它是最后确定加权系数或隶属度的依据。

（4）初级融合处理是在传感器信息知识库的支持下对原始数据进行重复性、相驳性、完备性检查和合并、去相驳、补遗缺等处理，并进行初级统计相关分析，在此基础上形成可供后面智能融合处理的中间结果数据。

（5）智能融合处理是在传感器信息知识库的支持下对中间结果数据库中的数据进行广

义的相关分析、模糊模式匹配和关联分析、智能推理等综合分析处理,最后的处理结果存入结果数据库,供最终数据的综合生成。

(6) 结果数据的质量评估是在传感器信息知识库的支持下对智能融合处理过程及其所得到的结果数据进行质量评估,以便确定进入结果数据库中各数据记录的质量等级。

(7) 基于专家经验的知识元生成是在领域专家经验的指导下形成数据融合处理的准则、模型、逻辑、经验公式与数据等,为传感器知识的框架结构提供素材。

(8) 传感器检测信息生成是最终得出的传感器检测结果。

10.2.5 多传感器信息融合

现实世界的多样性决定了采用单一的传感器不能全面地感知和认识自然界,于是多传感器及其数据融合技术应运而生。由于传感器信息形式、信息容量及信息处理速度的多样性,因此需要新的技术对传感器带来的巨量信息进行消化、解释和评估,人们也越来越认识到信息融合的重要性。根据美国国防部的数据融合小组 JDL(Joint Directors of Laboratories Data Fusion Working Group)1986 年建立的定义,多传感器信息融合是一种针对多传感器数据或信息的处理技术,通过数据关联、相关和组合等方式以获得对被测对象的信息数据。

二十多年来,多传感器信息融合技术获得了普遍的关注和广泛应用,原本以军事应用为目的的信息融合技术也已广泛应用于其他各个领域,如工业机器人、工业过程监视、刀具状态监测、图像分析与处理、目标检测与跟踪等。

信息融合可定义为利用不同时间与空间的多传感器信息资源,采用计算机技术对多传感器的观测信息在一定准则下加以自动分析、综合,以获得对被测对象的一致性解释与描述,并进行决策和估计的信息处理过程。因此,多传感器系统是信息融合的硬件基础,多源信息是信息融合的加工对象,协调优化和综合处理是信息融合的核心。

多传感器信息融合的基本原理与人脑综合处理信息系统类似,人体通过对各个传感器(眼、耳、鼻、四肢)的信息(景物、声音、气味、触觉)组合,并使用先验知识去估计、理解周围环境和正在发生的事件,由于人类感官具有不同的度量特征,因而可以测出不同空间范围内的各种物理现象。多传感器信息融合系统中各传感器的信息可能具有不同的特征:实时的或者非实时的、快变的或者缓变的、模糊的或者确定的、相互支持或互补,也可能互相矛盾或竞争。信息融合利用多个传感器共同或联合操作的优势,更大程度地获得被测目标的信息量,以提高传感器系统的有效性。

信息融合的结构形式有并联、串联和混合融合三种,如图 10-12 所示。

由图 10-12 可见,并联融合时,各传感器直接将各自的输出信息传输到传感器融合中心,融合中心对各信息按适当方法处理后,输出最终结果,因此并联融合的各传感器输出之间互不影响;串联融合时,每个传感器既有接收和处理前一级传感器信息的功能,又有信息融合的功能,最后一个传感器综合了所有前级传感器输出的信息,它的输出就是串联融合系统的结论,因此串联融合中前级传感器的输出对后级传感器输出的影响很大;混合融合结合了以上两种融合方式,可以是总体串行、局部并行,也可以是总体并行、局部串行。

按照数据抽象的三个层次,可将信息融合分为三级,即像素级融合、特征级融合和决策级融合。

传感器 1 输入　传感器 2 输入　…　传感器 N 输入

| 传感器 1 | 传感器 2 | … | 传感器 N |

数据融合中心

最终结果

(a) 并联融合形式

传感器 1 输入

传感器 1

传感器 1 的输出

传感器 2 输入

传感器 2

传感器 2 的输出

⋮

传感器 N 输入

传感器 N

最终结果

(b) 串联融合形式

传感器 1 输入　传感器 2 输入　…　传感器 N 输入

| 传感器 1 | 传感器 2 | … | 传感器 N |

⋮

初级融合中心 1　　初级融合中心 2

二级融合中心

最终结果

(c) 混合融合形式

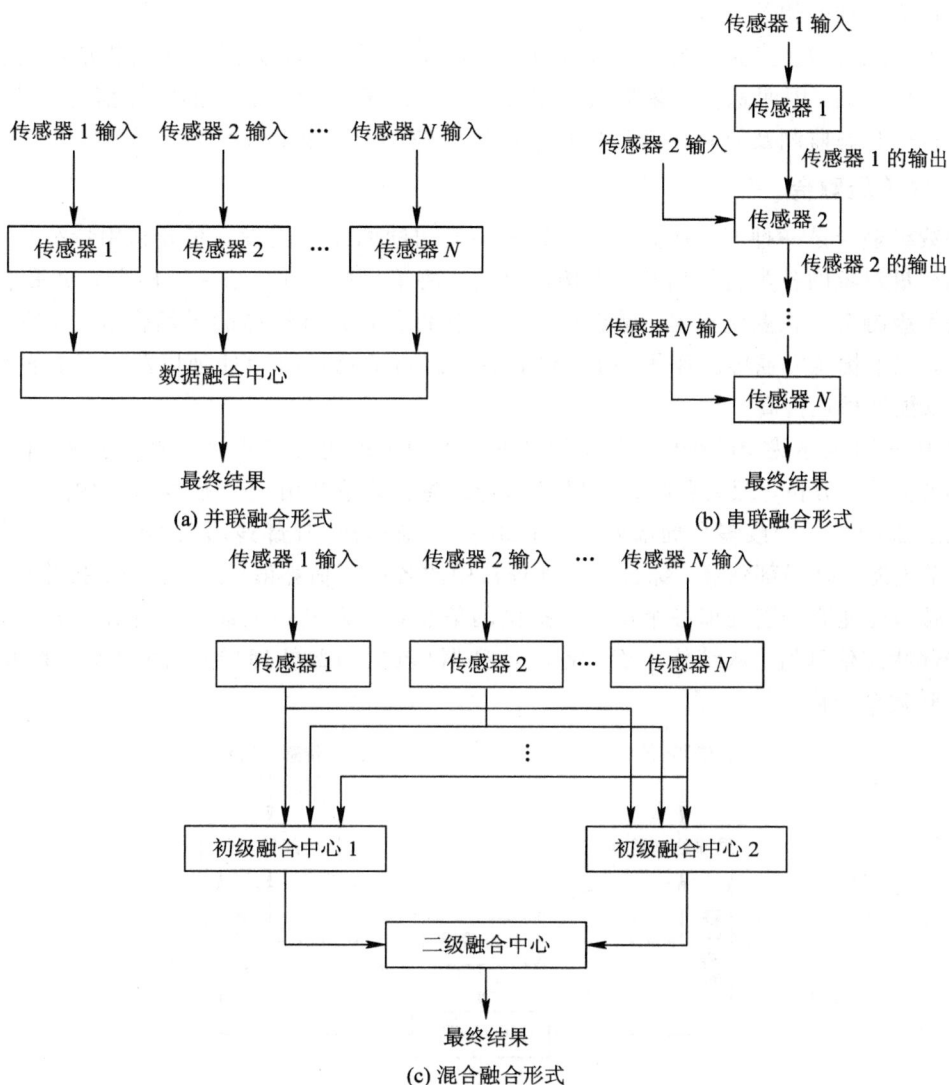

图 10-12　多传感器信息融合的结构形式

1. 像素级融合

像素级融合是直接在采集到的原始数据上进行的融合，在各种传感器的原始检测未经处理之前就进行数据的综合分析，这是最低层次的融合。

像素级融合通常用于多源图像复合、图像分析和理解，以及多传感器信息融合的卡尔曼滤波等。像素级融合的主要优点是能保持尽可能多的现场数据，提供其他融合层次所不能提供的细微信息。但其缺点是数据量大、处理代价高、实时性差等。

2. 特征级融合

特征级融合可划分为目标状态信息融合和目标特性信息融合两大类。

目标状态信息融合是状态信息的融合，主要用于多传感器状态监测。融合系统首先对传感器数据进行预处理以完成特征提取，计算出相应的特性参数（如均值、方差或谐分析参数等），然后进行相应的状态向量估计。目标特性信息融合就是在特征层联合识别，融合方法采用模式识别的相关技术。

特征级融合的优点是实现了信息压缩，有利于实时处理，并且由于所提取的特征直接与决策分析有关，因而融合结果能最大限度地给出决策分析所需要的特征信息。目前大多数加工过程状态监测及故障诊断的信息融合研究是在该层次上进行的。

3. 决策级融合

决策级融合是一种高层次融合，从具体决策问题的需求出发，充分利用特征级融合所提取的测量对象的各类特征信息，直接针对具体决策目标，融合结果直接影响决策水平。

决策级融合的主要优点是：融合中心处理代价低，具有较高的灵活性和容错能力；通信量小、抗干扰能力强等。但是，由于要对原传感器信息进行预处理以获得各自的判定结果，所以预处理代价高。

图 10-13 所示为 Bullock T B 所设计的一种用于雷达监测的信息融合系统，它主要提供目标的高度、方位、距离和临近速度等综合信息。该系统由三个基本部分构成：① 一个中央处理器；② 一个或多个局部处理器；③ 一个被称作"外部逻辑"的传感器故障检测系统。该系统能进行局部估算、综合中央处理器中的各局部估算值，并能检查、排除传感器故障。各局部处理器分别处理各个传感器提供的信息，计算出一个描述目标在坐标内运动情况的局部状态估算值。从结构上看，各个传感器(包括局部处理器)之间的关系是并联的，属于并联融合结构。

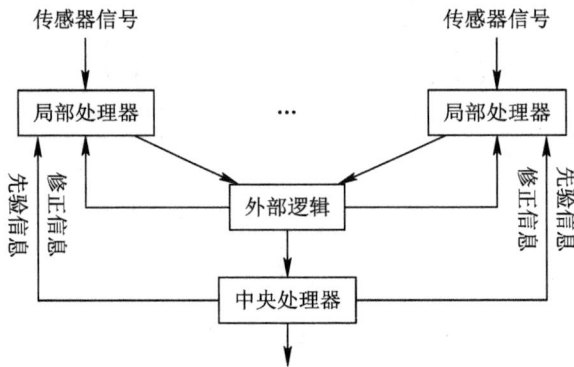

图 10-13　一种用于雷达测量的信息融合系统

中央处理器的主要任务是综合所有测得状态的局部估算值，形成指导性的全局状态估算值。它的计算过程如下：首先采用一定的融合算法进行处理，再接收并处理来自传感器故障检测系统的有效数据，以坐标形式给出全局状态信息处理结果，结果可能与局部处理器的信息相同，也可能不同；然后，中央处理器将预先统计的信息反馈给每个局部处理器，这样就在信息融合系统中完成了一个信息流动周期。

每个传感器都有一个局部处理器。局部处理器本身由一个估算器构成，必要时可通过传感器故障检测系统自适应调整。在传感器信息融合系统中，有一种特殊的故障，即传感器故障，此类故障的检测系统称为传感器故障检测系统。

利用中央处理器的预先统计信息和传感器的探测信息可得出局部状态信息的处理结果。由于所有局部处理器都采用同样的预先统计信息，因此一个局部处理器出现故障时会影响全局；也由于传感器可能出现故障，因此有些探测信息可能有失真，甚至是错误的，从而相应地降低了局部处理信息的精确性，必要时应对局部处理器的估算器的结构或算法做出适当修正。传感器故障检测系统决定着局部处理器的哪些数据应直接输入中央处理器，哪些数据应修正后再传输，或哪些数据应全部舍弃。传感器故障一旦被查出，传感器故障检测系统就会做出相应的反应：如果传感器故障检测系统未检测出任何传感器故障，则所有的测得状态局部估算值就输入中央处理器；如果某些局部处理器检测出传感器故障，则先修改对应的局部估算值，然后输入中央处理器。中央处理器融合所有局部估算值，然后计算出全局估算值。

习　题　10

1. 智能检测系统的典型结构由哪些部分构成？
2. 什么是整个智能检测系统的核心？它对整个系统起什么作用？
3. 智能检测系统硬件一般由什么部分组成？请简单描述各部分的功能。
4. 智能检测系统软件按功能一般可包括什么？
5. 智能检测系统通常采用哪些智能化技术实现其功能？列举一些常用的智能方法。

第11章 智能集成传感器

智能集成传感器知识点

11.1 智能传感器

传统意义上的传感器由敏感元件、转换元件和转换电路所组成,但随着技术的发展和制造工艺水平的提高,传感器不仅越来越小型化,而且也根据其使用要求发展成为具有多种功能的组合体。

智能传感器是一种集感知、信息处理和通信于一体,能提供一定知识级别信息,具有自诊断、自校正、自补偿等功能的传感器。智能传感器一般自带微处理器,除了检测被测量、完成信号处理和记忆、对外通信等功能外,甚至还具有逻辑推理、识别算法和判断等能力。智能传感器由传感、信息处理、通信各功能模块组合而成,但通常所指的智能传感器由于大规模应用和成本上的考虑,与传感器的微型化和集成化有关,是一体化的传感器。传感器微型化使集成变得更加方便:一方面,采用先进的微电子技术、计算机技术将传感器和微处理器结合,可开发出具有各种功能的单片集成化智能传感器,比如采用半导体敏感材料制作的传感器可以将敏感元件、信号调理电路和微型计算机等集成在同一芯片内,并且可实现多敏感单元阵列化,即由超大规模集成电路构成的芯片式智能传感器;另一方面,利用生物工艺和纳米技术研制传感器功能材料,开发分子和原子生物传感器,再结合半导体工艺制作信号采集与处理电路、模/数转换电路和微处理器,完成数据处理、各种智能算法和通信等功能,将它们集成在一起,最终构成一体化的智能传感器。因此,智能传感器发展关键还在于可集成的新型敏感材料、半导体集成电路和制造技术的发展。

智能传感器由微传感器敏感单元和微传感器处理单元两部分构成,其结构如图11-1所示。传感器完成被测对象信息的拾取;预处理器实现信号的放大、滤波和模/数转换等预处理功能;微处理器完成信号的分析、补偿或校正的运算、数据的融合、逻辑控制等任务;存储记录模块用于保存数据信息;通信接口用于实现与上位机的数据交换;控制输出模块用于实现显示、报警等标志的输出。

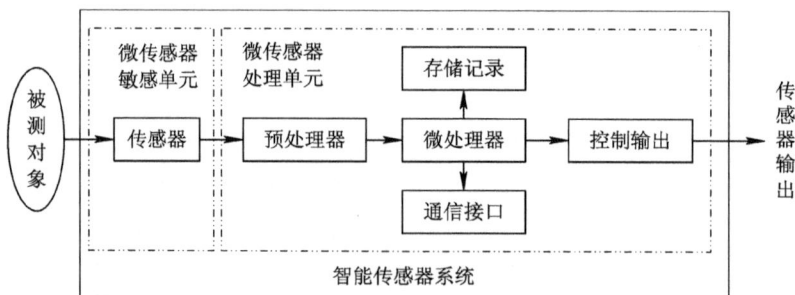

图 11-1 智能传感器的结构图

其中，传感器部分可以是单个或多个传感器，也可以把多个功能相同的传感器按一定规律组成阵列，而微处理器的强大功能，使传感器具有了智能。

由于智能传感器具有通信功能，智能传感器的网络化应用正变得越来越普及，比如智能传感器在物联网、网络化自动测控技术、智能柔性制造和无人化车间中的应用等。以智能传感器在物联网中的应用为例，物联网中的对象(物体)节点本身可能就是一个智能传感器，它的作用就是监测周边环境或自身状态：比如一辆移动的汽车，智能传感器需要接入车辆的地理位置信息，也需要车辆本身的状态信息；又如，一座大型桥梁和地质灾害的网络化监控一般需要许多个不同类型的物联网智能传感器进行监测，如压力、温度、湿度、气压等，它们可以独立组网也可以组成局域网后再联网。

网络化智能传感器使传感器由独立检测向多点检测以及单一功能向多功能方向发展，从本地测量向远距离实时在线检测发展，而且网络化智能传感器使传统测控系统的信息采集、数据处理等方式产生了质的飞跃，即各种现场数据直接在网络上传输、发布和共享，使智能化测控系统可以在网络任何节点对现场的传感器进行在线编程和组态，实现实时远程监测和控制。

11.2　微型化与集成化传感器

传感器的微型化是传感器发展的重要方向之一，微机械电子系统(Micro Electro Mechanical System，MEMS)则是传感器微型化的基础。微传感器所构成的系统就是一种实用的微机械电子系统，简称微机电系统。通常认为，微机电系统是在微电子技术基础上发展而来，融合了硅、非硅微加工和精密机械加工等多种微加工技术，并应用现代信息技术构成的微型系统，可以将信息获取、处理和通信等功能集成于一个器件上。

微机电系统可以制作微传感器、微执行器、微能源等微机械基本部分，也可制作高性能的电子集成线路组成的微机电器件和装置。

微机电系统开发涉及的基础研究主要包括以下几个方面：

(1)基础理论研究。随着微机电系统器件尺寸的缩小，物质的宏观特性将发生改变，因此在微机电系统中，需要研究微机械学、微流体力学、微热力学、微摩擦学、微光学、微结构学、纳米生物学等。

(2)技术基础研究。微机电系统技术基础主要涉及微机电设计技术、微机电材料技术、微机电加工技术、集成与控制技术等。

① 微机电设计技术。微机电系统的设计依赖于成熟的 CAD 系统，主要包括版图设计、工艺模拟、性能分析等主要功能的 MEMS CAD 原型系统。

② 微机电材料技术。微机电系统的材料既要保证微传感器系统的性能要求，又必须满足系统中加工方法的要求。目前，微机电系统中主要使用的材料包括硅、形状记忆合金、压电材料、磁致伸缩材料、电流凝胶等。

③ 微机电加工技术。微机电加工技术是微机电系统的核心技术。在微机电系统采用的众多材料中，最常用的材料是硅，很多微加工技术和集成电路制造中的技术通用，如氧化、

掺杂、光刻、腐蚀、外延、淀积、钝化等。另外，还有一些新的加工方法，如键合技术、LIGA 技术、准分子激光加工技术和特种精密加工技术等。

④ 集成与控制技术。集成是微机电系统制造的最后步骤，包括微传感器、微执行器、微处理器、通信电路以及微能源的集成等，并运用控制技术将它们组合在一起，构成微传感器系统。

在人工智能、生命科学、航空航天、智能制造、智慧医疗、智能家居和社区、汽车工业和物联网等领域，微传感器系统有着广泛的需求和应用。硅敏感材料与半导体直接集成后可以制造微传感器系统；其他形式的敏感材料，只有微型化制成微机电系统后，才能与处理电路、微处理器、通信电路等集成在一起，所以传感部分的微型化是集成传感器的基础。

11.3　集成压阻式传感器

11.3.1　压阻效应

对半导体材料施加应力时，不仅产生形变，而且材料的电阻率也发生变化，且这种变化是由半导体材料特性决定的。压阻效应具有各向异性特征，其表达式是

$$\frac{\Delta\rho}{\rho} = \pi_L \cdot \sigma \qquad (11-1)$$

式中：ρ 为半导体材料电阻率；$\Delta\rho$ 是受应力后的电阻率变化量；π_L 为沿某晶向 L 的压阻系数；σ 是沿晶向 L 的应力。

压阻式传感器就是利用这种效应制成的，主要用于测量力、压力、加速度、载荷和扭矩等物理量。硅晶体具有良好的弹性形变性能和显著的压阻效应，利用硅的压阻效应和集成电路技术制成的扩散硅型压阻式传感器具有灵敏度高、动态响应快、测量精度高、稳定性好、工作温度范围宽和使用方便等特点，是一种应用广泛的传感器。

11.3.2　扩散硅型压阻式传感器

如图 11-2 所示的扩散硅型压阻式传感器主要由外壳、硅膜片制成的硅杯和引线等组成，其核心部分做成环状的硅杯，用于感受被测压力。

在硅膜片上，用半导体工艺的扩散掺杂法在不同位置制作四个等值的电阻，经蒸镀铝电极及连线接成惠斯顿电桥，再用压焊法与外引线相连。膜片的一侧是和被测系统相连接的高压腔，另一侧是低压腔，通常和大气相通。当膜片两边存在压力差而发生形变时，膜片各点所产生的应力不同，从而使处于不同位置的扩散电阻的阻值不再相等，电桥失去平衡并输出相应的电压，其电压值大小就反映了膜片所受压力的差值。

硅膜片受高、低压腔的压力差后发生变形，其应力分布如图 11-3 所示。由图可见，压力差在顶端圆形膜片上产生的应力是不均匀的，其径向应力 σ_r 的分布曲线是一个开口向下的抛物线，有正应力区和负应力区之分，膜片的中心位置承受拉应力，硅杯的外缘部分承受压应力。

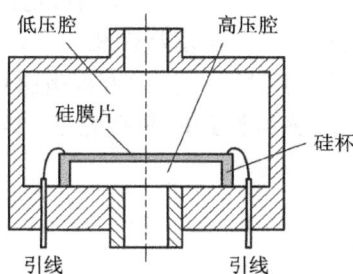

图 11-2　扩散硅型压阻式传感器结构示意图

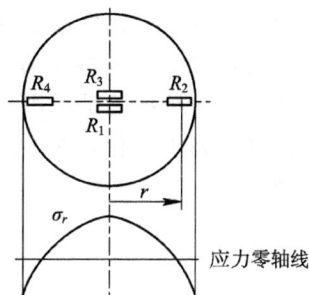

图 11-3　硅膜片的应力分布图

11.3.3　压阻式集成压力传感器

采用半导体集成技术将扩散硅型压阻式压力敏感元件与温度补偿电路和放大器等集成在同一基片上，即构成了压阻式集成压力传感器。下面介绍几种不同形式的集成压力传感器。

1. 带温度补偿的集成压力传感器

环境温度变化对集成压力传感器造成的影响主要有两个方面：一是零点漂移；二是灵敏度漂移。为了提高集成压力传感器的性能和精度，必须对这两方面实施温度补偿。

所谓零点漂移，是指集成压力传感器在不受压力时的输出变化量。零点漂移是由于各扩散电阻的阻值随温度变化不一致而引起的，一般可通过在扩散电阻桥路的适当桥臂上并联或串联电阻的方法进行补偿。然而由于压阻式压力敏感元件本身的输出电压较小，往往需要后级放大，而放大的同时又引入了相关电路的温度系数，所以对于传感器的零点漂移实施温度补偿应从整个电路系统考虑。所谓灵敏度漂移，是指由于灵敏度随温度变化而引起的传感器校准曲线斜率的变化（亦即传感器满量程输出的变化）。研究结果表明，压阻式集成压力传感器输出电压的幅值随温度的升高而降低。由于在任意固定压力下，传感器的输出电压与所加的激励电压成比例，故最常用的补偿方法就是设法使加于传感器上的激励电压随温度的升高而增大，反之，则使激励电压随温度的降低而减小。

零点漂移和灵敏度漂移的温度补偿通常综合起来考虑，通过引入无源电阻元件，调节作用于传感器上的激励电压来达到补偿目的。

如图 11-4 所示是用恒流源在热敏电阻上的压降作为电压基准（运放输出），提供电压给传感器电桥。当温度变化时，热敏电阻的阻值变化，供桥电压随之变化，用于补偿传感器

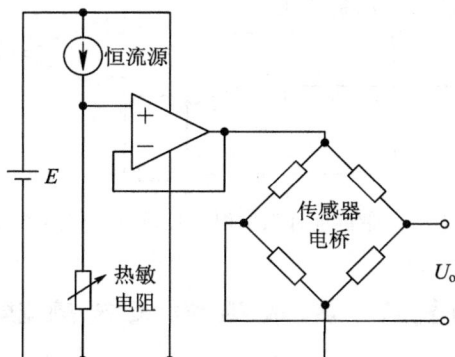

图 11-4　热敏电阻温度补偿电路

电桥输出的温度漂移。热敏电阻有正温度特性热敏电阻和负温度特性热敏电阻,此处热敏电阻的温度特性要与传感器的零点漂移、灵敏度漂移的综合温度特性相匹配。

如图 11-5 所示的是利用三极管的基极与发射极间 PN 结 U_B 的温度敏感特性,使三极管的输出电流发生变化,改变其管压降,从而改变传感器桥路的激励电压,以此达到温度补偿目的。

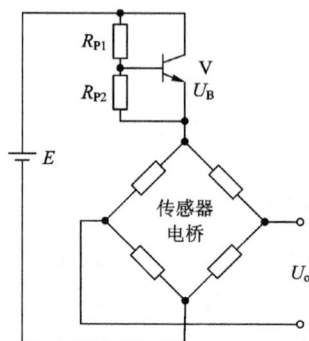

图 11-5　带温度补偿的集成压力传感器

2. 带温度补偿的混合集成压力传感器

带温度补偿的混合集成压力传感器把力敏半导体电阻桥路、温度补偿电路、电压放大电路等电路集成在一起,具有放大器的零点失调调节、温度补偿以及信号引脚输出等功能,如图11-6 所示。图中,$R_1 \sim R_4$ 是制作在硅膜上的力敏电阻,构成桥路,内部自带稳压源,并通过 V_1 进行温度补偿。传感器电桥的输出信号经两个独立运放电压跟随器后进行差分放大,由运放 3 输出与压力对应的电压信号,输出电压的零点通过引出端可调。V_2 作为片内感温三极管可得到片上的温度信息供外部补偿电路使用。

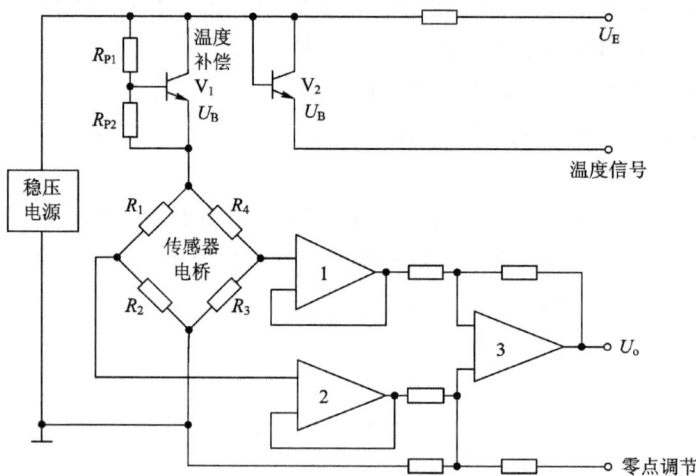

图 11-6　带温度补偿的混合集成压力传感器电路

11.4　集成霍尔式传感器

霍尔式传感器的工作原理及性能特点已经在磁电式传感器中讲过,产生的霍尔电势

U_H 与激励电流 I、磁感应强度 B 成正比，即 $U_H = K_H IB$，其中 K_H 为灵敏度系数。霍尔元件的温度误差可以采用输入回路的恒流源及并联电阻的方式供电，使用适当的并联电阻阻值来消除霍尔元件的温度误差。

11.4.1　霍尔线性集成传感器

霍尔线性集成传感器一般由霍尔元件、恒流源、温度补偿电路和线性放大器等组成，它的输出为模拟电压信号，输出值与外加的磁感应强度呈线性比例关系，故而称为霍尔线性集成传感器，被测量是磁感应强度。霍尔线性集成传感器的温度补偿电路可以用输入端或输出端的热敏电阻来补偿，如图 11-7 所示，也可以用恒流源及并联电阻 R_P 来补偿，如图 11-8 所示。霍尔元件本身是半导体材料，因此它和恒流源、温度补偿电路、放大器等能够非常容易地集成在一个芯片上。

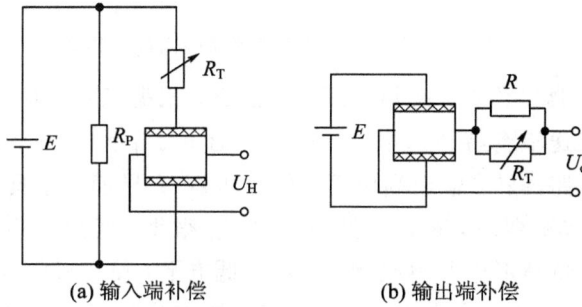

(a) 输入端补偿　　　　　(b) 输出端补偿

图 11-7　热敏电阻进行温度补偿的原理图

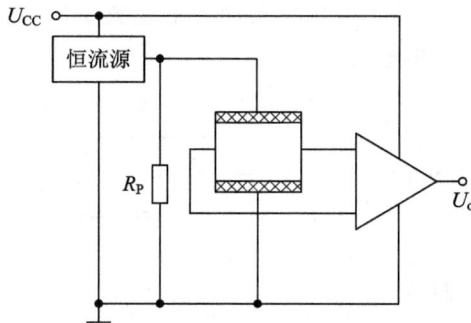

图 11-8　用恒流源进行温度补偿的原理图

11.4.2　霍尔开关集成传感器

霍尔开关集成传感器是霍尔线性集成传感器根据应用需要而设计成专门的开关型传感器，它能感知一切与磁信息有关的物理量，以开关信号形式输出。霍尔开关集成传感器具有无触点磨损、无火花干扰、无转换抖动和工作频率高等特点，被广泛使用。

霍尔开关集成传感器是以硅为材料，利用硅平面工艺制造而成的。由于 N 型硅的外延层材料很薄，因此用硅材料制作的霍尔元件可以提高霍尔电压 U_H。如果应用硅平面工艺技术将差分放大器、施密特触发器及霍尔元件集成在一起，可以大大提高霍尔开关集成传感器的灵敏度。

如图 11-9 所示是霍尔开关集成传感器的内部结构图。它主要由恒流源温度补偿、霍尔元件、放大器、整形电路、开路输出五部分组成，它输出的是数字式信号。恒流源可使传感器在较宽的电源电压范围内工作，开路输出可使传感器方便地与各种逻辑电路连接。

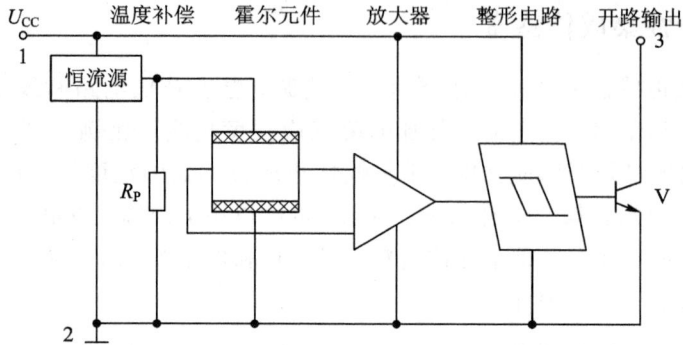

图 11-9　霍尔开关集成传感器的内部结构图

霍尔开关集成传感器工作时，磁场作用于传感器，根据霍尔效应输出霍尔电压 U_H，该电压经放大器放大后，送施密特整形电路。当放大后的 U_H 大于施密特整形电路的"开启"阈值时，施密特整形电路翻转，输出高电平，使三极管 V 导通，且具有吸收电流的负载能力（OC 门输出）；当磁场减弱时，霍尔元件输出的 U_H 很小，经放大后也小于施密特整形电路的"关闭"阈值，施密特整形电路再次翻转，输出低电平，使三极管 V 截止。这样，一次磁场强弱的变化就完成了一次开关动作，因此任何能影响到磁场、磁路变化的物理量，均可用霍尔开关集成传感器进行检测。

图 11-10 所示的是霍尔开关集成传感器的外形及典型应用电路。输出端 3 是 OC 门，可外接中间继电器的线圈和供电电源。

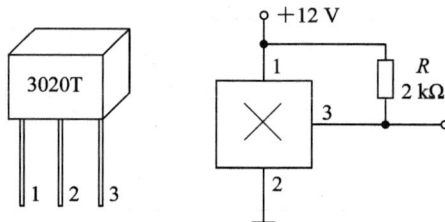

图 11-10　霍尔开关集成传感器的外形及典型应用电路

11.5　集成数字式温度传感器

集成数字式温度传感器是依据半导体材料的温度特性（如电阻温度特性）或半导体中间器件的温度特性（如 PN 节的温度压降特性）等，通过集成电路工艺开发的集成传感器。该集成传感器使用简单、方便，精度也比较高，因此许多公司开发出了商用的集成数字式温度传感器。各种型号的集成数字式温度传感器能适应多种应用场合，因此被大量使用于工业、医疗设备、计算机以及消费类产品等，其中较为著名的集成数字式温度传感器生产公司有美国模拟器件（ADI）、德州仪器（TI）、美信（MAXIM）和恩智浦半导体（NXP）等。表

11-1列出了目前市场上集成数字式温度传感器代表产品。其中模拟输出类型的温度传感器仅包含温度感应部分，输出的信号为模拟电压信号，需配套外围电路使用；而数字输出类型的温度传感器则集成了模拟-数字（温度-脉冲）信号转换器、补偿电路和微处理器等，其输出可直接提供给 CPU 或 DSP 等数字信号处理器进行处理。

表 11-1 集成数字式温度传感器代表产品

序号	产品型号	温度范围/℃	分辨率	误差/℃	输出类型	生产厂商
1	ADT7420	−40～150	0.0078	±1	数字	ADI
2	ADT7312	−55～175	0.0078	±1.5	数字	ADI
3	LMT84	−50～150	—	±2.7	模拟	TI
4	LMT01	−50～150	0.0625	±0.7	数字	TI
5	DS600	−40～125	—	±0.75	模拟	MAXIM
6	DS18B20	−55～125	0.0625	±1	数字	MAXIM
7	PCT2075	−55～125	0.125	±2	数字	NXP
8	SE95	−55～125	0.0313	±3	数字	NXP

下面以 DS18B20 为例对集成数字式温度传感器的工作原理和使用特点进行说明。

DS18B20 是常用的集成数字式温度传感器，其输出的是数字信号，具有体积小、硬件开销低、抗干扰能力强、精度高的特点。其工作电压为 3 V～5.5 V，静态功耗为 3 μA，分辨率为 9～12 位可编程，转换为 12 位数字最大时间为 750 ms。常见的 TO-92 和 DIP8 封装如图 11-11 所示。

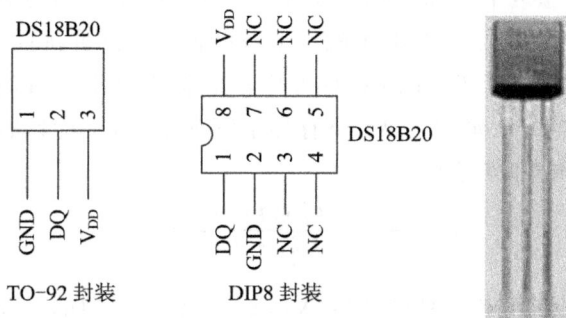

图 11-11 DS18B20 的封装和外形

11.5.1 DS18B20 的工作原理

DS18B20 的工作原理图如图 11-12 所示。图中低温度系数振荡器的振荡频率受温度影响很小，用于产生固定频率的脉冲信号并发送给计数器 1。高温度系数振荡器的振荡频率随温度变化而明显改变，所产生的信号作为计数器 2 的脉冲输入。计数器 1 和温度寄存器被预置在−55℃时所对应的一个基值。计数器 1 对低温度系数振荡器产生的脉冲信号进行减法计数，当计数器 1 的预置值减到 0 时，温度寄存器的值将加 1，计数器 1 的预置将重新被装入，然后重新开始对低温度系数振荡器产生的脉冲信号进行计数，如此循环直到计数器 2 计数到 0 时，停止温度寄存器值的累加，此时温度寄存器中的数值即为所测温度。斜率累加器用于补偿和修正测温过程中的非线性，其输出用于修正计数器 1 的预置值。

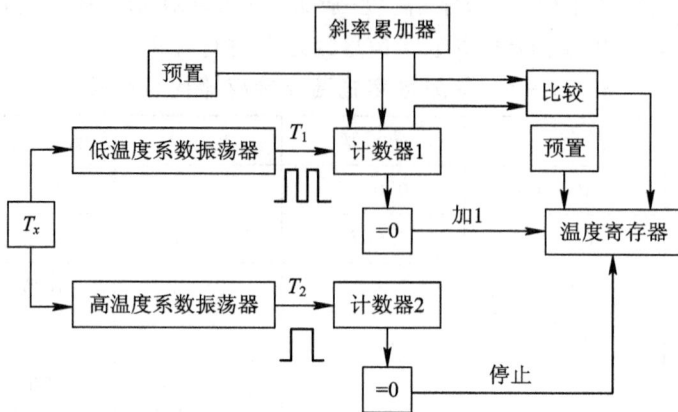

图 11 - 12　DS18B20 的工作原理图

　　DS18B20 的测温是通过计数时钟周期数来实现的，被测温度 T_x 同时调制低温度系数振荡器和高温度系数振荡器，这两个振荡器输出脉冲的振荡周期分别被设计成与被测温度 T_x 呈线性和平方关系，可简单表示为

$$\begin{cases} \tau_1 = k_1 \cdot T_x \\ \tau_2 = k_2 \cdot T_x^2 \end{cases} \qquad (11-2)$$

式中：τ_1 是低温度系数振荡器输出脉冲的周期；τ_2 是高温度系数振荡器输出脉冲的周期。

　　如果计数器 1 被预置为一个与 $-55℃$（测量温度下限）时对应的某个基数值 m，计数器 2 就为对应 $125℃$（测量温度上限）时的值。计数器 1 是一个减法计数器，每输入一个周期为 τ_1 的脉冲后减 1，当减至 0 时，计数器 1 就产生溢出脉冲并被重新置为 m。

　　τ_2 是 T_x 的门控信号，在 T_x 开门的时限内，如果计数器 1 有溢出，则表示 T_x 高于 $-55℃$。此后计数器 1 的每次溢出，温度寄存器值都加 1，直到计数器 2 的门控信号关闭为止，于是温度寄存器中的内容将为

$$N_x = \frac{\tau_2}{\tau_1} = \frac{k_2 \cdot T_x^2}{m \cdot k_1 \cdot T_x} = k \cdot T_x \qquad (11-3)$$

式中：$k = \dfrac{k_2}{m \cdot k_1}$ 为常数。当 $T_x = 125℃$ 时，N_x 就是温度寄存器的最高值。

　　显然，高、低温度系数振荡器的函数关系设计是影响 DS18B20 测温精度的关键，斜率累加器可适当补偿由于温度转换振荡器而产生的非线性误差。计数结束后的转换值被存放到温度寄存器中，再由主机通过发送存储器命令读出。

11.5.2　DS18B20 的应用

　　DS18B20 具有独特的一线数据接口，每个均包含一个独特的序号，支持多个传感器组网。单点传感器测温时，可采用寄生电源供电方式，测温电路如图 11 - 13 所示。这种独特的寄生电源方式在进行现场测温时，无需本地电源，电路也更加简单，仅用一个 I/O 口即可实现测温。

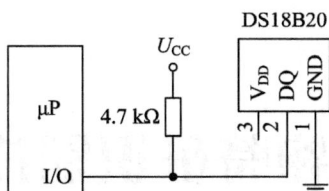

图 11-13　DS18B20 的单点测温电路图

如果要实现多点测温，且组网数量大于一定的数量，线路压降将导致转换精度下降，此时需要在传感器的 V_{DD} 端引入外接电源才能保证转换精度，且 GND 端不能悬空，需要接地，如图 11-14 所示。

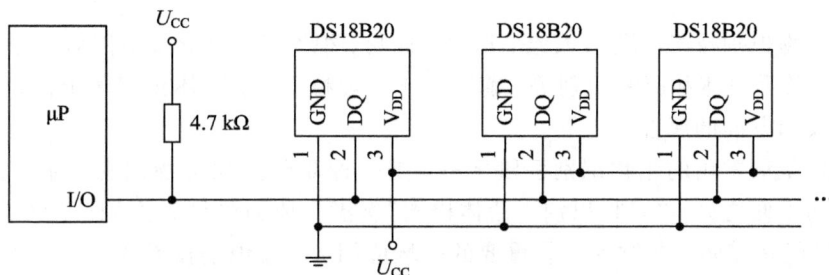

图 11-14　外部供电方式的多点测温电路图

外部电源供电方式是 DS18B20 的最佳工作方式，工作时稳定可靠，抗干扰能力强，而且电路也比较简单，因此可以开发出稳定、可靠的多点温度监控系统。在外接电源方式下，可以充分发挥 DS18B20 宽电源电压范围的优点，即使电源电压 U_{CC} 降到 3 V 时，依然能够保证测温精度。

在具体应用系统研发时，还应当注意以下几点：

（1）在对 DS18B20 进行读写编程时，必须严格保证读写时序，否则将无法读取测温结果。

（2）连接 DS18B20 的总线电缆是有长度限制的。若采用普通信号电缆，当传输长度超过 50 m 时，读取的测温数据可能是错误的。因此，在用 DS18B20 进行长距离测温系统设计时要充分考虑总线分布电容和阻抗匹配问题。

（3）向 DS18B20 发出温度转换命令后，程序要等待返回信号，一旦某个 DS18B20 接触不好或断线，程序将进入死循环。所以，测温电缆线建议采用屏蔽 4 芯双绞线，其中一组接地线和信号线，另一组接 U_{CC} 和地线，屏蔽层在源端单点接地。

习　题　11

1. 智能传感器由哪几个功能模块组成？其基本特点分别是什么？

2. 为什么说微型化、集成化是传感器智能化的基础？

3. 集成霍尔式传感器进行温度补偿的原理是什么？试画出一种温度补偿方法的电路图。

4. 集成霍尔式传感器能否进行线上电流的检测？如果能，请画出检测方法的结构图并说明是如何工作的。

5. 为什么 DS18B20 称为单线的智能传感器？设计一个常温检测的最小单片机系统。

第12章 生物特征识别传感器

生物特征识别
传感器知识点

12.1 人体生物特征的识别

常见的生物识别技术主要有人脸、指纹、虹膜、视网膜、手形及手部血管分布、人体热特征识别,以及手写体和声音识别等。前者属于生理特征,手写体识别属于行为特征,而声音识别则兼具两方面的属性。

人脸识别是最常用的生物识别手段之一,是一种非干涉性生物识别技术,它几乎不给人们带来任何不便之处。"人脸识别＋活体检测"有潜力成为最易为人们所接受的生物识别技术,并且已经在安防、支付等一些重要的领域应用。人脸识别技术的图像采集、处理、识别,和计算机图像识别技术在很大程度上是相同的。

指纹识别是指指尖表面纹路的脊谷分布模式识别。人的指纹特征是与生俱来的,人类使用指纹作为身份识别的手段已经有很长的历史,用指纹识别身份的合法性已得到广泛的认可。

虹膜识别也是一种非干涉性生物识别技术。虹膜的组织结构在胎儿的中胚叶发育阶段就已经定型了,虹膜隔离于外部环境而且不能通过手术修改。虹膜图像具有高度的活体性,虹膜中瞳孔尺寸的变化确定了自然的生物特征,较之指纹图像的活死体不变有不可比拟的优势。理论上讲,虹膜的这些特性使得虹膜识别技术可以成为防伪性能最好的生物识别手段。

人体热特征识别是指对人体相比于其他物体的热辐射特性的识别,也包括对人体本身的红外热成像。前者不仅能完成人体与其他类别物体的热辐射特性区分,还能根据热特征信号的变化规律完成人体特定行为的识别;后者的人体红外热成像图则可用于医学辅助诊断。

12.2 人体热释电传感器

12.2.1 红外辐射的大气窗口

根据波长和大气对红外辐射的吸收情况,一般将红外辐射分为三个波段:短波红外($1.4~\mu m\sim3~\mu m$)、中波红外($3~\mu m\sim8~\mu m$)和长波红外($8~\mu m\sim14~\mu m$)。长波红外波段又被称为热红外波段,是常温物体的辐射波段,这个波段的探测器不需要其他的光或外部热源(例如太阳、月球或红外灯),就可以获得完整的热排放量的探测或热成像的影像。

根据维恩位移定律,地球表面的物体在室温 27℃(300K)下热辐射的绝大部分能量都位于热红外波段,其辐射量与目标的温度特性有关。大气对此波段的辐射吸收较少,地物目标辐射的热红外波段大部分都能够穿透大气传输,如图 12-1 所示,因此热红外波段被称为大气窗口,人体热释电、红外热成像都是在这个大气窗口内工作的。

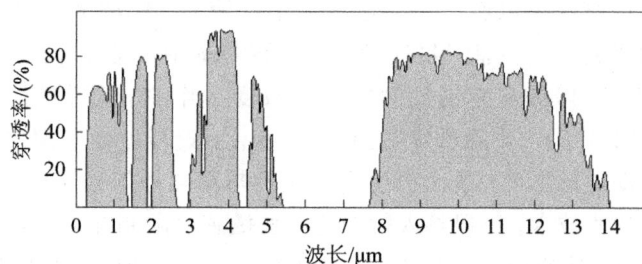

图 12-1　红外波段大气穿透率示意图

普朗克辐射定律描述了不同温度时黑体单色辐射能力随温度与波长变化的规律，如图 12-2 所示。物体的温度越高，对应所有波长范围的光谱向外辐射度越大；对于波长相同的光谱辐射，温度高的黑体比低温的黑体辐射强。随着温度的升高，峰值辐射波长有下降的趋势，即 100℃时黑体的峰值辐射波长比-20℃时黑体的峰值辐射波长要小。

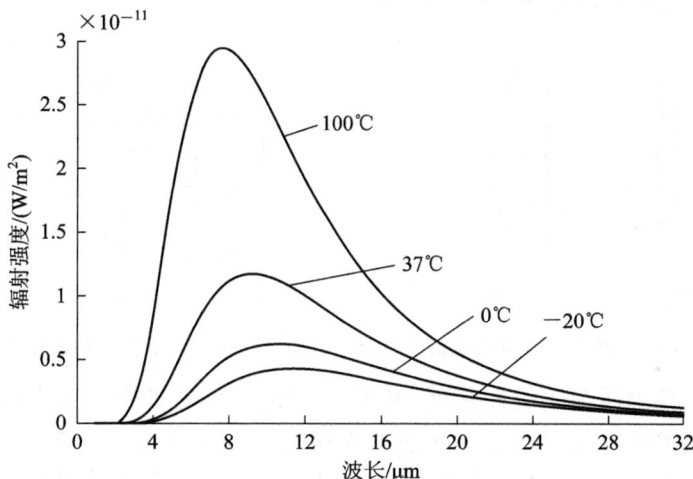

图 12-2　不同温度时黑体单色辐射能力随温度与波长变化的规律

12.2.2　热释电红外传感器的工作原理

人体热释电红外传感器通过目标与背景的温差来检测是否有人体活动。人体体表不同部位的温度是不同的，人体散发的红外辐射能量主要分布在红外线的长波部分，其波段范围在 4 μm～30 μm 之间。其中长波红外 8 μm～14μm 波段范围的红外辐射能量可以占到全部人体辐射能的 46%，波长的峰值约在 9.5 μm 处。当人体进入检测区时，因人体温度与环境温度有差别，人体发出的红外线通过光学菲涅尔透镜聚集到热释电红外传感器，热释电红外传感器将红外信号转换为电信号。在弄清人体热释电传感器之前，先介绍菲涅尔透镜的作用。

菲涅尔透镜一般由聚烯烃材料注压而成，也有玻璃制作的，镜片表面一侧为光面，另一侧刻录了由小到大的同心圆，它的纹理是根据光的干涉及扰射原理，以及相对灵敏度和接收角度要求来设计的。从剖面看，其表面由一系列锯齿型凹槽组成，中心部分是椭圆形弧线。每个凹槽都与相邻凹槽之间的角度不同，但都将光线集中一处，形成中心焦点，也就是透镜的焦点。每个凹槽都可以看作一个独立的小透镜,在探测器后方把光线调整成平行光或聚光,投射到感光元件上。菲涅尔透镜运用光学原理在探测器前方产生一个交替变化的"盲区"和"高灵敏区",以提高它的探测接收灵敏度。当有人从透镜前走过时,人体发出的红外线就不断地在"盲区"和"高灵敏区"之间交替变化,这样就使菲涅尔透镜接收到的红外信号以忽强忽弱的脉动波形出现,从而产生了变化的热释红外信号。人体热释电红外传感器使用的菲涅尔透镜加滤光技术,可以将入射光的波长敏感段限制在人体红外线辐射波段区间内,以提高抗干扰性和人体检出率。菲涅尔透镜和普通凸透镜的对比如图 12-3 所示。

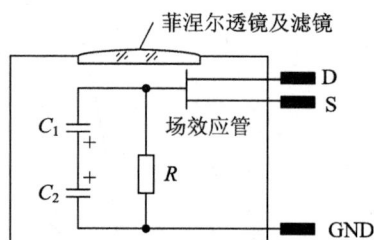

由于热释电红外传感器是通过入射到敏感元件上的红外光强度来完成检测的,因此其工作原理就是敏感材料的热释电效应,即将碳酸钡等热释电材料晶体制成薄片,片上和片下表面分别设置电极,在上表面覆以黑色膜,若有红外线照射,则表面温度上升,晶体内部的原子排列产生变化,从而引起自发极化电荷,在上、下电极之间产生电压。

热释电红外传感器由传感探测元(C_1、C_2)、场效应管、菲涅尔透镜及滤镜、偏置电阻 R 等元器件组成,其内部结构如图 12-4 所示。

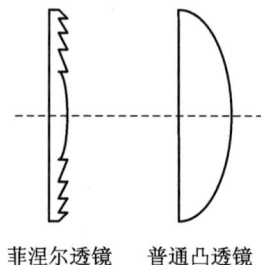

图 12-3 菲涅尔透镜和普通凸透镜的对比图   图 12-4 热释电红外传感器内部结构框图

热释电红外传感器将两个极性相反、特性一致的热释电敏感单元串接在一起,目的是消除因环境和自身变化引起的干扰。滤镜的作用是只允许波长为 9.5 μm 左右的红外线通过,而将灯光、太阳光及其他辐射滤掉,以抑制外界的干扰;菲涅尔透镜则将辐射至传感器的红外光聚焦后加至两个敏感单元上,从而使传感器输出电压信号。使用热释电红外传感器时,其 D 端接电源正极 V_{cc},GND 端接地,S 端为信号输出端。

12.2.3 热释电红外传感器在自动感应门上的应用

人体温度与环境温度不同,因而人体红外辐射能量与环境辐射能量也有差别。当人体通过探测区域时,由于在传感器的"高灵敏区"和"盲区"之间移动,因此产生了变化的电压信号。若人体进入检测区后不动,则辐射能量在"高灵敏区"和"盲区"被固定下来,传感器没有信号输出。所以,这种传感器适合检测与环境温度有差异的移动目标,如人体或者动物的活动情况。由于人和动物在体温上存在差别,因此红外辐射的峰值波段也会有所区别,一些高端的智能热释电传感器还能够有效区分是人的移动还是动物的移动。

人体作为一个动态分布式的红外源,能够向周围发射峰值波长为 9.5 μm 的红外线。通常采用的热释电红外传感器敏感区域波长在 8 μm~14 μm 之间,这个区段的红外光在大气中传播几乎没有衰减,正好适合于人体红外辐射的探测。热释电红外传感器在自动感应门上的应用系统组成示意图如图 12-5 所示。

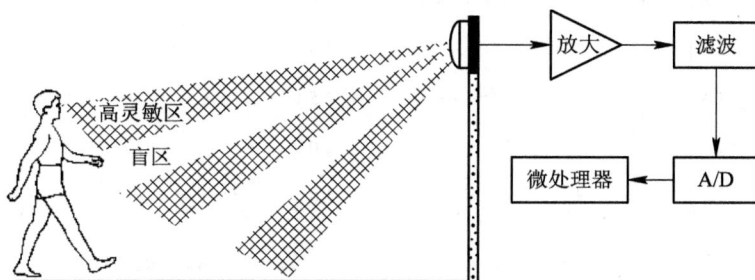

图 12-5　热释电红外传感器在自动感应门上的应用系统组成示意图

当人体在探测区域内行走时，身体各部分的运动（包括躯干、手臂、腿部等）将产生具有特异性的红外辐射信号。由于每个人的体貌特征及行走习惯不同，产生的红外辐射也具有个体差异性，该辐射信号将以唯一的方式影响传感器的输出，因此，通过对传感器输出信号的分析，就可以提取出表征人体运动的特征性数据，实现对不同人、不同运动状态的识别，这就是基于热释电信号的生物特征识别基本原理。不同对象输出的时域信号波形相似，但变化规律不同，经频域变换后，其频谱图主要出现在 0 Hz～10 Hz 范围内，频谱的差异性还是比较明显的。利用表面安装有菲涅尔透镜的热释电红外传感器采集运动人体的红外信息，通过对信号的特征提取和分类算法处理，从而达到对不同人、不同运动状态的识别目的。

传感器的输出信号需要先进行放大，再进行滤波，低通滤波的截止频率一般设置为 10 Hz。如图 12-6 所示是热释电红外传感器输出信号的放大和滤波电路，以电压跟随的形式进行二级滤波放大。电路用单电源供电，传感器零位的输出电压为 2.5 V，检测到人体活动时，信号的输出电压变化范围为 0 V～5 V。

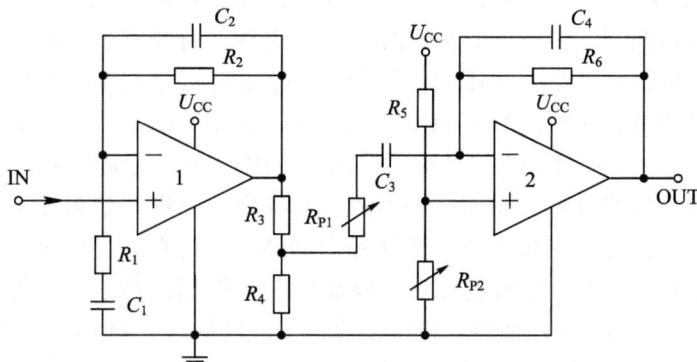

图 12-6　热释电红外传感器输出信号的放大和滤波电路

事实上，当人体靠近和离开热释电红外传感器的时候，其信号波形是有差异的，奔跑与行走或跳跃与步行时的信号波形都有差异，因此可将热释电红外传感器用于人体行走的生物特征识别，如步态的识别。人体靠近和离开热释电红外传感器的典型响应信号如图 12-7 所示。如有人体靠近监测区域，则波形先下降再上升，最后趋于平缓；如有人体离开监测区域，则波形先小幅上升再下降，最后上升后趋于平缓，以此可对人体究竟是接近还是离开传感器进行判定。

若人体进入监测区域后站着不动，则此时得到的是人体靠近时的波形，但逐渐衰减，与上述两种波形还是有细微区别的。

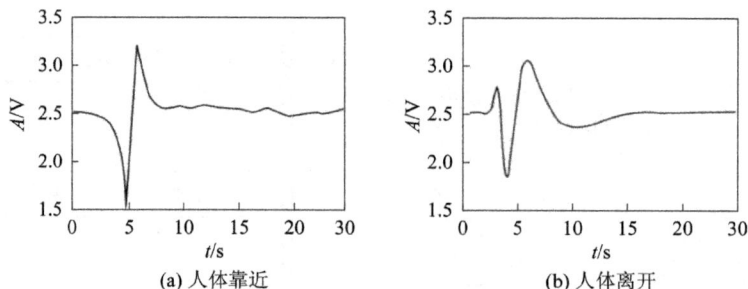

(a) 人体靠近　　　　　　　　　　(b) 人体离开

图 12-7　人体靠近和离开热释电红外传感器的典型响应信号

12.3　红外热成像识别

12.3.1　红外热成像

在视频监控中有一种被称为主动红外摄像的技术，即利用红外光源"照亮"周围环境，通过红外探测器接收环境物体红外辐射信号进行红外成像，这种成像技术可获得近距离的高清晰目标图像，主要用于夜视监控。红外热成像技术与之不同，没有主动红外光源照射，而是以被动方式把不可见的红外辐射转换为可见光的技术。红外热成像技术中，红外热电敏感元件以平面阵列的方式感受目标物体的红外辐射，由光学成像物镜接受被测目标的红外辐射能量分布图形，经滤光后照射到红外探测器的光敏元件上，通过光电转换和信号处理，将感受域内被测目标(按温度分布)辐射的红外光转换成可视的热图像。与热释电红外传感器不同，红外热成像技术以图像的方式对被测目标进行敏感检测，这个敏感的平面阵列称为红外焦平面探测器。红外焦平面探测器由于受器件自身材料、制造工艺以及输出电路等因素影响，存在非均匀性以及盲元等问题。目标辐射信号较为微弱时，焦平面的非均匀性及盲元会造成热红外的空间分辨能力严重下降。热红外成像系统的输出除了与目标辐射有关，对探测器的工作温度、成像系统本体温度等因素的变化也较为敏感。

红外热成像系统按照红外焦平面探测器的工作机理可以将其分为光子探测器和热探测器两大类。光子探测器通常也称作制冷型红外探测器，它具有高灵敏度、低噪声以及快速响应的优点，但是由于其在工作的过程中一般需要配备低温制冷装置，使得成像系统的体积、功耗和成本大幅增加。相比而言，热探测器工作温度的改变对其探测率的影响不明显，因此通常被称为非制冷型红外探测器。相对于制冷型红外探测器，非制冷型红外探测器的探测精度略低，但是由于其不需要制冷设备，故系统具有集成度高、功耗低的优势，便携式红外热成像仪就属于此类。

12.3.2　红外热成像系统的组成

红外热成像技术的原理为：当目标物体温度高于绝对零度时，自发地向外辐射能量，这种能量以红外线的形式表现出来，穿过大气窗口抵达镜头，光学系统对目标物体的红外辐射进行滤光和汇聚成像，经由红外焦平面探测器将目标物体的红外辐射转换为电信号，再将电信号通过信号处理电路、补偿校正算法等处理，在显示器中给出与目标物体温度分布对应的红外热图，将非可视的红外光显示出来。红外热成像系统的组成示意图如图 12-8 所示。

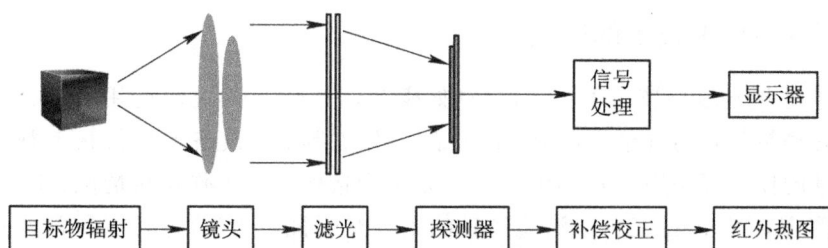

图 12 - 8　红外热成像系统的组成示意图

一台大型的红外热成像系统通常由光机组件、调焦/变倍组件、内部非均匀性校正组件、成像电路组件和红外探测器/制冷机组件组成。光机组件主要由红外物镜和结构件组成，红外物镜主要实现景物热辐射的汇聚成像，结构件主要用于支承和保护相关组部件；调焦/变倍组件主要由伺服机构和伺服控制电路组成，实现红外物镜的调焦、视场切换等功能；内部非均匀性校正组件由内校正机构和内校正控制电路组成，用于红外热成像仪的非均匀性校正；成像电路组件通常由探测器接口板、主处理板、制冷机驱动板和电源板等组成，协同实现上电控制、信号采集、信号传输、信号转换和接口通信等功能；红外探测器/制冷机组件主要将经红外物镜传输汇聚的红外辐射转换为电信号。其中信号处理系统组成框图如图12 - 9所示。

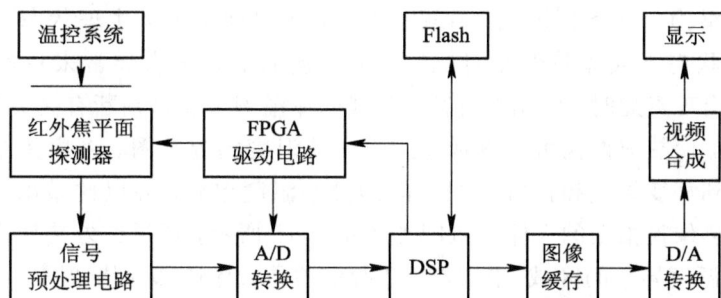

图 12 - 9　红外热成像的信号处理系统组成框图

12.3.3　红外热成像技术的特点

红外热成像技术有以下特点：

（1）红外热成像技术是一种被动式、非接触的检测与识别技术，其隐蔽性好，不容易被发现，从而使红外热成像仪的操作者更安全。

（2）被动式红外热成像技术的探测能力强，作用距离远。手持式热成像仪可让使用者看清 800 m 以外的人体。

（3）红外热成像技术能真正做到 24 小时全天候监控。红外辐射是自然界中最广泛的辐射，雨、雪、雾、烟等环境下，依然可在大气窗口内实现几乎不衰减的传递。

（4）红外热成像技术能直观地显示目标物体的温度场，不受强光影响。它既可在阳光直射下，也可在无光夜晚、树木草丛等遮挡的情况下，显示出目标物体的温度分布。

12.3.4 红外热成像技术的应用

红外热成像技术最早被用于军事领域(如夜视、制导等),也可应用于森林火灾隐患排查、地表和海洋热分布与气象学研究、线路的故障点判断、设备的运行状态判断和异常发热、产品质量的控制等民用领域。图 12-10 是一个接触器的工作运行情况,其中图(a)是接触器的可见光图,图(b)是正常电流流经时的红外热像图,图(c)是触点异常发热时的红外热像图,通过红外热像图能够非常方便地找出器件的异常发热点。

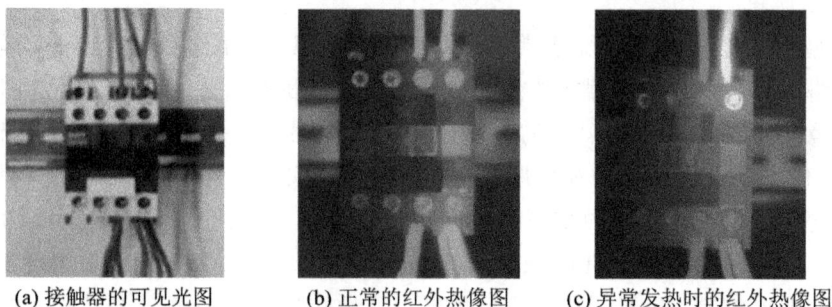

(a) 接触器的可见光图   (b) 正常的红外热像图   (c) 异常发热时的红外热像图

图 12-10　接触器的可见光图和红外热像图

红外热成像技术在医学领域的应用越来越受到重视,尤其在人体组织的热分布分析上表现出相当大的潜力。一个重要的应用就是疾病诊断,即将正常生理状态下人体热像与非正常(生病)生理状态下人体热像相对比,即可根据局部是否有异常来对疾病做出初步判断。当某一部位出现炎症时,体温会升高,常规的体温测量能够判断有无炎症,但不能确定炎症的具体位置,而热成像仪可以直观地给出人体温度场分布图。将病变的热图与正常热图比较,可以得到病变组织和正常组织之间的微小温度差异,并以此做出判断,给出病灶的部位。用红外热像仪拍摄的人体热像图如图 12-11 所示,通过红外热像仪能很快找出温度较高的区域和温度异常的区域。图 12-12 所示的是人体局部的热像图,它可以更加精细地区分各区域的热分布。

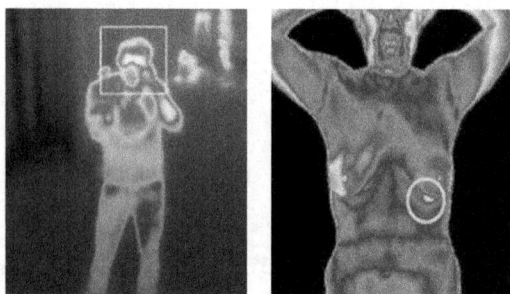

图 12-11　人体热像图

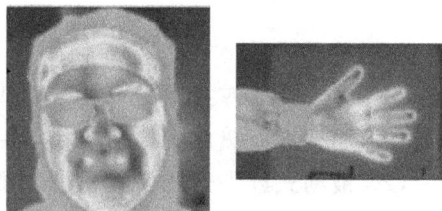

图 12-12　人体局部的热像图

便携式民用红外热成像仪外形如图 12-13 所示。它已经做到了红外探测器分辨率为640×480(像素)以上,可实现激光测距、数码变焦和自动对焦,对焦后的温度误差在 0.1℃以下。通过改变镜头,可拍摄到多视角的红外热像图。图 12-14 所示的是用红外热成像仪拍摄的大范围人群的热像图。

图 12-13 便携式民用红外热成像仪

图 12-14 大范围人群的热像图

12.4 指纹识别传感器

12.4.1 指纹的采集

指纹识别是指利用人体手指皮肤固有的生理纹路特征进行个人身份鉴定。指纹识别技术是众多生物特征识别技术中的一种,也是应用最为广泛的一种。

将十指指纹捺印在专门印制的指纹卡片上,然后扫描为数字图像进行存储和处理是最早的指纹采集方式。迄今,油墨捺印已经被光学指纹采集器取代,典型的应用如中国的二代身份证项目、美国的 US-VISIT 项目、欧盟的 EU-VISIT 项目。在商业应用中,如指纹考勤机等大都采用光学指纹采集器。指纹采集技术分为光学指纹采集和固态指纹传感器指纹采集两种。

光学指纹采集技术的优点是良好的图像质量及设备的耐用性;其缺点是典型的光学指纹采集对干湿手敏感,且采集设备相对较大。

固态指纹传感器用集成电路直接测量手指皮肤的某些特性获得指纹图像,它的出现极大地降低了指纹采集器的尺寸和成本。常用的固态指纹传感器有电容式、射频式、超声波式、压力感应式等,如电脑、手机上用的指纹传感器。一些固态指纹采集器的图像质量可与光学指纹采集器相当,但固态指纹传感器的耐用性、静电及其他环境因素对其寿命有较大影响。

指纹采集面积对指纹识别的准确性至关重要的影响,测试显示,过小的采集面积会使识别准确性急剧下降。由于成本和尺寸限制,大面积的指纹采集器难以在移动电子设备上使用。滑动式指纹采集器则通过拼接手指滑动过程中的指纹片段来获得大面积的指纹图像,但拼接图像可能产生形变,造成识别困难。

下面介绍指纹采集器的工作原理。

1. 光学指纹采集器

光学指纹采集器是基于全内反射被破坏的原理而设计的,如图 12-15 所示。全内反射被破坏技术的使用是为了增强指纹脊线与谷的对比度,图中,光源发出的光线以特定角度射入三棱镜,当无手指按上时,入射光线将在三棱镜的上表面发生全反射;当有手指按上时,因为指纹脊线将接触棱镜表面,而指纹谷无法接触棱镜表面,指纹脊线皮肤的

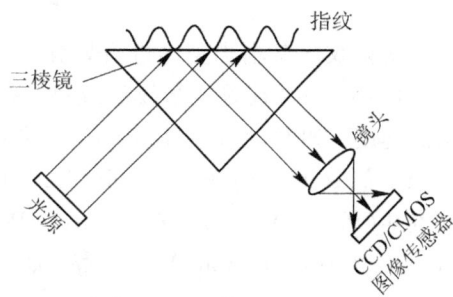

图 12-15 光学指纹采集器的工作原理

光折射率比空气大,棱镜表面与指纹脊线的接触破坏了全反射条件,从而使一部分光线泄露,反射光线变弱,于是在图像传感器上形成明暗条纹相间的指纹图像。

2. 电容式指纹采集传感器

典型的电容式指纹采集传感器的工作原理如图 12-16 所示,其中,半导体芯片表面被分割成很多像元,每个像元的宽度小于指纹脊线宽度,指纹的脊线和谷被视作电容 C_x 的介质被敏感,指纹脊线和谷与芯片上电容的表面电极相对位置不同,则有不同的电容值。对此电容 C_x 变化量进行测量即可获得指纹图像。此电容信号通常较弱,因此要求手指与芯片表面尽可能近地接触,即要求传感器的表面涂层很薄(一般几个微米的保护层),以便提高灵敏度,但薄涂层的后果是耐用性较差,所以一般被附以蓝宝石保护层以提高耐磨性。

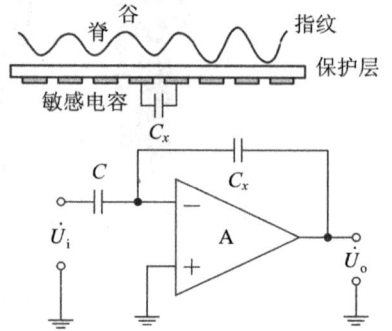

图 12-16 电容式指纹采集传感器的工作原理

3. 其他类型的指纹采集传感器

(1) 射频式指纹采集传感器。传感器的射频信号从侧面射入手指后,手指与半导体芯片之间将形成电磁场,此电磁场的分布与皮肤表面的形态有关。半导体芯片上的每个像元是微型天线阵列,可感知电磁场的分布,从而获得指纹图像。射频信号具有较好的穿透性,可穿透至真皮层,获得更可靠的指纹图像。

(2) 超声波式指纹采集传感器。传感器向手指表面发射超声波,并接收回波,指纹脊线和谷会产生不同的回波信号,根据回波信号的不同即可产生指纹图像信号。超声波信号的优点也是有较好的穿透性,因此可获得皮肤深层的指纹,但其图像质量相对较差,且设备价格昂贵。

12.4.2 指纹特征的分类

指纹的基本类型有弓(Arch)、环(Loop)、螺旋(Whorl)三种,如图 12-17 所示。

图 12-17 指纹的基本类型

对指纹的基本类型再进行划分,可将其分为一级特征、二级特征和三级特征。

(1) 一级特征是指指纹的纹型。在大型指纹识别系统中,使用纹型分类可提高指纹检索的速度。如 Galton-Henry 分类法将指纹分为五大类型,即平弓(Plain Arch)、帐形弓(Tented Arch)、桡侧箕(Radial Loop)、尺侧箕(Ulnar Loop)、斗(Whorl),其中斗又分为标准斗(Plain Whorl)、囊(Central Pocket Loop)、绞(Double Loop)、偏(Lateral Pocket Loop)、杂(Accidental Whorl)等,如图 12-18(a)所示。

(2) 二级特征是指指纹的细节点,即端点、分叉点等。端点是一条纹线终止的地方,分叉点则是一条纹线分裂成二条纹线的地方。端点和分叉点是最常用的细节点特征,指纹自动识别系统中常记录其位置和方向，基于这些信息进行匹配，如图 12 - 18(b)所示。

（3）三级特征是指指纹纹线上的汗孔、纹线形态、早生纹线、疤痕等。三级特征更为细致，但稳定性不如二级特征，如图 12 - 18(c)所示。

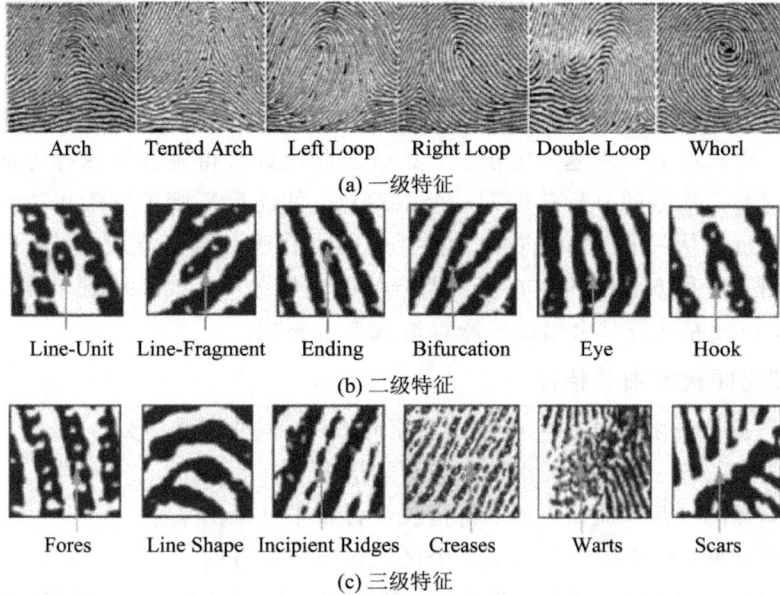

Arch   Tented Arch   Left Loop   Right Loop   Double Loop   Whorl

(a) 一级特征

Line-Unit   Line-Fragment   Ending   Bifurcation   Eye   Hook

(b) 二级特征

Fores   Line Shape   Incipient Ridges   Creases   Warts   Scars

(c) 三级特征

图 12 - 18 指纹的三级特征

由于指纹纹线形成于皮肤的生长层，因此其稳定性也取决于生长层。生长层从皮肤真皮层接受氧气和养料，进行生长和再生，指纹的稳定性就来源于这种再生、成长和迁移的循环，因此，除非皮肤的生长层遭到破坏，指纹的形态都是稳定的。准确地估计指纹的独特性是一项非常困难的工作，需要做很多的假设，而这些假设由各人凭经验给出，所以存在很大的差异，但总的来讲，任意两枚指纹完全相同的概率非常低。

12.4.3 指纹图像的处理

1. 奇异点检测

在指纹方向图上，奇异点通常表现为不同方向区域的汇聚点，如图 12 - 19 所示。图(a)所示是指纹原图，图(b)中不同灰度表示纹线的方向不同，因此可以通过检测不同方向的汇聚点来检测奇异点的位置。通过分析奇异点周围的方向图模式来确定奇异点的类型，可将它们区分为中心点或者三角点。指纹的奇异点确定之后，就可以根据奇异点的相对位置和数目来确定指纹的类型。

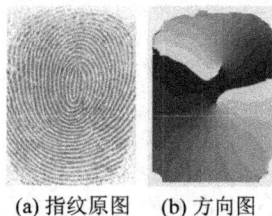

(a) 指纹原图   (b) 方向图

图 12 - 19 指纹及其方向图

2. 细节点的提取

指纹细节点包括纹线端点、分叉点、交叉和小岛等。细节点匹配法是最常用的指纹识别方法，最常用的细节点是端点和分叉点。细节点匹配法识别指纹可以达到很高的准确度，但对质量差的指纹而言效果较差。

3. 细节特征的直接灰度图像提取

在指纹原图上确定一个矩形网格，在网格点的附近确定一组跟踪的起始点，计算起始点的跟踪方向，沿跟踪方向跨越一定步长，然后在此位置获得垂直于跟踪方向的一个截面信号，并通过对截面信号的分析获得下一个跟踪点，如此反复则可搜索出指纹所有的端点和分叉点。这种直接从灰度图像提取细节特征的优点在于计算速度较快，不需要费时的二值化和细化过程。这种方法的缺点在于，当指纹质量较差时，纹线跟踪变得异常困难，褶皱、纹形破损、纹线粘连等都会给纹线跟踪造成严重影响。

4. 基于细化图提取细节特征

基于细化图提取细节特征是目前最为主流的方法，其步骤如下：

（1）指纹图像的归一化：使得指纹图像更加清晰。

（2）指纹图像的分割和质量判断：将指纹从背景中分割出来。

（3）方向图计算：计算指纹图像上每个区域内纹线的方向。

（4）基于方向图的滤波和增强：根据方向图，沿纹线方向对指纹图像进行滤波，并弥合指纹上的褶皱，增强脊线与沟线的对比度。

（5）二值化：将指纹纹线变为单像素宽的曲线。

（6）细节点标记：根据细画图标记细节特征。

在以上的步骤中，每一步都可用很多成熟的方法来实现。图 12 - 20 显示了细节点特征提取过程。其中：图(a)为指纹原图；图(b)为经过分割、增强及二值化后的指纹图像；图(c)为细化图；在图(d)中，"十"字为纹型中心点，"口"字为三角点，带有短线的圆圈为细节点，其中短线指示了细节点的方向，中心点、三角点和细节点就是指纹算法中进行分类的依据。

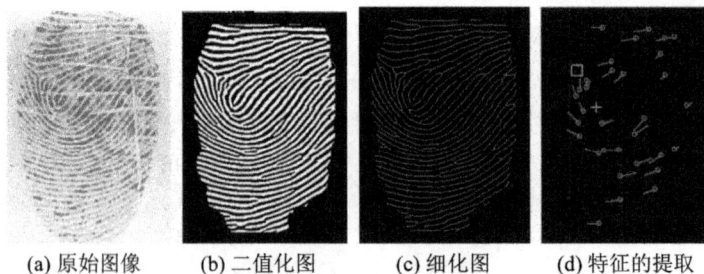

(a) 原始图像　　(b) 二值化图　　(c) 细化图　　(d) 特征的提取

图 12 - 20　指纹的特征提取过程

12.4.4　指纹的识别

在自动指纹识别系统中，指纹分类的主要目的是方便大容量指纹库的管理，并减小搜索时间，加速指纹匹配过程。指纹识别分类系统一般由图像采集、预处理、特征提取、识别分类组成，如图 12 - 21 所示。

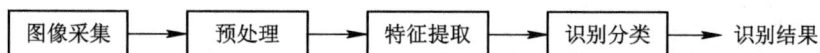

图像采集　→　预处理　→　特征提取　→　识别分类　→　识别结果

图 12 - 21　指纹识别分类系统的组成

依据识别分类算法所使用的特征不同，可以将指纹识别方法分为图像特征法、纹线匹配法、细节特征法、汗孔特征法等，其中常用的方法是细节特征法。具体识别过程举例如下：

（1）图像特征法进行识别。设有两幅待匹配的图像，对它们分别进行傅里叶变换得到其频谱，将两个频谱相乘得到其相关谱。显而易见，若两幅图像相似，其频谱亦相似，则其相关谱的峰值或者相关系数会比较大。因此，可以根据相关谱的特点来判断图像的相似程度，用峰值与相关谱总能量的比值来确定图像的相似性。

（2）基于汗孔的分布来识别指纹。在指纹纹线上均匀分布着汗孔，因此汗孔也可以在很大程度上代表指纹的形态。在一枚指纹上，所有的汗孔可以看作是一个有特定分布的点集合，因此，汗孔匹配可以看作一个点集匹配过程。汗孔识别的优点在于算法简单，很容易实现，但其缺点也很明显，汗孔过于细微，需要很好的采集设备才能显示清楚，同时，汗孔极易受到诸如汗渍、灰尘等的干扰而变得模糊。

12.4.5　指纹识别的应用

人类社会越来越多的活动借助于网络来完成，传统的密码机制面临许多问题。一个用户需要在很多网站进行登记注册，从而有众多的账户和密码需要记忆，但简单的密码容易被攻击，复杂的密码又记不住，因而指纹作为密码是一个很有效的方式。指纹识别技术最早应用于门禁产品，包括重点安全防范行业的博物馆、银行金库、保险箱、机房、财务室等场所，单位考勤、区域出入管制和家庭门禁，以及实验室贵重实验设备的保护。指纹识别技术已经在个人电脑和手机等电子产品的开机以及商业领域的支付交易中被广泛使用。

12.5　虹膜识别传感器

12.5.1　虹膜及其特点

虹膜是指位于人眼表面黑色瞳孔和白色巩膜之间的圆环状区域，如图 12 - 22 所示。在红外光下可以看到丰富的纹理信息，如斑点、条纹、细丝、隐窝等细节特征。利用虹膜图像识别个人身份，仅用普通的视频光学装置就可提取虹膜图像。计算机将虹膜图像数字化后，分析虹膜特征，并生成 256 个字节的虹膜编码，储存在数据库中进行"注册"，完成登记。具体应用时，被测者走进光学装置，注视摄像机镜头，并保持大约三秒钟的注视时间，使系统获得虹膜图像并以此算出编码，然后根据已登记的身份虹膜编码确定是否达成匹配。目前，一种不要求被测者注视摄像机镜头，几米外即可摄取虹膜图像的视频图像系统正在研发中，将更加便于个人身份的识别。

与其他的生物识别技术相比，虹膜识别技术具有以下特点：

（1）虹膜具有稳定的纹理图像，除非发生病变等特殊情况，人的虹膜纹理在一生之中都不会改变，并且通过手术改变虹膜纹理难度和风险极高。

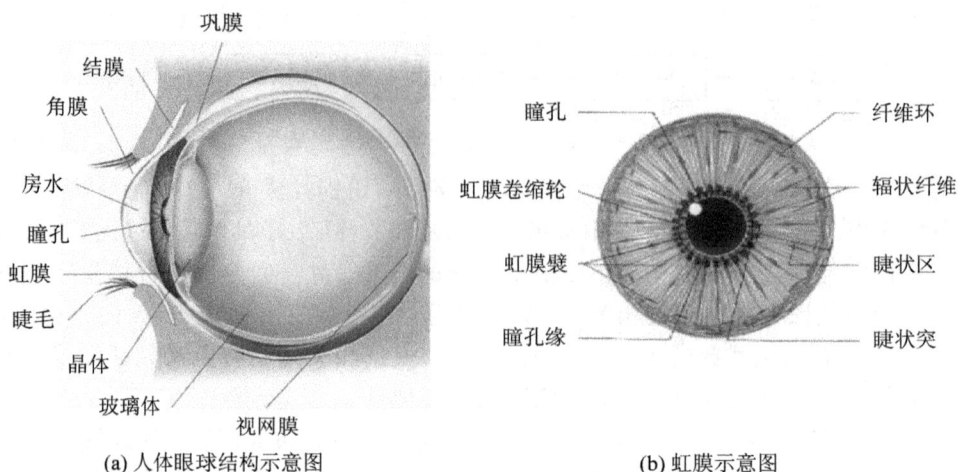

(a) 人体眼球结构示意图　　　　　　　　　　(b) 虹膜示意图

图 12-22　虹膜在眼中的位置及结构示意图

（2）虹膜纹理的个体随机性高，个体间虹膜纹理被现有算法识别为一致的概率极低，所以，虹膜识别的安全性等级比较高。

（3）由于虹膜自身的结构特点，虹膜的活体检测相对容易实现。比如，活体虹膜纹理在外界光的干扰下会随瞳孔放大或缩小，出现虹膜震颤现象。

（4）虹膜图像通过相隔一定距离的摄像机捕获，不需对人体进行接触。

（5）虹膜识别的缺点是算法都比较复杂，计算的实时性较差。

12.5.2　虹膜识别系统的组成

一个完整的虹膜识别系统是通过特制的光学成像系统采集虹膜图像，用计算机算法完成虹膜定位、分割、滤波等预处理，再用特征提取方法对虹膜进行有效的特征提取，最后使用分类识别器完成基于虹膜特征的分类识别。虹膜识别系统的组成如图 12-23 所示。

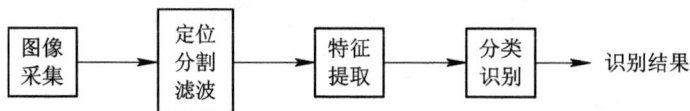

图 12-23　虹膜识别系统的组成

眼睛在不同强度的外光照射下，或者注视过程中，虹膜的内边界即瞳孔的大小是会发生变化的，这将使虹膜的纹理产生变形。虹膜图像处理过程中，为了实现精确的匹配，要通过预处理消除上述因素对虹膜图像的影响，所以虹膜图像处理的预处理过程相对复杂。

12.5.3　虹膜图像的预处理

虹膜图像的预处理包括虹膜定位、虹膜图像归一化和虹膜图像增强三个步骤，通过预处理可消除虹膜图像的噪声斑点和光照带给虹膜图像的影响。

1. 虹膜定位

虹膜定位是指通过定位虹膜的内外边缘、上眼睑、下眼睑，将虹膜从原始图像中分割出来。Daugman 利用眼睛不同区域灰度差比较大的特点，采用圆形边缘检测器法对虹膜的内、外边缘进行定位。这个算法通过在三维参数空间中搜索最大环路积分的方法确定虹膜内外边缘的圆心坐标和半径。Wilds 的定位算法分两步：首先，通过边缘检测将图像转换成二值图像；然后利用 Hough 变换法进行虹膜的内外边缘定位。

图 12-24 所示的是虹膜内边缘——瞳孔的定位过程。同样，当虹膜的内外边缘都被确定下来后，就完成了虹膜的定位。

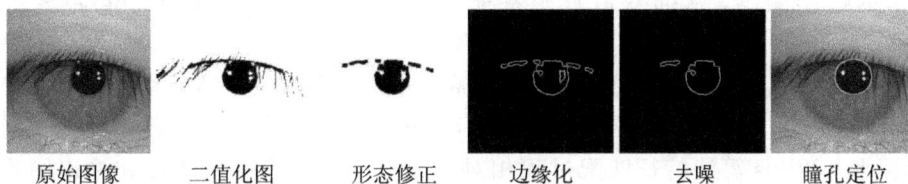

原始图像　　二值化图　　形态修正　　边缘化　　去噪　　瞳孔定位

图 12-24　瞳孔的定位过程

2. 虹膜图像归一化

由于上下眼睑遮挡等原因，定位后的虹膜图像呈现出的形状并不统一，尺寸大小也不一致，因此需要将虹膜定位后的形状转换为大小一致的矩形，以消除图像获取时的旋转、尺度变化，以及睫毛遮盖等带来的影响，得到一个规范的虹膜纹理图。Daugman 采用极坐标归一的方法对虹膜图像进行处理，它的本质是线性映射，也有采用分段线性映射和非线性映射对虹膜图像进行归一化处理的。图 12-25 所示的是归一化处理后的虹膜图像。

图 12-25　归一化处理后的虹膜图像

3. 虹膜图像增强

对归一化处理后的虹膜图像进行增强处理是为了克服由于光照不足或不均造成的虹膜图像对比度过低或图像的亮度不均等现象。通过估计虹膜图像的背景光照，利用背景光照对虹膜图像进行光照调整，然后对虹膜图像进行均衡化。图 12-26 所示的是经过图像增强后的虹膜图像。

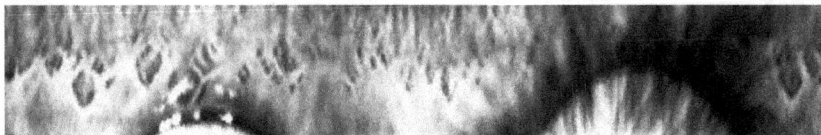

图 12-26　经过图像增强后的虹膜图像

通过对虹膜图像的预处理，目标图像被确定，虹膜图像的质量得到了很大提升，成为可进一步获取虹膜纹理特征的图像。

12.5.4　虹膜图像的特征提取与识别算法

虹膜图像中包括有丰富的纹理特征。如果将预处理后的虹膜图像看作是一幅纹理图像，那么许多纹理分析的方法都可以用来抽取虹膜特征，并采用与之匹配的方法完成识别。常用的方法有：

（1）Daugman算法。该算法利用Gabor滤波器的局部性和方向性对虹膜纹理进行分解，用极坐标形式的二维Gabor变换对虹膜图像进行滤波，并根据滤波值的正负，对滤波结果的实部和虚部分别进行符号量化，然后根据不同尺度、平移、方向角信息，得到长度为256个字节的虹膜编码，从而获取虹膜特征。识别过程则采用Hamming距离进行特征匹配。

（2）Wilds算法。该算法利用各向同性的高斯-拉普拉斯滤波器对图像进行分解，用类似高斯状滤波器的二维小模板对虹膜图像进行滤波，并用构成4层拉普拉斯金字塔的方法进行特征提取。Wilds算法特征匹配过程相对复杂，首先计算输入图像和输出图像的均值和方差等统计信息，然后将两幅图像的协方差作为相关性系数，最后用Fisher线性判断确定两幅图像的匹配结果。

（3）Boles算法。该算法把虹膜图像的小波变换过零点信息作为虹膜特征。首先把虹膜图像转换成一维信号，然后利用二进制小波变换（三次样条小波）的过零点进行特征编码，并利用过零点的位置和相邻过零点之间的幅值进行特征匹配。该算法能克服以往系统受漂移、旋转和放缩比例所带来的局限，并且对亮度变化及噪声不敏感。

综上所述，已有的各种虹膜识别方法，都有各自的优缺点，没有一种是业界公认的通用方法，而且大部分方法都利用了小波变换这一数学工具，因此虹膜图像处理识别的计算效率有待提高。

由以上所述可以总结出虹膜识别的流程，如图12-27所示。

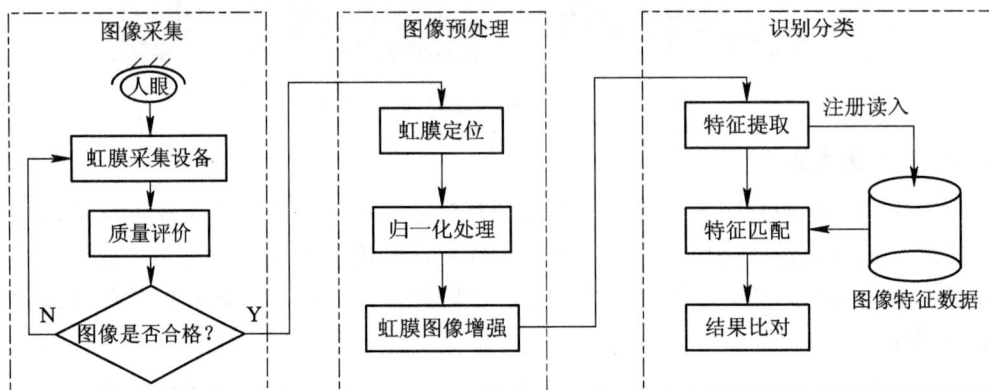

图12-27 虹膜识别流程图

12.5.5 虹膜识别技术难点

虹膜识别技术存在以下难点：

（1）光照和对比度的变化。

由于虹膜图像是在一定距离范围内通过非接触的方法采集的，因此即使采用主动光源，也会引起不同时刻采集的虹膜图像之间有较大的灰度值差异。

（2）睫毛和眼皮的遮挡。

对于欧美国家的用户，这个问题可能不是很严重，因为他们的睫毛一般都上翘，对虹膜区域没有太多干扰。可是东方人的睫毛一般下垂，有的人的睫毛可能会遮挡大部分的虹膜区域，而且不能保证这些遮挡在不同图像中的位置是固定不变的。

（3）瞳孔的弹性形变。

由于光线变化或者虹膜震颤，瞳孔的大小会持续发生变化，虹膜纹理受到外界光照刺激时也会产生径向形变，这些复杂的形变无法精确建模，所以注册和识别时的虹膜图像几乎不可能处于相同的形变状态，从而导致分类识别误差。

（4）校准误差。

由于个体头部偏转角度的不同，不同阶段采集的虹膜图像可能存在旋转差异，虽然可以用模板或者图像归一化进行校正，但其中的误差还是有可能引起类内差异。

（5）质量退化。

虹膜采集过程需要用户的良好配合，有时会很难避免采集的是离焦模糊或者运动模糊的虹膜图像。

（6）戴眼镜带来的变化。

眼镜不管是凹透镜还是凸透镜，都会影响光路，而且还会带来镜面反射。

尽管虹膜识别还面临这么多的技术难点，且由于虹膜识别中的特征数是相当多的，具有大约 200 多项待计算的特征，因此虹膜识别的实时性也是个问题，但这些问题都会随着技术的发展被克服。虹膜识别在小范围特定人群中，采用常规模式分类方法是可以达到实时性要求的，已经较好地应用于（如机要部门的）门禁系统中。

总之，虹膜的唯一性、极强的防伪性能和活体虹膜检测相对容易等特点，都是促进虹膜识别成为高级别安全场合中应用的有力推动因素。

习　题　12

1. 用于身份识别的人体生物特征主要有哪些？为什么说它们的安全性比较高？
2. 人体热释电传感器能识别身份吗？是怎样实现的？
3. 用热释电传感信号作自动门的控制信号时，怎样保证动物在门前跑过而无响应？
4. 人体红外热成像图能判断内脏的温度吗？如果想知道内脏的温度分布情况，应当怎样做？
5. 指纹的基本类型有哪几种？人体指纹特征被分成哪几个级别？分别起什么作用？
6. 为什么说虹膜是最具安全性的生物特征？目前虹膜身份认证具体存在哪些困难？

第13章 传感器与智能系统

13.1 传感器与物联网

物联网是在互联网的基础上,将用户端延伸和扩展到任何物体上,并使其之间可以进行信息交换和通信的一种网络。物联网被称为继计算机、互联网之后世界信息产业的第三次浪潮。物联网技术的特征是全面感知、互通互连和智慧运行。在物联网中,传感器对物理世界具有全面感知的能力。随着现代传感器技术的发展,信息的获取从单一化逐渐向集成化、智能化和网络化的方向发展,众多传感器相互协作组成网络,又推动了无线传感器网络的发展。传感器的网络化将帮助物联网实现信息感知能力的全面提升,传感器本身也将成为实现物联网的基石。

从物联网的应用需求来看,物联网传感器及传感网络主要应用在公共管理、行业、个人(大众)市场等三大领域。城市应急(事故灾难、自然灾害)、社会安全、资源环境管理、智能城市管理、智能交通、公共卫生是近年来公共管理领域的重点市场;工业控制、智能建筑、现代精准设施农业、智能物流与食品溯源应用、智能电网是近年来行业应用领域的重点细分市场;智能社区、家庭应用等则是个人(大众)应用领域近期的重点细分市场。

13.1.1 智能家居系统

智能家居系统又称为智能住宅或电子家庭、数字家园等。智能家居使用控制技术、通信技术以及计算机技术,将与家居生活有关的各种子系统通过网络连接到一起,从而实现整个系统的自动化,使其控制和管理更加便捷。智能家居系统结构如图 13-1 所示。

相较于普通家居系统,智能家居系统兼具了传统家居系统与现代家居系统的优点,在提供舒适、安全、宜人的家庭生活空间的同时,还把原来被动、静止的结构转变为具有能动、智慧的工具,提供全方位的信息交换功能,帮助家庭与外部保持信息交流畅通和有效安排时间,优化了生活方式,增强了家居生活的安全性,甚至可节省能源消费。传统的智能家居系统一般是通过有线方式对楼宇设施进行控制和通信,很难脱离各种线缆的束缚,安装成本较高,系统的扩展性差。基于无线传感器网络技术的智能家居系统不仅可摆脱线缆的束缚,降低安装成本,而且能提高系统的扩展性。

智能家居系统的功能必须通过相应的网络化传感器系统来实现。传感器及其网络系统在智能家居系统中的作用主要体现在以下两个方面。

(1)家庭自动化。传统家用电器,如在吸尘器、微波炉、冰箱等中嵌入智能传感器和执行器而成为智能家电,并成为传感器的网络节点。这些节点之间可互相通信,并能通过互联网与外部互联,使用户可方便地对家用电器进行远程监控。

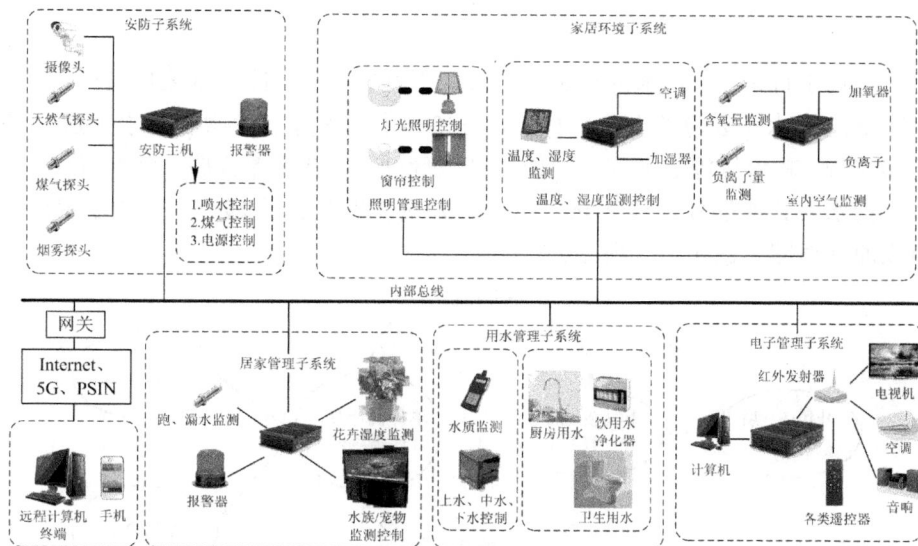

图 13-1　智能家居系统结构

（2）实现智能环境。智能家居系统可使居住环境能够感知并满足用户需求。这里存在以人为中心和以技术为中心两种观点，前者强调智能环境在输入/输出能力上必须满足用户需求；后者主张通过开发新的硬件系统和网络解决方案以及中间件服务等方法来满足用户要求。

信息技术的发展使家居设施和工业控制的自动化和智能水平越来越高，自动抄收家用计量仪表、工业自动化控制仪表中的数据已逐渐成为人们的需求和操作方式。例如，采用 ZigBee 网络等无线通信技术，将住宅内各节点采集的数据收集到一个网关中，然后将数据送到远程服务器中；同时，远程服务器可访问和控制任何一个在 ZigBee 网络中的设备，实现远程控制。图 13-2 所示为实现自动抄表的家居四表抄送系统的一种总体框架，其中四表所涉及的传感器及要求如下所述。

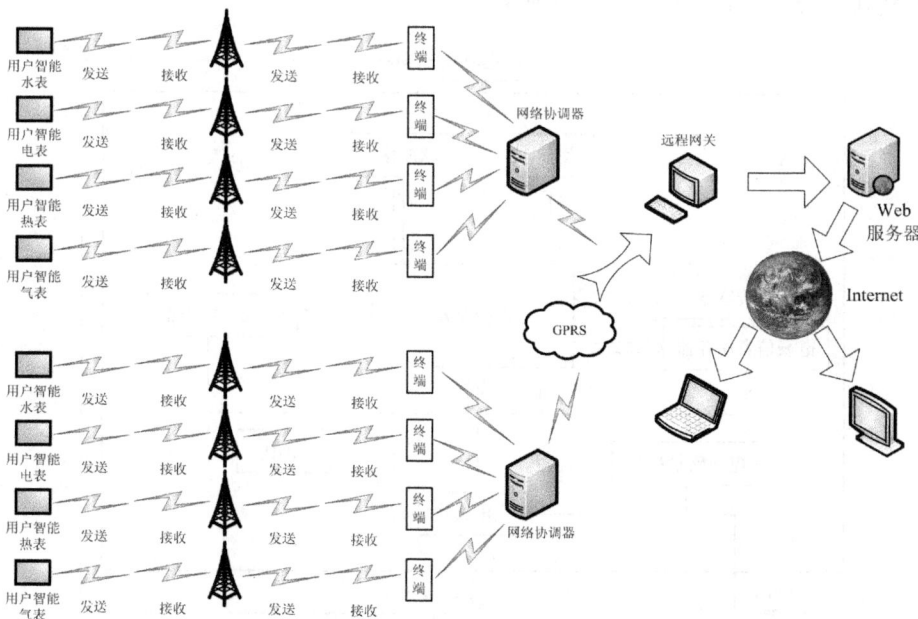

图 13-2　家居四表抄送系统的总体框架图

1) 智能水表

智能水表用于自来水、热水的流量计量及数据远程传送,冷水基表应符合 GB/T 778—1996 国家标准,热水基表应符合 JB/T 8802—1998 行业标准。通常智能水表适宜采用涡轮流量传感器实现,其信号传输方式为两线制计数脉冲,并有线路开路、短路信息。智能水表无线模块包括水表脉冲信号采集部分、MCU、无线发射与接收部分、按键显示部分等。智能水表组成原理框图如图 13-3 所示。

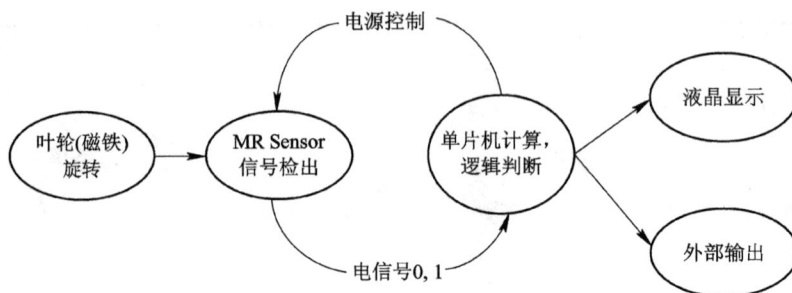

图 13-3　智能水表组成原理框图

2) 智能电表

家用智能电表由电能计量和无线收发两部分构成。智能电表中,电能数据采集模块的核心是高精度单相电能计量传感器芯片(典型产品如美国 ADI 公司的 AD7751、中国深圳国微电子的 SM9903 等)。这类芯片大多集成了数字积分、参考电压源和温度传感器,能提供与电能成比例的频率或脉冲输出,并具有校准电路,可测量单相有功、无功功率。智能电表系统具有实时采集并存储电表信息功能、无线收发功能、防窃电功能以及对电表的通断控制功能。智能电表系统主要由微控制器、电表信息存储器、无线收发器、红外传感器、电池和供电模块等部分构成,如图 13-4 所示。

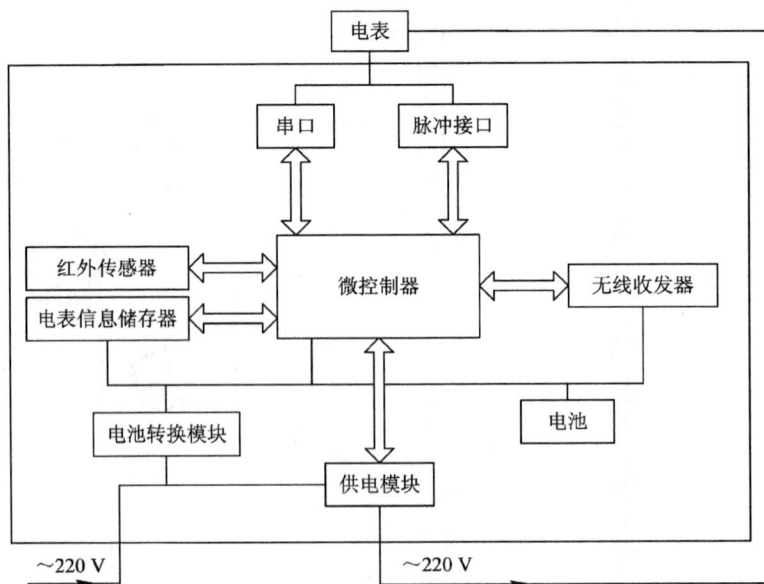

图 13-4　智能电表系统构成

3）智能热表

智能热表的工作原理为：当传热介质流过热交换系统时，主控芯片接收来自流量传感器和配对温度传感器的信号，进行热量累积计算、存储和显示。其组成原理框图如图 13-5 所示。

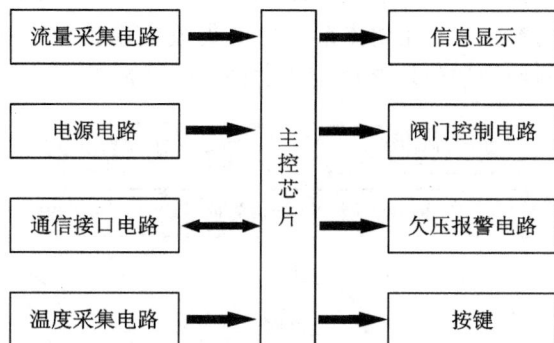

图 13-5　智能热表组成原理框图

4）智能气表

智能气表适用于人工燃气、天然气、液化气、液化石油气的流量计量及数据远程传送，它可采用热流速气体流量传感器等。热流速气体流量传感器是基于热传输工作原理和 MEMS 微加工技术制成的微传感器，它内含气流流速敏感结构，包括两组制造在悬空的氮化硅结构上的加热电阻和测量电阻，如图 13-6 所示。悬空的氮化硅结构将电阻与衬底绝热隔离，加热电阻产生的温度场在流量的作用下发生改变，通过测量电阻测得温度场的分布，然后利用流速与温度场分布的关系实现对流速和流量的测量。

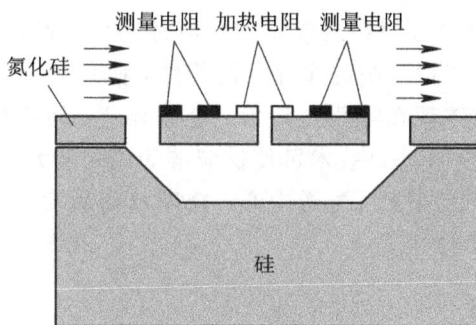

图 13-6　热流速气体流量传感器原理结构图

13.1.2　智能仓储和物流

随着时代的不断发展与进步，物联网中的智能物流仓储系统越来越成为人们关注和讨论的热点，作为商品在流通供应链里重要的一环，物流扮演着不可替代的角色，其中，仓储是物流的核心环节。仓储管理活动中所包含的信息量是非常巨大的，而这些信息通常伴随着货物的入库与出库、货物的管理以及仓库的订货而不断地变化和更新，数据量巨大，数据的内容也复杂多变，数据的操作十分烦琐。高效、合理的仓储能对货物的有效控制和管理产生良好的作用,因此,仓储向着智能化发展是必然趋势。

物流行业是物联网很早就实实在在落地的行业之一,很多先进的现代物流系统已经具备了信息化、数字化、网络化、集成化、智能化、柔性化、敏捷化、可视化和自动化等先进技术特征。很多物流系统和网络也采用了最新的红外、激光、无线、编码、认址、识别、定位、无接触供电、光纤、数据库、传感器、RFID 和卫星定位等高新技术,这种集光、机、电、信息等技术为一体的新技术,在物流系统中的集成应用是物联网技术在物流行业应用的具体体现。基于物联网的智能物流系统架构如图 13-7 所示。

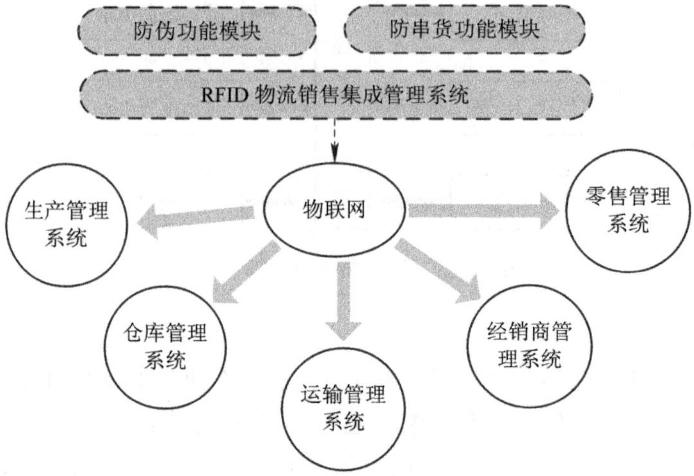

图 13-7　基于物联网的智能物流系统架构

在物流业中物联网主要应用在基于 RFID 的产品可追溯系统、基于 GPS 的智能配送可视化管理网络、全自动的物流配送中心以及基于智能配货的物流网络化公共信息平台,使用分析和模拟软件可以优化从原材料至成品的供应链网络,同时,帮助企业确定生产设备的位置,优化采购地点,也能帮助制定库存分配战略,降低成本、减少碳排放,改善服务。RFID 在物流中的应用主要体现在零售业环节、仓储环节、运输环节和物流配送分销环节等。从整个供应链来看,应用 RFID 技术可使供应链的透明度大大提高,物品在供应链的任何地方均可被实时追踪。安装在工厂配送中心、仓库及商品货架上的读写器能够自动记录物品在整个供应链中的流动位置。

13.1.3　智能交通

随着城镇化和机动化进程的加快,城市交通拥堵已成为困扰我国城市发展的难题和人民群众关注的焦点。在无法快速扩大路网容量的情况下,城市交通将面临更大的压力。物联网在智能交通中的应用,是指铺设覆盖全市范围的传感器网络节点,构建广泛互联的交通要素感知网络,实现更加丰富、更加准确、更加人性化的公众信息服务,形成一个智慧、和谐的交通出行环境。整个智能交通架构包括多个系统,具体如图 13-8 所示。

利用物联网与智能交通的高度结合,建设多种形式的交通管理和服务系统,通过物联网技术为乘客提供随时随地的出行信息服务、优质的出行服务和快速的应急服务,可提高效率及交通满意度。

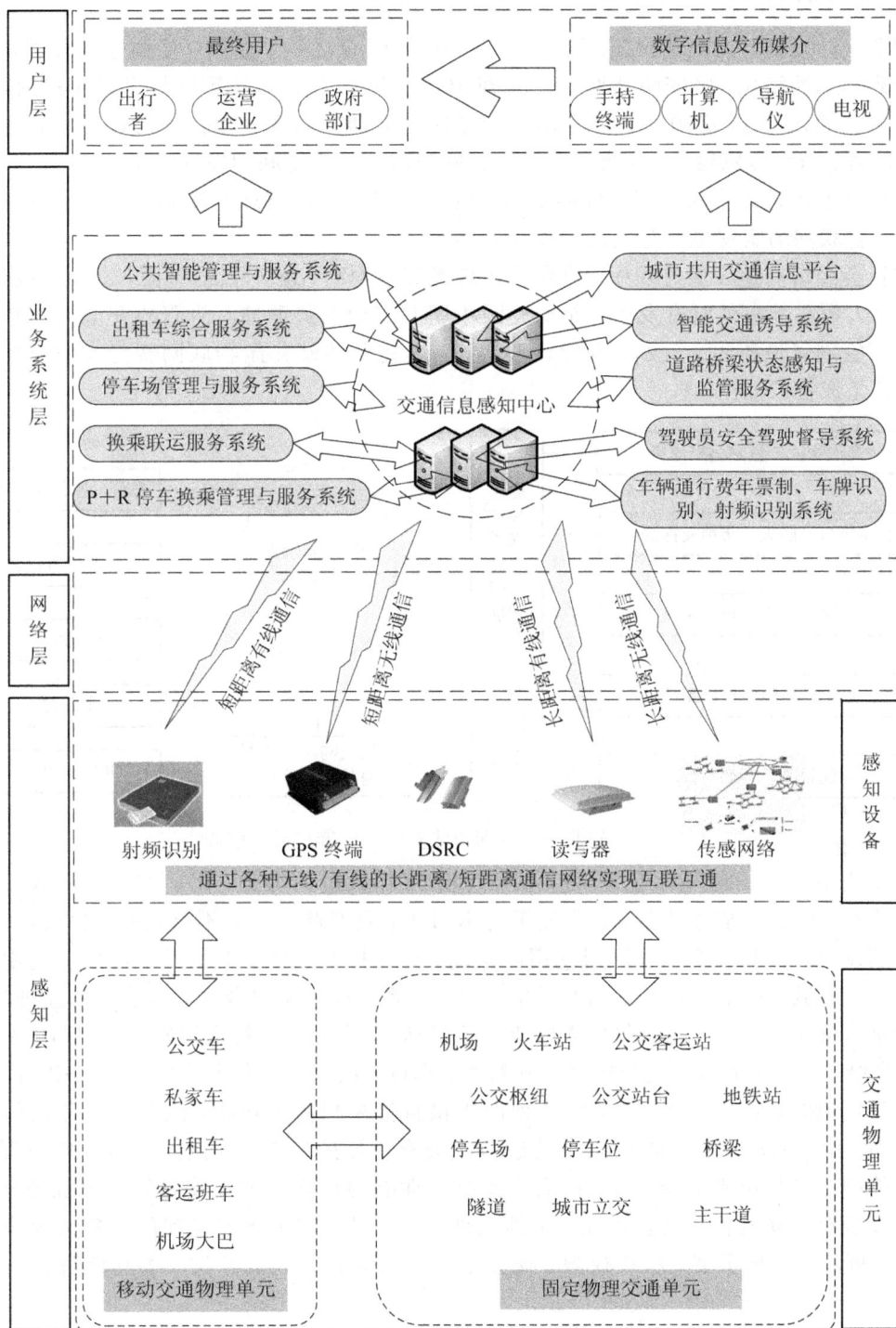

图 13 - 8　智能交通架构图

13.1.4 智能安防

智能安防是物联网当前最重要和最实用的应用平台之一。显然，要构建智能安防，首先要做到感知网络化。在安防物联网的构建中，感应器(目前以 RFID 技术运用最为广泛)是必不可少的，因此，必须加大对安防配套智能感应器的研发和生产，尤其是智能网络摄像机、防盗、防火传感器等，由此可知，物联网安防是基于物联网发展需求，安防产品及技术在物联网实现过程中的应用是安防应用领域的延伸，其本质就是安防产品智能化。因此可以说，物联网的实现也就是实现了安防智能化。

在社会经济高速发展过程中，难免会出现发展不均衡或者消极的一面，从而导致偷盗、抢劫、杀人等恶性事件时有发生。而幼儿园小朋友作为弱势群体，他们的安全问题是家长和幼儿园管理者最担心的问题。为此，需建立一套完善的幼儿园物联网智能安防监控管理系统，其组成框架如图 13-9 所示。

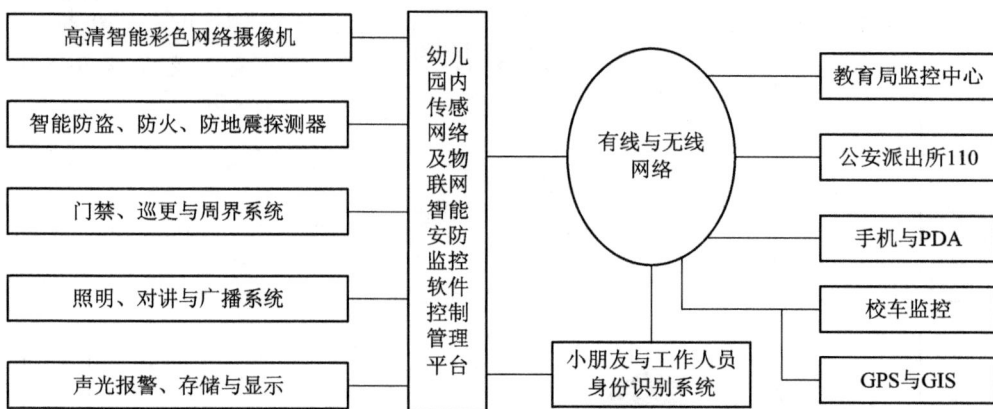

图 13-9 幼儿园物联网智能安防监控管理系统框架

为防止不法人员混入幼儿园，同时还要管理工作人员的考勤，因而在相应的入口需安装刷卡终端，构成门禁考勤系统。所使用的 RFID 卡具有唯一性，不可复制，保密性极高。每个小朋友可以支持多个家长注册使用该系统，每人持有一张卡片。系统可以设定刷卡加密码的工作模式，持卡人在刷卡后必须输入密码，系统验证密码合法后才会提示验证通过。为了保证万无一失，还可融合集成人脸或指纹识别。显然，生物特征识别加上 RFID 卡与密码，安全级别就非常高了。门户的状态和行为，都可实时反映于控制室的计算机中。门开时间超过设定值时，系统就会报警。电子地图提供直接视频监视功能，能够直接监视门禁区现场状态。由于物联网传感器网络各传感节点具有智能感知能力，因此稍有异常情况，就会在监控中心进行声光报警。监控中心配备有高性能的物联网智能安防管理等服务器，并在其上安装有物联网智能安防监控服务器软件，可以对前端传感器发现的异常情况按预案处理，也可对多级服务器、用户权限、视频录像回放和检索、报警联动等功能进行管理与上传。

13.2 传感器与智能载体系统

近年来智能载体的飞速发展给人类的想象插上了翅膀。随着计算机处理能力的成倍增长，智能算法得到了广泛运用，智能载体也将广泛应用于实际。智能载体能够得到系统性的应用，传感器在其中扮演着重要的角色。传感器的发展，使智能载体能够及时地自我感知和感知外界，通过对不同环境进行感知学习，可达到智能化。目前智能载体系统以不同形式渗透进人们的生活：在生活中，小到智能手机、扫地机器人，大到无人驾驶汽车等；在生产中，智能机器人代替了传统工人，智能制造系统使得工厂效率翻倍；在军事领域中，军用机器人代替士兵完成危险任务，无人机带来及时情报，智能指挥系统及时感知战场使军队先敌制胜。

13.2.1 智能机器人

机器人是自动控制机器的俗称，它是由计算机控制的复杂机器。最初的机器人只能运行人给它设定好的程序，做循环往复的工作，不能对所做的工作做相应的调整，不具有人工智能。随着传感器的持续发展，先进的传感器在机器人的控制系统中起了非常重要的作用，机器人才具备了类似人类的知觉功能和反应能力。理想中的智能机器人是整合控制论、机械电子、计算机与人工智能、材料学和仿生学的高级产物，目前科学界正在向此方向进行研究开发。

可以把机器人传感器看成是一种能把机器人目标物特性（或参量）变换为计算机可分析信息的装置，它包括敏感元件、变换电路等部分。机器人通过传感器实现类似人类的知觉功能，由传感元件把目标物的参量转换为电信号，经处理后变为相应的控制信号，去操纵机器人的行为，这样使机器人的动作能适应于环境的改变。传感器的存在至关重要，它赋予了机器人"视觉""触觉"等感觉，通过这些感觉使机器人能够完成复杂的工作。目前很多学校、研究机构、公司都对机器人加大了研发力度。2019 年，波士顿动力公司发布了 Handle 机器人的新版本，它能够代替人类更准确地搬放大箱子。其公司早些年发布的 Atlas 机器人，可以像人一样行动，进行奔跑、跳跃、搬运物体等，而且在有外力干扰它移动时，它也能快速调整姿态保持平衡。波士顿动力公司每年也在不断优化 Atlas 机器人。Atlas 机器人中包含了大量的智能传感器，例如 6 轴陀螺仪、COMS 摄像头传感器、触觉传感器等。波士顿动力公司的 Handle 机器人和 Atlas 机器人如图 13 - 10 所示。

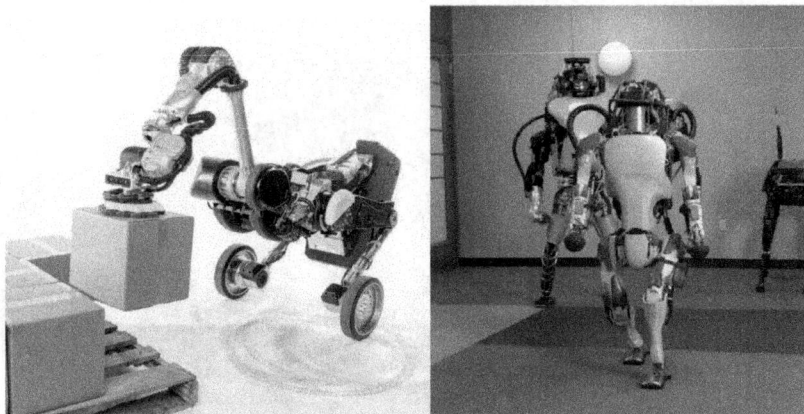

图 13 - 10 波士顿动力公司的 Handle 机器人和 Atlas 机器人

机器人所用的传感器有很多种，根据不同用途分为内部测量传感器和外部测量传感器两大类。

（1）内部测量传感器：用来检测机器人自身状态的传感器，包括位置传感器、角度传感器、测速传感器、加速度传感器、倾斜角传感器和方位角传感器等。

（2）外部测量传感器：用来检测机器人周围环境的传感器，包括视觉传感器、触觉传感器和力矩传感器等。

多传感器信息融合就是指综合来自多个传感器的感知数据，以产生更可靠、更准确或更全面的信息。经过融合的多传感器系统能够更加完善、精确地反映检测对象的特性，消除信息的不确定性，提高信息的可靠性。融合后的多传感器信息具有冗余性、互补性、实时性和低成本性。

13.2.2 智能制造系统

传统的制造系统自第一次工业革命开始便初现优势，它奠定了人类社会快速进步的基础。随着人类科学技术的日益进步，人们对美好生活更加向往，传统制造系统也在不断进步，但生产质量低、生产工艺落后、生产时间长以及生产效益低的缺点逐渐暴露。在21世纪信息革命中，"智能"一词逐渐成为这个时代的重要符号，智能制造系统因此得到了大力的发展。

如图13-11所示的智能制造系统是一种人机一体化的智能系统，其由智能机器与人类专家共同组成。智能制造在生产制造过程中可以进行分析、推理、判断、决策等智能活动，使生产制造由自动化转向智能化。在智能制造中系统感知技术是一个至关重要的环节，该环节主要依靠智能传感器来实现，传感器对机器人系统中计算机的决策以及算法有直接的影响。智能制造系统中，制造装备尤为重要。搬运机器人、焊接机器人、数控机床、工业3D打印机等制造装备，逐步迈向智能化。这些装备的感知系统需要新型传感技术的配合，才能达到智能制造的要求。

图13-11 智能制造系统

13.2.3　无人驾驶汽车和无人机

随着处理器的计算能力呈指数级增长，集成电路制造技术越来越先进，再加上高精度智能传感器的大力发展，无人驾驶汽车和无人机得到了飞速发展。

无人驾驶汽车是一种智能汽车，也称为轮式移动机器人，它利用智能传感器、计算机以及智能算法，通过车载传感系统感知道路环境，自动规划行车路线来实现无人驾驶。无人驾驶汽车集自动控制、系统结构、人工智能、视觉计算、智能传感技术等众多技术于一体，是计算机科学、模式识别和智能控制技术高度发展的产物。它利用传感器感知车周围的环境和前方道路的信息，再通过内部传感器，控制车辆的速度和转向，从而使车辆可以在道路上安全地行驶。目前世界各大科技公司都对无人驾驶汽车投入了更多的研究精力。在国外，Google 公司对无人驾驶汽车进行了深入的研究，如图 13-12(a)所示。截至 2018 年，Google 无人驾驶汽车已经在公共道路上行驶超过 960 万公里，通过摄像机、激光雷达传感器和激光测距仪来"看到"其他车辆，并可使用详细的地图进行导航。Tesla 公司生产的民用电动车已经配备了自动驾驶功能，将超声波传感器和雷达传感器作为摄像头，其自动驾驶能力令人赞叹。2011 年，国防科技大学自主研发的无人驾驶汽车首次完成了从长沙到武汉 286 公里的高速全程无人驾驶试验。百度公司于 2014 年启动了无人汽车研发计划，并于 2018 年发布了 L4 级别无人驾驶汽车，通过雷达传感器、摄像机、定位传感器等智能传感器实现自动驾驶，如图 13-12(b)所示。

(a) Google 无人驾驶汽车　　　　　　　　(b) 百度无人驾驶汽车

图 13-12　Google 无人驾驶汽车与百度无人驾驶汽车

无人驾驶飞机简称无人机，它是利用无线电遥控设备和自备的程序控制装置操纵的不载人飞机，或者由计算机完全自主操作。无人机可以执行多种类型任务，如图 13-13 所示。在军用领域无人机分为侦察机、攻击机和靶机，目前已经应用于实战之中；在民用方面，无人机应用领域更加广泛，在航拍、农业、植物保护、快递运输、灾难救援、测绘、新闻报道、电力网线巡检等领域无人机都有着无可比拟的优势。现在各个国家都在大力发展无人机科技。我国军用领域无人机发展走在了世界前列，翼龙、彩虹、鹞鹰无人机有着领先的技术，并已装备到部队之中，大大提升了我军战斗力。我国民用无人机发展也位于全球前列，大疆公司生产的无人机不仅能应用于航拍，还在农业、测绘、电力巡检等方面得到了广泛应用。支撑无人机快速发展的基础是智能传感器的迅速发展，无人机之所以可以可靠地飞行，其内部传感器的准确感知是十分重要的，无人机内集成了多种传感器，例如加速度计、陀螺仪、磁罗盘、气压计、超声波传感器、定位传感器、摄像头等。

(a) 军用无人机　　　　　　　　　　(b) 民用无人机

图 13-13　军用和民用无人机

　　传感器技术的进步,使得我们的生活有了很大的变化。智能时代的到来要求传感器技术要跟得上时代,采用先进技术产生的智能传感器使传统测控系统、数据处理等方式产生了质的飞跃。智能传感器以高精度、高可靠性、高信噪比、更强的适应性、自主学习能力等特点超越了传统传感器。传感器成为组成智能载体系统的根基,使得智能载体得以"智能"。智能载体系统的发展,使得人们生活更加方便、生产更加快捷高效,也使智能机器人、智能制造、无人汽车等载体得到了前所未有的发展。

13.3　传感器与智慧服务

　　在以智能传感器为核心的智能时代,智能医学、智慧医疗、智慧社区、智慧服务等新兴概念与技术引起了医疗卫生行业和信息服务行业的普遍关注,并得到了越来越广泛的应用。在智能传感器蓬勃兴起的大背景下,有必要对"智慧服务"相关的概念、技术、业务及产品进行系统的阐述和介绍。本节在梳理智慧服务相关概念及背景的基础上,着重研究了基于智能传感器的智慧医学、智慧医疗、智慧社区等技术体系与应用体系,并列举了部分典型应用案例。

13.3.1　智慧医学

1. 智慧医学的概念

　　传统医学模式正面对越来越多的挑战,包括人口老龄化、医疗费用过高和医疗资源分布不均衡等问题。智慧医学的出现,为解决上述问题提供了有力的帮助。

　　所谓智慧医学,就是用人工智能的方法提高医疗服务的能力。如图 13-14 所示是智慧医学整体架构。智慧医学也被解读为通过打造健康档案区域医疗信息平台,利用最先进的物联网技术,实现患者与医务人员、医疗机构、医疗设备之间的互动,逐步实现信息化。但是智慧医学并不仅仅止步于医院信息化的层面,它更看重的是以医院信息化为媒介,对其所带来的海量医学数据进行数据挖掘和有效利用。一方面,通过对这些大数据的智能分析和智能决策,能够为患者带来个性化的精准医疗;另一方面,对海量病例样本的数据挖掘,将有可能从人类思维意想不到的角度,揭示相关疾病发生、发展以及诊疗的规律,从而给医学的发展带来新的思路和突破性的进展。在不久的将来,医疗行业将融入更多人工智能、传感技术等高新技术，使医疗服务走向真正意义的智能化，以推动医疗事业的繁荣发展。在中国新医改的大背景下，智慧医学也正在走进和改变寻常百姓的生活。

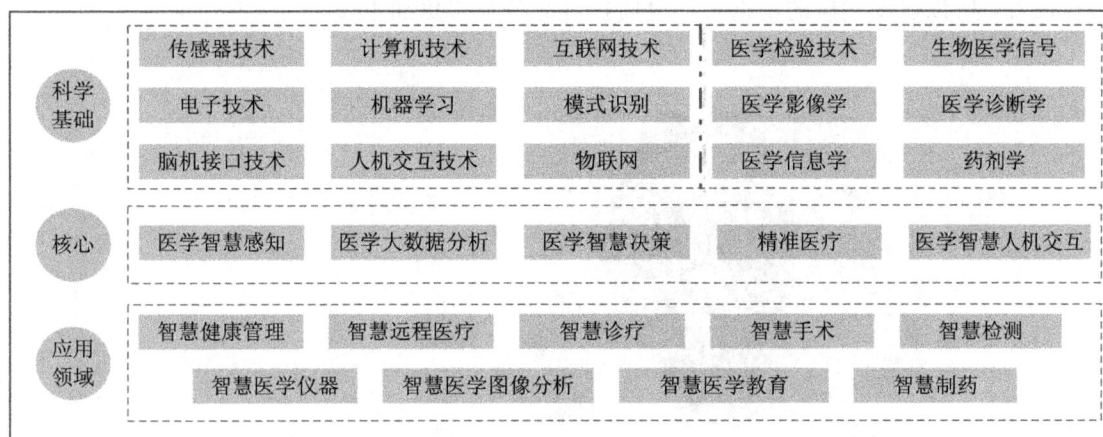

图 13-14　智慧医学整体架构

2. 智慧医学的应用——疾病辅助诊断和预测

计算机辅助诊断是指通过影像学、医学图像处理技术以及其他可能的生理、生化手段，结合计算机的分析计算，辅助发现病灶，提高诊断的准确率。其基本原理是用计算机模拟临床医生的医疗经验，归纳出相应的病理指标和算法体系，并编制相应的程序在计算机上运行，通过人机对话的方式，对具体的病例做出诊断结果，如图 13-15 所示。

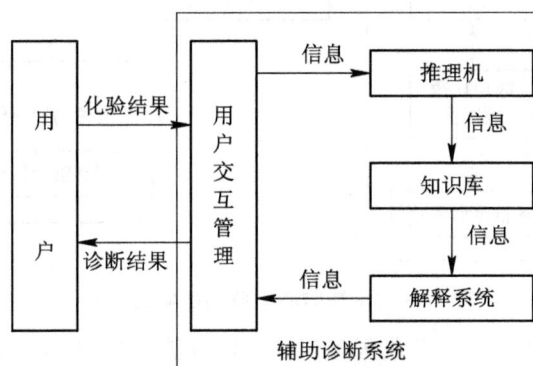

图 13-15　计算机辅助诊断系统

3. 智慧医学的应用——个人健康管理

移动可穿戴设备、各种手机应用程序可记录并智能化地分析人们日常的身体数据，有助于人们在日常生活中控制自己的身体各项指标，减少引起发病的诱因，实现个人精准、有效的健康管理。此外，对于慢性病病人来讲，科学管理，控制好病情，避免并发症的发生尤为重要。

随着人们生活水平的提高、生活节奏的加快，心血管疾病的发病率迅速上升，该疾病已成为威胁人类身体健康的主要因素之一。心电监测仪则是诊治此类疾病的主要依据。常规心电图是病人在静卧情况下由心电图仪记录的心电活动，历时仅为几秒到一分钟，只能获取少量有关心脏状态的信息。如图13-16所示的智能心电监测手表可对患者进行长时间的实时监护,记录患者的心电数据。心脏病的发生具有突发性特点,患者不可能长时间静卧在医院,所以研发相应的便携式心电监护产品就显得更加重要。

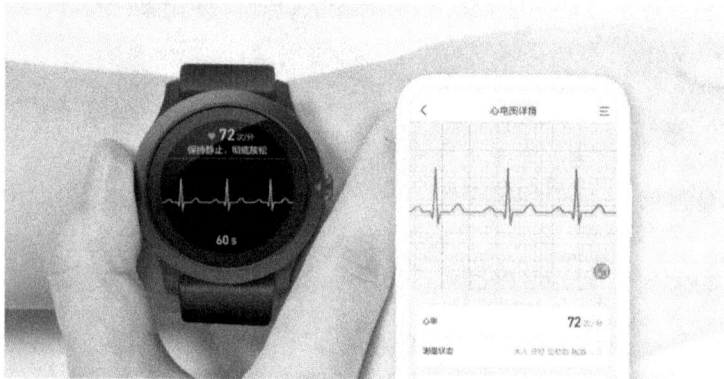

图13-16   智能心电监测手表

如图13-17所示是智能心电检测的实现过程。当患者感到有心慌、心悸症状时,可立即使用智能心电监测仪采集、记录异常的心电信息,数据会通过手机APP自动存储到手机和云端,到院就诊时可及时为诊断医师提供发病时的心电数据,有利于心血管疾病的早期诊断,以及术后和用药效果评估,便于医师调整最佳治疗方案。

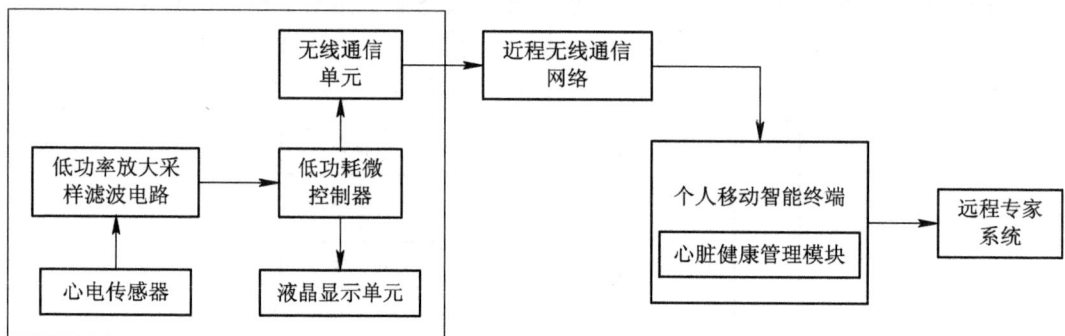

图13-17   智能心电监测的实现过程

自我健康管理和随时可得的专业医疗建议,是智能心电监测仪在现今和未来的重要发展趋势。通过蓝牙、无线等技术与手机APP相连,并通过互联网技术、云计算等"互联网+"技术,让智能心电监测仪在心血管疾病预防、日常监测、数据采集、用药随访、发病急救和医学干预等方面得到了广泛的应用。

13.3.2   智慧医疗和健康

1. 智慧医疗的概念

智慧医疗是在新一代信息技术深入发展和智慧城市的推动下,人的健康管理与医疗信息化、医疗智能化交相融合的高级阶段。如图13-18所示,智慧医疗融合物联网、互联网、智能传感器、云计算、大数据、人工智能等多种技术,能够实现智能远程疾病预防与护理,在医疗领域实现信息的整合和诊疗的便捷、准确。

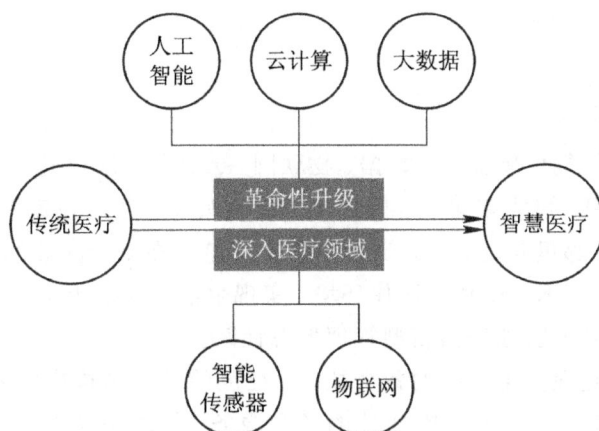

图 13 - 18　智慧医疗

　　智慧医疗具有互连性、协作性、预防性、普及性、可靠性以及创新性等特征。智慧医疗
在医疗信息化和智能化发展方面主要经历了四个阶段，如图 13 - 19 所示。

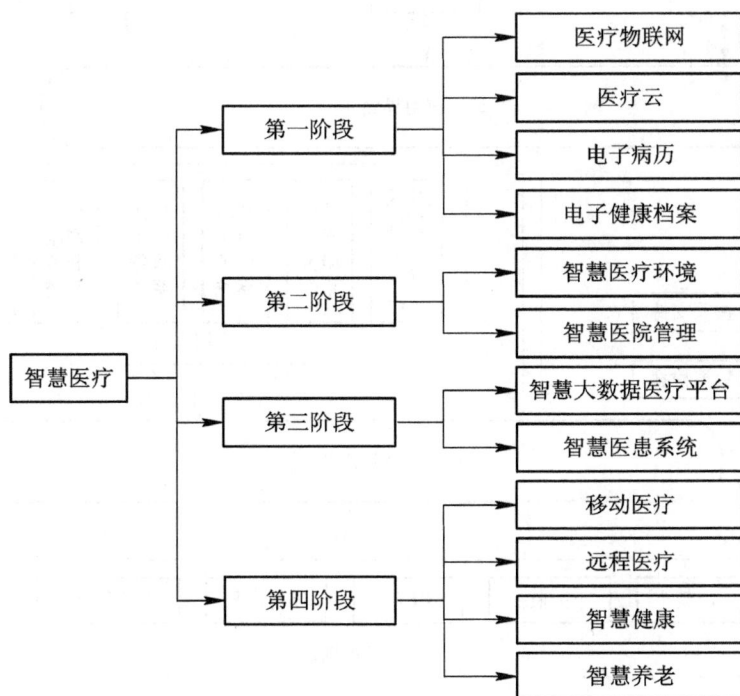

图 13 - 19　智慧医疗架构图

2. 智慧医疗的应用

　　在智慧医疗方面，国内发展比较快、比较先进的医院在移动信息化应用方面其实已经
走到了前面。比如，已经实现病历信息、病人信息、病情信息等的实时记录、传输与处理利
用，使得在医院内部和医院之间通过互联网，实时、有效地共享相关信息，这一点对于实现
远程医疗、专家会诊、医院转诊等可以起到很好的支撑作用。

13.3.3　智慧社区

1. 智慧社区的概念

智慧社区是指以智能传感器、大数据、物联网、云计算、区块链、4G/5G 网络等技术为手段,将现代物业管理、智能家居、智能楼宇、社区医疗、社区住家养老保健、智能交通、环境监控、安防监控、邻里互动、社区文化及教育等整合在一个高效的信息系统中,为社区居民提供安全、高效、舒适、便利的居住环境,实现生活、服务计算机化、网络化、智能化,是一种基于大规模信息智能处理的新型管理形态社区。

智慧社区的基础是现实生活中的各个社区。社区的基本结构决定着智慧社区的基本部分。智慧社区的运行由具有一定智能属性的各类服务、管理系统有机构成。智慧社区的基本组成包括传感器层、公共数据专网、应用系统、综合应用界面和数据库,如图 13 - 20 所示。

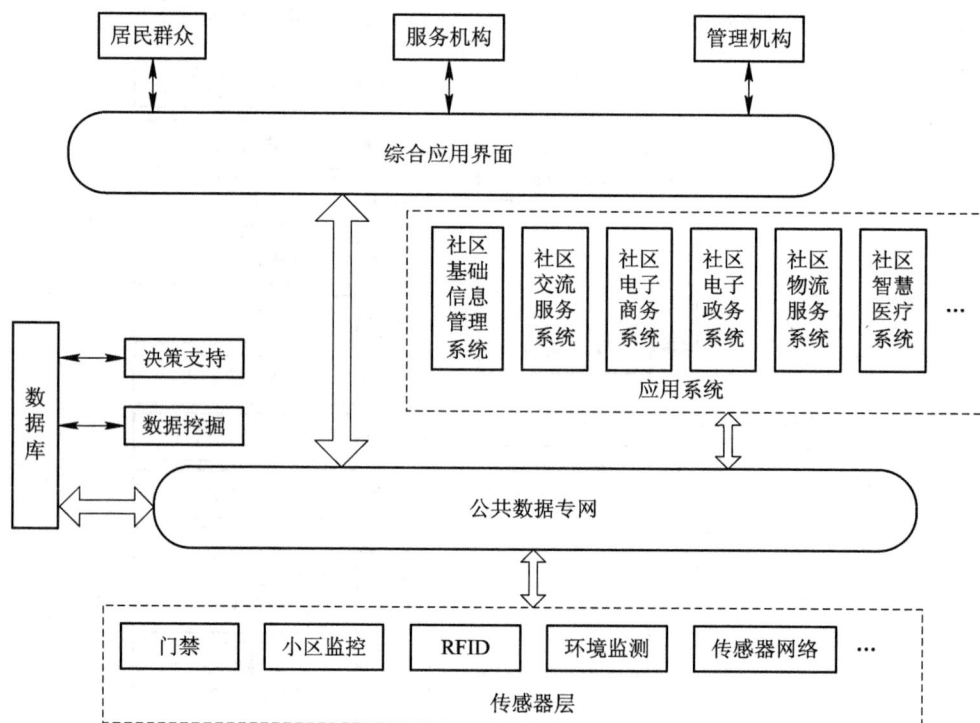

图 13 - 20　智慧社区架构图

2. 智慧社区的应用

智慧社区将线上与线下相结合,可以精准管理社区日常事务,提高社区服务决策的民主性、科学性与针对性;搭建社区智慧平台,吸引政府、企业、居民等多主体共同协商共同参与;借助智慧平台,优化办事流程,提高政务处理效率和透明度,高效整合社区现有资源,实现信息互联互通,激发市场活力,带动智慧产业全面发展。下面介绍常见的几个智慧社区应用系统。

1）智慧视频监控系统

智慧视频监控系统是指利用图像处理、模式识别和计算机视觉技术，通过在监控系统中增加智能视频分析模块，借助计算机强大的数据处理能力，实现对场景中目标的定位、识别和跟踪等，并分析和判断目标的行为，从而得出对图像内容含义的理解以及场景的解释，并以最快和最佳的方式发出警报或触发其他动作，从而有效地进行事前预警、事中处理、事后及时取证的全自动、全天候实时监控的智能系统，如图 13-21 所示。

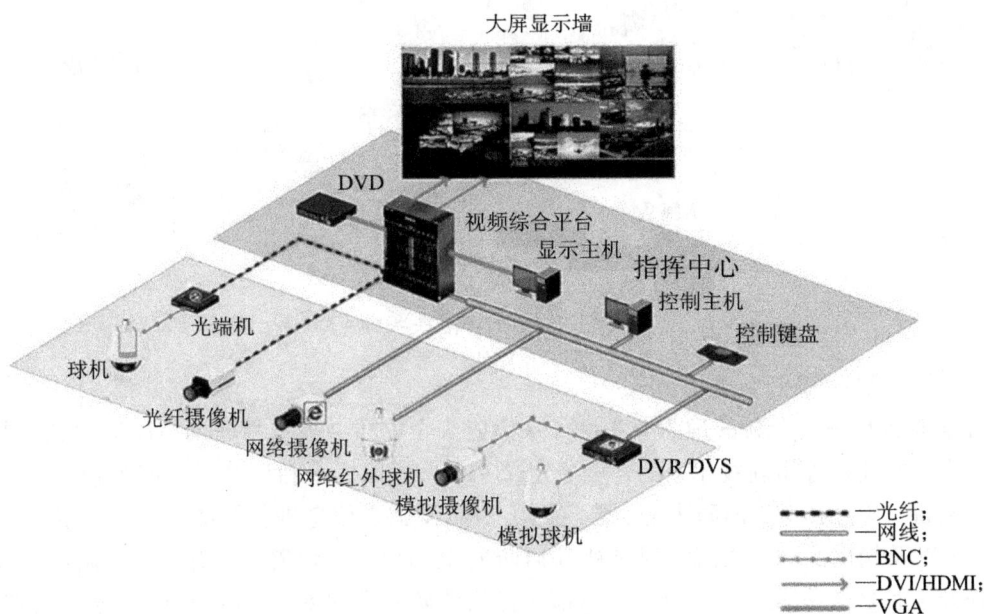

图 13-21　智慧视频监控系统

2）智慧门禁系统

智慧门禁系统是将身份识别技术与门禁安全管理有效结合，是对进出的人或事物的通行允许、拒绝、报警和记录的智能自动控制系统，具备不易遗忘和丢失，不易伪造和被盗，可以"随身携带"、随时随地使用等优点。智慧门禁系统有多种构建模式，可根据系统规模、现场情况、安全管理要求等合理选择。传统门禁系统使用模拟或者半模拟信号，而智慧门禁系统一般采用全数字信号，室内机和门口主机都装有彩色触摸屏，可以支持密码、刷卡和刷脸等多种生物识别技术开门解锁。智慧门禁系统的基本组成结构如图 13-22 所示。

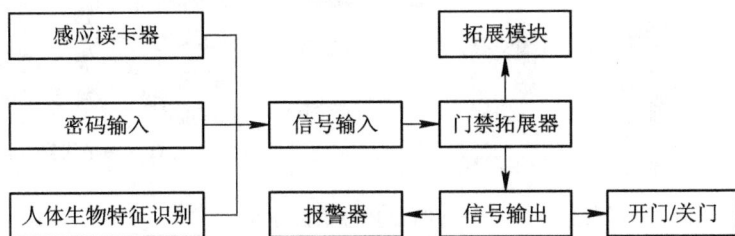

图 13-22　智慧门禁系统基本组成结构

3) 智慧停车系统

智慧停车系统是利用物联网、移动终端、GPS定位、GIS、云计算等先进技术对停车场进行管理，并将分散的终端数据汇总起来，对停车场进行远程在线实时管控，实现便民利民的空位预报、车位预订、导航停车、错时停车、反向寻车、在线支付等功能，从而实现停车位资源利用率的最大化、停车场利润的最大化和车主停车服务的最优化。

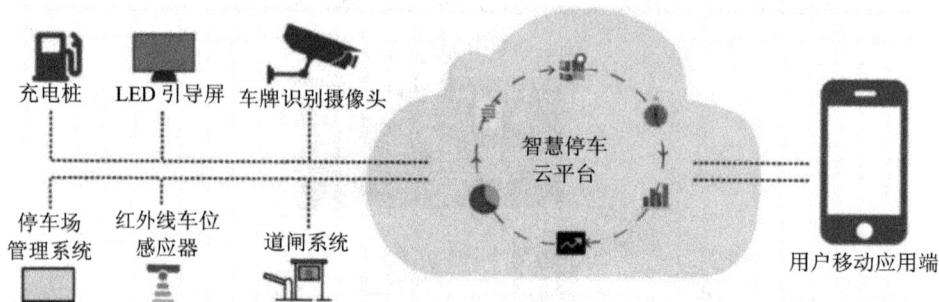

图 13-23　智慧停车系统

4) 智慧消防系统

智慧消防是一个全新的理念，立足公众消防安全需求，利用物联网、移动"互联网＋"、传感器、智能处理等最新技术，配合全球定位系统、通信技术和计算机智能平台等，针对社区消防装备、应急预案、消防水源、建筑固定消防设施等信息进行智能采集、数据清洗、治理、分析以及辅助决策，从而实现对社区消防安全的监测、预警、处置、指挥调度等功能，有效提升了社区防灾减灾救灾能力。目前，智慧消防主要是利用物联网技术进行消防远程监控，通过物联网传输终端和智能终端实现消防监控设备、消防设施与相关人员的沟通。这种人与物、物与物的沟通和交流实现了一体化的智能网络系统，如图13-24所示。

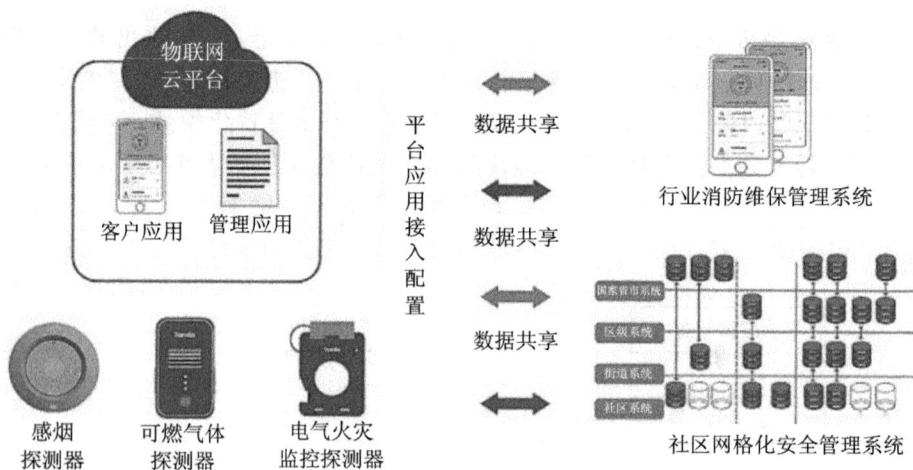

图 13-24　智慧消防系统

5) 智慧政务系统

智慧政务既包括前端政务集成服务，又包括后端政务集成服务，还包括其延伸的集成便民服务，如图 13-25 所示。政务前端主要面向服务对象，其功能在于提供信息查询、政务申请、材料收转等服务。政务后端是政府部门政务办理平台，其功能在于提供政务审批、公共资源交易、政务决策与监控等服务。

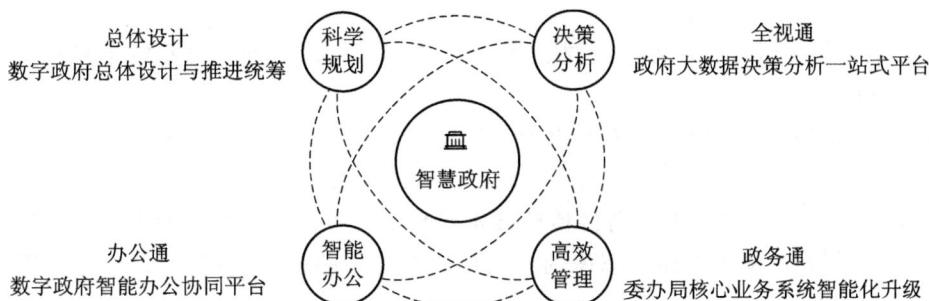

图 13-25　智能政务系统

6) 智慧养老系统

智慧养老系统以提高养老服务的管理水平为初级目标。智慧养老系统如图 13-26 所示，该系统包括社区居家养老服务平台和智慧健康养老服务平台。其中，社区居家养老服务平台通过互联网将居家老人与社区联系在一起；智慧健康养老服务平台时刻了解老年人的状况，建立改善老年人生活与健康的大数据。

图 13-26　智慧养老系统

参 考 文 献

[1] 罗志增，薛凌云，席旭刚. 测试技术与传感器[M]. 西安：西安电子科技大学出版社，2008.

[2] 郁有文，常健，程继红. 传感器原理及工程应用[M]. 西安：西安电子科技大学出版社，2003.

[3] 李邓华，陈雯柏，彭书华. 智能传感技术[M]. 北京：清华大学出版社，2011.

[4] 张涛，钟舜聪. 基于人体步态识别的热释电红外传感报警系统[J]. 机电工程，2011，28(10)：1190-1193.

[5] 杨靖，董永贵，王东生. 利用热释电红外信号进行人体动作形态识别[J]. 仪表技术与传感器，2009(S1)：368-371.

[6] 王曙光. 指纹识别技术综述[J]. 信息安全研究，2016，2(4)：343-355.

[7] 严萍，张兴敢，柏业超，等. 基于物联网技术的智能家居系统[J]. 南京大学学报(自然科学版)，2012，48(1)：26-32.

[8] 王思彤，周晖，袁瑞铭，等. 智能电表的概念及应用[J]. 电网技术，2010，34(4)：17-23.

[9] 徐延军，胡文婕. 物流与物联网传感器技术浅析[J]. 科技信息，2013(14)：276.

[10] 彭霞. 基于物联网技术的物流智能仓储系统的开发[J]. 青岛职业技术学院学报，2014，27(5)：71-73+77.

[11] 陈黄祥. 智能机器人[M]. 北京：化学工业出版社，2012.

[12] 张跃东，姚卫. 传感器应用技术[M]. 北京：电子工业出版社，2015.

[13] 房梦雅，张愉，顾晓松，等. 智能医学与智慧医疗[J]. 交通医学，2019，33(6)：548-550+554.

[14] 李伟锋，何峰，杜育任，等. 智能医学 赋能未来[J]. 交通医学，2019，33(6)：551-554.

[15] 雷舜东. 可穿戴医疗设备：智能医疗突破口[M]. 北京：电子工业出版社，2021.

[16] 唐雄燕，李建功，贾雪琴. 基于物联网的智慧医疗技术及其应用[M]. 北京：电子工业出版社，2013.

[17] 王喜富，陈肖然. 智慧社区：物联网时代的未来家园[M]. 北京：电子工业出版社，2015.

[18] 张丹媚，周福亮. 智慧社区管理[M]. 重庆：重庆大学出版社，2019.